教育部高职高专规划教材

电工电子技术及应用

第二版

邓　允　主编

姜敏夫　主审

化学工业出版社

·北京·

内 容 提 要

　　本书主要内容有：直流电路及电路基本定律、正弦交流电路、磁路与变压器、电动机的结构与运行、异步电动机的继电接触控制电路、供电与安全用电、常用半导体器件、基本放大电路、集成运算放大器及应用、直流稳压电源、数字电路概貌与逻辑代数、逻辑门电路及组合逻辑电路、触发器及时序逻辑电路、电工电子技术典型应用介绍等共十四章。每章都配有思考题与习题，部分章节后配有与之相对应的实验与训练项目指导。

　　编者根据自己多年的教学经验，结合机械类专业的特点及要求，突出基本概念，降低理论深度，减少推导计算，与实际应用相结合，利于学生对电子电工技术基本知识的学习和基本操作技能的训练，注重针对性、实用性、科学性、通俗性。

　　本书可作为高等职业院校、高等专科学校、成人高校机械类及制造大类相关专业的教学用书，也可作为岗位培训用书和工程技术人员的参考用书。

图书在版编目（CIP）数据

电工电子技术及应用/邓允主编. —2 版. —北京：化学工业
出版社，2011.1（2021.1重印）
教育部高职高专规划教材
ISBN 978-7-122-09979-2

Ⅰ．电…　Ⅱ．邓…　Ⅲ．①电工技术-高等学校：技术学院-教
材②电子技术-高等学校：技术学院-教材　Ⅳ．①TM②TN

中国版本图书馆 CIP 数据核字（2010）第 231232 号

责任编辑：高　钰　王金生　　　　　　　装帧设计：刘丽华
责任校对：陶燕华

出版发行：化学工业出版社（北京市东城区青年湖南街 13 号　邮政编码 100011）
印　　　装：北京虎彩文化传播有限公司
787mm×1092mm　1/16　印张 18　字数 438 千字　　2021 年 1 月北京第 2 版第 11 次印刷

购书咨询：010-64518888　　　　　　　售后服务：010-64518899
网　　　址：http://www.cip.com.cn
凡购买本书，如有缺损质量问题，本社销售中心负责调换。

定　　价：49.00 元

第二版前言

《电工与电子技术基础》自 2005 年 1 月出版以来，得到了全国许多高职院校电工电子技术教师的关怀和支持。

过去的五年多是中国高等职业教育改革力度大、发展速度快的时期，随着信息化、自动化技术应用水平的不断提高，电工与电子技术作为非电类专业的通识课程的重要性显得越来越重要，电工电子技术的知识与技能已成为多数职业与岗位的能力和技术支撑。

这次教材再版将书名更名为《电工电子技术及应用》，基本保持原有结构，其变动的情况如下。

1. 增加了本课程一般应开设的实验与训练项目。

2. 每章增加了"本章小结与学习指导"，可供学生在学完每一章后进行总结和归纳。

3. 每章"思考题与习题"中增加了一些单项选择题。

4. 对原第十四章中的内容作了一些改动、删去了"可编程序控制器（PLC）简介"一节，增加了"电工测量简介"一节。

本教材内容已制作成用于多媒体教学的 PowerPoint 课件，并将免费提供给采用本教材的高职高专院校使用。如有需要可联系：ydeng@email.czie.net。

本教材由邓允主编。陶权、陈湘、徐咏冬各自对原编写的内容进行了一些修改，许德志参加了"电工测量简介"的编写工作，PowerPoint 课件的制作由李洪涛、许德志、邓允等共同完成。

限于编者的水平和能力，教材中的疏漏之处敬请使用本教材的教师和学生予以批评指正。

编　者
2010 年 10 月

第一版前言

本书是根据全国化工高等职业教学指导委员会 2003 年北京会议制定的《过程装备及控制专业教学计划》和长沙会议讨论通过的《电工电子技术基础编写大纲》编写的，建议学时为 95～100 学时。书中带 * 号的内容根据专业需要选取。

《电工与电子技术基础》是高职高专工科非电专业一门重要的技术基础课程。教材在总结了非电专业电工电子技术教学经验的基础上，较全面地介绍了电工电子技术最基本的概念、原理、分析与计算方法以及在工业领域中的应用及应用方向。

1. 教材注意适当降低了直流电路、交流电路和电子技术的理论深度和分析计算难度，尽可能使学生在学习中易于理解和接受。

2. 与同类教材相比，加重了电动机及控制线路、集成运算放大器和数字集成电路的内容，并介绍了一些实际应用电路，增加了教材的针对性和实用性。

3. 从电工电子技术的应用角度出发，专门设一章介绍电工电子技术的典型应用，以突出教材的应用性。

4. 教材在注重培养学生科学技术素养方面做了一些尝试，力图使学生更多地了解电工电子技术与工业生产以及人们社会生活的联系。

邓允担任本书主编。第二章、第十章、第十四章由陶权编写，第三章、第四章、第五章、第六章以及第九章中的第一、三节由陈湘编写，第七章、第八章由徐咏冬编写，其余部分由邓允编写并负责全书的统稿。

吉林化工学院姜敏夫担任本书主审。2004 年 5 月在武汉的审稿会议上，全体与会人员对本教材书稿进行了认真的审查，为教材的进一步完善提出了许多改进意见。汤光华、罗智勇对本书的部分章节内容也提出了修改意见，在此表示感谢。

限于编者的水平，书中的错误和不足在所难免，恳请使用本教材的教师和学生予以批评指正。

编　者
2004 年 7 月

目　录

第一章 直流电路及电路基本定律

在现代科学技术的应用中，电工电子技术的应用占了相当重要的主导地位。在人们使用的各种电气和电子设备中，其主要的设备都是由各种不同的电路组成。因此，掌握电路的分析和计算方法显得十分重要。本章将介绍直流电路的基本定律和分析方法，这些方法稍加扩展，也适用于交流电路和电子电路的分析。

第一节 电路的组成与作用

一、电路的组成

实际电路是由电气器件，如一些用电设备、控制电器等实际电路部件相互连接而成的。在电路中，随着电流的流动，它要完成把其他形式的能量转换成电能、电能的传输和分配以及把电能转换成所需其他形式能量的过程。例如供电系统，发电厂的发电机组把热能或水能或原子能等转换成电能，通过变压器、输电线等输送到各用电单位，通过用电设备把电能转换成机械能、光能、热能等。一般把供给电能的设备称为电源、把用电设备称为负载，把连接电源与负载的输送线路、控制设备称为中间环节。因此，不论电路结构的复杂程序如何，都可视为由电源、负载以及连接电源与负载的中间环节构成。

二、电路的作用

电路的作用根据其工作领域的不同分成以下两个方面。

（1）电能的输送和转换 这方面通常指的是电力工程，它包括发电、输电、配电，把电能转换成机械能、光能、热能等，以及交直流之间的整流、逆变过程等。这一过程中，能量输送和交换的规模较大，人们关注的是尽可能减小损耗，以提高效率。

（2）信号的传递和处理 这是以传递和处理信号为目的的电路。例如在生产过程中各种非电物理量的自动调节；如语音、文字、音乐、图像等转换而成的电信号的接收和处理等。在信号的传递和处理过程中，虽然也进行能量的输送和转换，但其数量极少，所关注的是如何准确地传递和处理信号，保证信号不失真。

以上提到的两类电路，即人们常说的强电与弱电。前者是电工技术要研究的问题，后者是电子技术要研究的问题。

三、电路模型

在电路中，有各种各样的用电设备和电源，它们分别属于不同的电路元件。这些元件按一定的方式连接起来，就构成了电路。这些元件在电路中的性质以及所起的作用是不同的。

常见的白炽电灯、电炉都是典型的耗能元件，当电源电压一定时，电阻大的负载所取用的电流较小，因此消耗的功率也较小；反之，负载的电阻越小，则消耗的功率越大。这就是说，可以用电阻这一电路模型来表示白炽电灯、电炉这一类耗能元件。某些用电器件，在一定的工作条件下，可以用几个电路元件的组合模型来表示。例如，在工作频率较低时，一个线圈可以用电阻和电感元件的串联组合的模型来表示；当工作频率较高时，该线圈的电路模型还应当包含电容元件。

今后所研究的电路一般均指由理想电路元件构成的抽象电路，而非实际电路。选择正确的电路模型来表示某一电气设备，能使实际情况更加接近理论所预测的电路的性状。

第二节　电路的基本物理量

电路中的基本物理量是电流和电压，在工程分析和计算里，不仅要考虑它们的大小，还要考虑它们的方向。

一、电流及其参考方向

在物理学中，电荷在导体中的定向移动形成电流。其方向规定为正电荷运动的方向，电流的大小称作电流强度，它定义为单位时间内通过导体某一横截面的电荷的多少，简称电流，用 i 表示。

$$i = \frac{dq}{dt} \qquad (1\text{-}1)$$

在国际单位制（SI）中，时间 t 的单位是秒（s），电荷 q 的单位是库仑（C），电流的单位是安培（A）。

若 $\frac{dq}{dt} =$ 常数，i 为恒定电流，简称直流，用大写字母 I 表示，$I = \frac{q}{t}$。

若 $\frac{dq}{dt} = f(t)$，即 i 随时间大小（可能包含方向）变化，这种电流称为交变电流，简称交流，用小写字母 i 表示。

在电路的分析计算中，实际的电流方向一般事先是不能确定的，且有时电流的实际方向还在不断地变化，因此有必要在分析电路前任意选定一个方向作为电流的参考方向。在图1-1中，选定通过元件的参考电流方向用实线标出，实际的电流方向用虚线标出。若电流的参考方向与其实际方向一致，则电流为正值（$i>0$）；若电流的参考方向与其实际方向相反，则电流为负值（$i<0$）。于是，在选定了电流的参考方向以后，电流值的正、负就能反映出电流的实际方向。

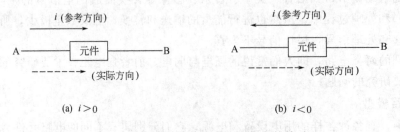

图 1-1　电流的参考方向与实际方向的关系

二、电压及其参数方向

在电路中，电场力把正电荷从 A 点移到 B 点所做的功 W 与被移动的电量 q 的比值称作 A、B 两点间的电压，用 u_{AB} 表示，即

$$u_{AB} = \frac{\mathrm{d}W}{\mathrm{d}q} \tag{1-2}$$

在 SI 制中，电功 W 的单位是焦耳（J）、电量 q 的单位是库仑（C），电压 u_{AB} 的单位是伏特（V）。

同样，电压也分直流电压与交流电压。直流电压是恒定电压，用大写字母 U 表示，交流电压是大小和方向随时间变化的电压，用小写字母 u 表示。

电压的方向是电场力做功的方向，也是电位降低的方向。在电路的分析和计算中，同样存在事先不能确定其方向的问题。

电压的参考方向常用一对"＋"、"－"号表示。标"＋"号代表高电位点，标"－"号代表低电位点，如图 1-2 所示。把电压看作代数量，当电压的参考方向与实际方向相同时，则电压为正值（$u>0$）；当电压的参考方向与实际方向相反时，则电压为负值（$u<0$）。电压的参考方向通常是任意指定的。

图 1-2　电压的参考方向

电压的参考方向除了可以"＋"、"－"号表示外，也可用一个由高电位指向低电位的箭头表示，还可用双下标 u_{AB} 标注，它表示 A 和 B 之间的电压的参考方向由 A 指向 B。

对于一个元件或一段电路，当电流和电压的参考方向一致时，称为关联参考方向。在图 1-3(a) 中，电流、电压的参考方向一致，是关联参考方向；在图 1-3(b) 中，电流、电压的参考方向是相反的，称作非关联参考方向。

(a)　　　　　　　　　　　　　　　　(b)

图 1-3　电流与电压的参考方向的约定

三、电位及其计算

在电路的分析计算中，特别在电子线路中，经常会遇到电位的计算问题。在上面的讨论中已经知道电压的方向就是电位降低的方向。简单地说，电路中某点的电位就是该点相对于电路中零电位点的电压，零电位点根据电路实际情况选定。

下面以图 1-4 所示电路为例说明电路中各点电位的计算方法。

这是一个具有两个电动势的闭合电路，设闭合回

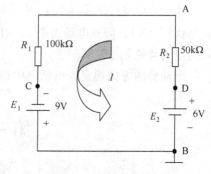

图 1-4　电位计算例图

3

路的电流为 I（参考方向为逆时针方向）根据全电路欧姆定律，求得电路的电流为

$$I=\frac{E_1+E_2}{R_1+R_2}=\frac{9\mathrm{V}+6\mathrm{V}}{100\mathrm{k}\Omega+50\mathrm{k}\Omega}=\frac{15\mathrm{V}}{150\mathrm{k}\Omega}=0.1\mathrm{mA}$$

I 为正值，说明实际方向与参考方向一致。

为了确定电路中各点的电位，必须选定一个零电位点作为参考点。现以 B 点为零电位点，以接地符号（⊥）标注，这里的接地只是表示该点电位为零，并非真正的接地。即 B 点的电位 $U_B=0$，其余各点的电位可分别推算如下。

C 点的电位低于 B 点的电位，根据电动势 E_1 的方向，C 点比 B 点下降了一个 E_1，故

$$U_C=-E_1=-9\mathrm{V}$$

D 点的电位高于 B 点的电位一个 E_2，故

$$U_D=+E_2=6\mathrm{V}$$

R_1 上的电压方向应该是 A 指向 C，那么 A 点的电位

$$U_A=U_{AC}+U_C=IR_1+(-E_1)=0.1\times100-9=10-9=1\mathrm{V}$$

R_2 上的电压方向应该是 D 指向 A，A 点的电位用另一种方法计算，即

$$U_A=U_{AD}+U_D=-IR_2+E_2=-0.1\times50+6=-5+6=1\mathrm{V}$$

根据以上分析，当参考点选定以后，无论是由左边路径还是由右边路径计算，A 点电位都是 1V，这说明电位的计算与路径无关，这一结论也可推广到电压的计算。

必须指出，电路中某点电位的计算与参考点的选取有关，选取不同的参考点，该点的电位值将发生变化。

四、电动势

图 1-5 所示的闭合电路中，欲产生持续电流 i，必须有电源的存在，使得在回路中建立和维持一电场，而建立和维持电场的过程，就是非电场力克服电场力把正电荷从电源的"一"端（B 端）移到"+"端（A 端）而做功的过程。正是这种做功，把其他形式的能量转换成了电能。把这一过程所做的功 $\mathrm{d}W$ 与被移动电荷的大小 $\mathrm{d}q$ 的比值称作电源的电动势 e_{BA}。

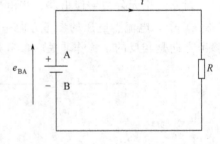

$$e_{BA}=\frac{\mathrm{d}W}{\mathrm{d}q} \qquad (1\text{-}3)$$

图 1-5 电动势计算

比较式(1-3)与式(1-2)，可以看出电动势的单位也是伏特（V）。即非电场力把 1C 的电量从 B 端移到 A 端所做的功是 1J，那么 B、A 两端间的电动势便是 1V。

电动势的方向规定为由低电位指向高电位，即为电压升高的方向。

第三节　欧　姆　定　律

欧姆定律是电路分析和计算中最基本的定律。

一、电阻

欧姆定律实际上是研究电阻元件上电压与电流关系的定律。

导体的电阻值 R 与其长度 l 成正比，与其横截面积 S 成反比，并与导体材料的电阻率 ρ 有关系，即

$$R=\rho\frac{1}{S} \tag{1-4}$$

实际上，导体的电阻除与材料的性质、几何尺寸有关以外，还与温度有关。大多数金属材料，其电阻值随温度升高而增大。

实验指出，温度在 $0\sim100\text{℃}$ 范围内，金属导体的每欧电阻的改变量 $\dfrac{R_2-R_1}{R_1}$ 与温度的改变量 t_2-t_1 近似地成正比关系，即

$$\frac{R_2-R_1}{R_1}=\alpha(t_2-t_1) \tag{1-5}$$

或

$$R_2=R_1[1+\alpha(t_2-t_1)] \tag{1-6}$$

上式中的 α 称为电阻的温度系数，它等于温度每改变 1℃ 时每欧电阻的改变量，其单位是 $1/\text{℃}$；R_1 和 R_2 分别是温度为 t_1 和 t_2 时的电阻值。

表 1-1 是几种常用导电材料的电阻率和温度系数。

表 1-1　几种常用导电材料的电阻率和温度系数

材料名称	电阻率 $\rho(20\text{℃})/(\Omega\cdot\text{mm}^2/\text{m})$	电阻温度系数 $\alpha(0\sim100\text{℃})/\text{℃}^{-1}$	用　途
银	0.0165	0.0036	导线镀银
铜	0.0175	0.004	导线,主要的导电材料
铝	0.0288	0.004	导线
铂	0.106	0.00398	热电偶或电阻温度计
钨	0.055	0.005	白炽灯的灯丝,电器的触头
康铜	0.44	0.000005	标准电阻
锰铜	0.42	0.000006	标准电阻
镍铬铁合金	1.12	0.00013	电炉丝
铝铬铁合金	$1.3\sim1.4$	0.00005	电炉丝
碳	10	-0.00005	电刷

利用电阻随温度而变的特性，可以制成电阻温度计。

碳、电解液、绝缘体以及大多数的半导体的电阻随温度升高而下降，即它们的温度系数 α 是负值。

二、欧姆定律

欧姆定律是由实验得出的重要定律，它分以下三种情况描述，前两种情况是中学物理学已介绍的内容。

（一）一段电阻电路的欧姆定律

图 1-6 所示是闭合电路中的一段电阻电路，设电压电流为关联参考方向，且电阻为线性电阻，即电阻元件的阻值 R 为一常数，与电压、电流的大小无关，则欧姆定律的表述形式为

$$i=\frac{u}{R} \tag{1-7}$$

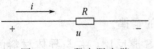

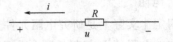

图 1-6　一段电阻电路　　　　　　图 1-7　非关联参考方向下的电阻电路

若电压、电流取非关联参考方向，如图 1-7 所示，则欧姆定律的表达形式为

$$i = -\frac{u}{R} \tag{1-8}$$

线性电阻的电流、电压关系曲线（简称伏安特性）是电流-电压关系坐标上过原点的一条直线，直线斜率的倒数即为电阻 R 的阻值，如图 1-8 所示。

（二）全电路欧姆定律

图 1-9 所示是一包含电源电动势 E、电源内电阻 R_0 的单一闭合电路，R 是负载电阻，这种情况下欧姆定律的表述形式为

$$i = \frac{E}{R + R_0} \tag{1-9}$$

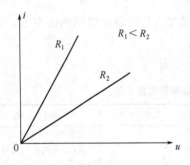

图 1-8　线性电阻的伏安特性

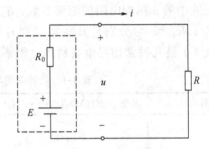

图 1-9　含电源的闭合电路

它的意义是：电路中流过的电流，其大小与电动势成正比，而与电路的全部电阻的阻值成反比。若认为 E 和 R_0 是不变的，则 R 的变化是影响电流的惟一因素。

（三）一段含源电路的欧姆定律

在图 1-9 中，电源内部的一段电路（图中虚线框内部分）称为含源电路，电源外部的电路是一段电阻电路，公式（1-9）可以写成

$$iR = E - iR_0 \tag{1-10}$$

式（1-10）中，$iR = u$ 称作电路外部的压降，或称电源的端电压，这样式（1-10）可以写成

$$u = E - iR_0 \tag{1-11}$$

或

$$i = \frac{E - u}{R_0} \tag{1-12}$$

公式（1-12）称为一段含源电路的欧姆定律。它表示电源输出的电流等于电源电动势减去电源端电压再除以电源的内电阻。

公式（1-11）表示的是电源端电压与电流的关系，称为电源的外特性，其关系曲线如图 1-10 所示。它表明：电源输出电流 i 逐渐增大，端电压会逐渐下降。好的特性随着 i 的增大 u 下降得较小，具有硬的外特性；较差的特性随着 i 的增大 u 下降得较大，具有软的外特

6

性。当电源的内阻 $R_0=0$ 时，$u=E$，电源输出恒定电压，外特性是一条水平直线。

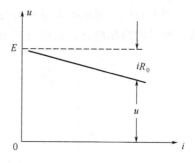

图 1-10 电源的外特性曲线

三、电路的三种状态

以图 1-9 所示的含源电路为例，分别介绍电路的有载工作状态、开路状态和短路状态。

（一）有载工作状态

有载工作状态（或称负载工作状态）是电路的正常工作状态，此时电路中的电流可用式(1-9)来表述，其电源的端电压或负载电阻上的电压可用式(1-11)来表述。

（二）开路状态

在图 1-11 所示的电路中，当开关断开时，电路处于开路状态，或称空载状态。开路时，外电路的电阻对电源来说等于无穷大，电路中的电流等于零。此时电源的端电压称为开路电压或空载电压，用 U_0 表示，其值等于电源的电动势。

如上所述，电路开路时的特征可用下列各式表述。

$$i=0 \tag{1-13}$$

$$u=U_0=E \tag{1-14}$$

（三）短路状态

在图 1-9 所示的电路中，当电源的两端由于某种原因而连在一起，电源被短接，这种状态称作短路状态，如图 1-12 所示。电源短路时，外电路的电阻对电源来说可视为零，电路中因只有很小的电源内阻 R_0 而使得电流变得很大，此时的电流称为短路电流，用 I_s 表示。短路通常是一种严重事故，应设法预防。短路电流可能使电源遭受损伤或毁坏。

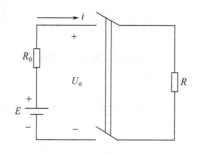

图 1-11 电路的开路状态

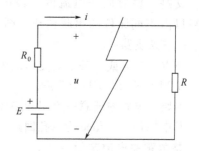

图 1-12 电路的短路状态

如上所述，电路短路时的特征可用下列各式表述。

$$i=I_s=\frac{E}{R_0} \tag{1-15}$$

$$u=0 \tag{1-16}$$

第四节 基尔霍夫定律

无分支电路（只有一个电流）或有分支但可以利用电阻串并联简化为无分支的电路，都可以运用欧姆定律进行计算，这类电路称为简单电路。

图 1-13(a) 所示电路虽说有分支，但可以利用电阻串并联等效处理，最后得到图 1-13 (b) 所示的简单电路，然后再求出 i_1、i_2、i_3、i_4、i_5。

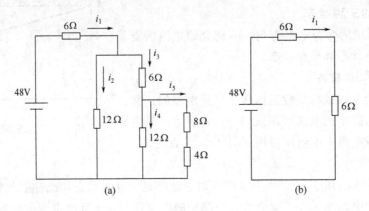

图 1-13 有分支但可以化简的电路

电路化简后，很容易求解出以下各量，即

$$i_1=4\text{A},\ i_2=2\text{A},\ i_3=2\text{A},\ i_4=1\text{A},\ i_5=1\text{A}$$

在实际电路中，经常会遇到一些利用电阻串并联处理后仍不能简化的电路，欧姆定律就无法直接运用，如图 1-14 所示电路就属这类电路，称它为复杂电路。求解复杂电路必须寻找新的方法。在介绍基尔霍夫定律之前，先介绍电路分析中常见的几个名词。

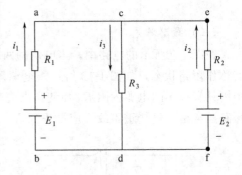

（1）支路 流过同一电流的一段电路称为支路，它可以由不同元件的串联构成。图 1-14 中有 ab、cd、ef 三条支路。

（2）节点 三条或三条以上支路的汇合点称为节点。图 1-14 中有 c、d 两个节点。

图 1-14 复杂电路例图

（3）回路 电路中任意一个闭合路径称为回路。图 1-14 中有 acdba、efdce、acefdba 三个回路。其中 acdba、efdce 为单孔回路，也称网孔。

一、基尔霍夫电流定律

基尔霍夫电流定律（KCL[1]）是用来确定电路中各部分电流之间相互关系的定律。其内容是：在任一瞬间对于任一节点，流入该节点的电流之和等于流出该节点的电流之和。即

$$\sum i_\text{入}=\sum i_\text{出} \tag{1-17}$$

对于图 1-14 电路中的节点 c 来说，可以写成

$$i_1+i_2=i_3$$

或

$$i_1+i_2-i_3=0$$

如果规定一种电流方向为正，另一种电流方向为负，则可以把 KCL 描述成：对于电路中任一节点，在任一瞬间电流的代数和为零，即

$$\sum i=0 \tag{1-18}$$

---

[1] KCL 是 Kirchhoff's Current Law 的缩写形式。

8

KCL 是建立在电流具有连续性（或电荷守恒原理）基础上的，即电荷不能在某个节点堆积，电流必须流动。

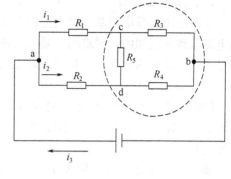

图 1-15　广义节点

根据 KCL 写节点电流方程，其电流的方向是参考方向，根据计算结果的正负再确定其实际方向。

KCL 除了适用于实际节点外，还可以将它推广到电路中任意一个封闭面。该封闭面也称广义节点。如图 1-15 所示，节点 b、c、d 全部被包含在一个封闭面内，对该广义节点运用 KCL 有

$$i_1 + i_2 = i_3$$

或

$$i_1 + i_2 - i_3 = 0$$

二、基尔霍夫电压定律

基尔霍夫电压定律（KVL[❶]）是用来确定回路中各部分电压的相互关系的定律。其内容是：在任一瞬间，沿任一回路绕行一圈，回路中所有电阻上电压降的代数和等于所有电动势电压升的代数和。即

$$\sum iR = \sum E \tag{1-19}$$

对于图 1-14 电路中的回路 acdba 来说，电压方程可以写成

$$i_1 R_1 + i_3 R_3 = E_1$$

对于回路 ecdfe，电压方程则可写成

$$i_2 R_2 + i_3 R_3 = E_2$$

若把电动势的方向视为电压升，那么它们相反方向则可视为电压降，KVL 还可以这样描述：对于电路中的任一闭合回路，在任一瞬间，各部分电压的代数和恒等于零，即

$$\sum u = 0 \tag{1-20}$$

所谓代数和，是指要考虑电压、电动势在绕行方向和参考方向下的正、负号。公式(1-19)的正、负号确定方法如下。

在规定的绕行方向下，凡电动势的参考方向与回路绕行方向一致者，该电动势取正值，反之取负值；凡电流的参考方向与回路绕行方向一致者，则它在电阻上的电压降取正值，反之取负值。

KVL 是建立在能量守恒原理基础之上的。因为电压是电场力推动电荷做功的度量，电场力推动单位正电荷从某一点出发沿闭合路径绕行一周再回到该点时，所做的功一定等于零。

根据 KVL 写电压方程，必须与欧姆定律配合使用。电压的实际方向由电流实际方向决定。

有了基尔霍夫的两个定律，复杂电路的分析计算就不再困难了。

---

❶　KVL 是 Kirchhoff's Voltage Law 的缩写形式。

三、支路电流法

支路电流法是应用基尔霍夫定律求解复杂电路的最基本的方法。由于在多数情况下电源和电阻参数是已知的，要求的就是各支路电流。支路电流法就是以支路电流为未知量，寻找满足支路电流数的方程组，从而求解支路电流的过程。以下先通过一个具体电路进行分析计算，再归纳其方法。

【例 1-1】 在图 1-16 所示电路中，$E_1 = 28V$，$E_2 = 24V$，$R_1 = 1\Omega$，$R_2 = 0.8\Omega$，$R_3 = 160\Omega$，求各支路电流。

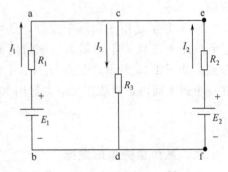

图 1-16 例 1-1 电路

解 设各支路电流分别为 I_1、I_2、I_3，其参考方向如图所示。由于有三个未知数，所以必须寻找三个独立的方程。

先由 KCL 列节点电流方程，电路中有两个节点。

对节点 c：$\qquad I_1 + I_2 - I_3 = 0 \qquad\qquad (1-21)$

对节点 d：$\qquad I_3 - I_1 - I_2 = 0$

由节点 d 列的方程实际上可由式（1-21）得到，所以不是独立的。

再由 KVL 列回路电压方程，有三个回路，设绕行方向为顺时针方向，则

对回路 acdba：$\qquad\qquad I_1 R_1 + I_3 R_3 = E_1 \qquad\qquad (1-22)$

对回路 cefdc：$\qquad\qquad -I_2 R_2 - I_3 R_3 = -E_2 \qquad\qquad (1-23)$

对回路 acefdba：$\qquad\qquad I_1 R_1 - I_2 R_2 = E_1 - E_2$

不难看出，第三个回路方程式可由式（1-22）和式（1-23）相加而来，因而它不是独立的。

综合上述各独立方程，并将有关参数代入，得到一个关于支路电流 I_1、I_2、I_3 的方程组，即

$$\begin{cases} I_1 + I_2 - I_3 = 0 \\ I_1 + 160I_3 = 28 \\ 0.8I_2 + 160I_3 = 24 \end{cases}$$

解方程组，得 $I_1 = 2.29A$，$I_2 = -2.13A$，$I_3 = 0.16A$

其中，I_2 为负值，表示 I_2 的实际方向与其参考方向相反。

根据上述解题过程，现将支路电流法解题方法归纳如下。

① 确定支路电流数，并标注电流的参考方向。

② 根据 KCL 列节点电流方程。若电路有 n 个节点，则只能列出 $(n-1)$ 个独立的节点电流方程。

③ 根据 KVL 列回路电压方程，设支路电流数为 m，则可列 $[m-(n-1)]$ 个独立的回路电压方程。绕行方向可以任意选定。

值得注意的是：在列回路电压方程时，为使所有的方程独立，一般要使每次所选的回路至少包含一条新的支路。

④ 根据计算结果，确定电流的实际方向。

⑤ 将计算结果代入一个未作独立回路的电压方程中进行检验。

第五节　独立电源与受控电源

众所周知，一个电路要正常工作，必须要有提供电能的电源，电源在电路中充当激励作用。而在电路的某些局部存在着一种虚拟的电源，它所呈现的电压或电流的大小是受另外分支的电压或电流控制的。把为电路提供电能的电源称为独立电源，而把那种虚拟的电源称为受控电源。

一、独立电源

实际的独立电源（简称电源）有两种不同的类型：一类是电压源；另一类是电流源。它们属于电源输出电压和输出电流两种不同的表现形式。

（一）电压源

任何一个电源，如发电机、电池或各种信号源，都含有电动势 E 和内阻 R_0，在电路的分析和计算时，往往把它表述成 E 与 R_0 的串联组合，如图 1-17(a) 所示，这便是电压源。通常情况下，电压源用图 1-17(b) 的形式表示，这里 $U_s=E$。用大写字母 U_s 表示直流电压源，用小写字母 u_s 表示交流电压源。

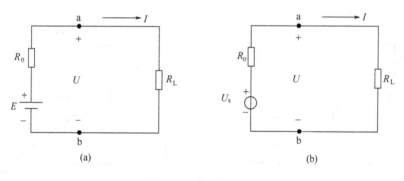

图 1-17　电压源电路

根据图 1-17（b）所示电路，可得出

$$U=U_s-IR_0 \tag{1-24}$$

由式(1-24) 可作出电压源的外特性曲线，如图 1-18 所示。当电压源开路时，$I=0$，$U=U_s=U_0$（开路电压）；当电路短路时（$R_L=0$），$U=0$，$I=\dfrac{U_s}{R_0}=I_s$（短路电流）。内阻 R_0 越小，外特性越平坦。

当 $R_0=0$ 时，$U=U_s$，其外特性是与电流轴平行的一条直线，表明无论负载电流怎样变化，电源的端电压恒等于电源的电动势。这样的电源称为理想电压源或恒压源。因此，可以把一个实际电压源视为是一个理想电压源 U_s 与内阻 R_0 串联的等效电路。

（二）电流源

电源除用电动势（或理想电压源）U_s 与内阻 R_0 串联的等效电路来表示外，也可以用另一种等效电路来表示。

式(1-24) 两边同除以 R_0，则得

$$\frac{U}{R_0}=\frac{U_s}{R_0}-I=I_s-I$$

即
$$I_s=\frac{U}{R_0}+I \tag{1-25}$$

式中，$I_s=\dfrac{U_s}{R_0}$ 即电源的短路电流，I 还是流过 R_L 的负载电流，而 $\dfrac{U}{R_0}$ 是与 R_L 并联的一个分支的电流。表示式(1-25) 电流关系的电路如图 1-19 所示。I_s 与 R_0 的并联组合即电流源。用大写字母 I_s 表示直流电流源，用小写字母 i_s 表示交流电流源。

变换（1-25）可得

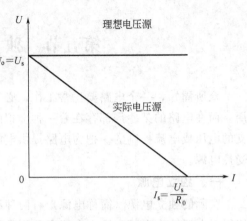

图 1-18　电压源的外特性曲线

$$I=I_s-\frac{U}{R_0} \tag{1-26}$$

由式(1-26) 可作出电流源的外特性曲线，如图 1-20 所示。当电流源短路时，$U=0$，$I=I_s=\dfrac{U_s}{R_0}$；当电流源开路时，$I=0$，$U=I_s R_0=\dfrac{U_s}{R_0}R_0=U_s$。内阻 R_0 越大，外特性越平坦。

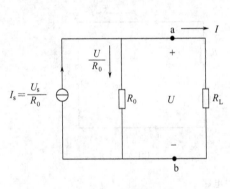

图 1-19　电流源电路

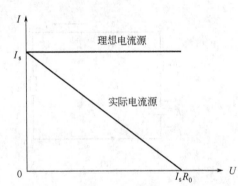

图 1-20　电流源的外特性曲线

当 $R_0\to\infty$ 时，$I=I_s$，其外特性是与电压轴平行的一条直线，表明无论负载电压怎样变化，电流源输出的电流恒等于 I_s。这样的电源称为理想电流源或恒流源。同样可以把一个实际的电流源视为是一个理想电流源 I_s 与内阻 R_0 并联的等效电路。

电压源与电流源是电源的两种输出形式。在电路的分析计算中可以根据实际情况进行两种电源之间的等效变换。因为对外电路而言，图 1-17（b）与图 1-19 所示电路的两种电源是等效的。

二、受控电源

受控电源不能独立存在，它们的电压、电流是受电路中另一处的电压或电流控制的。为了与独立电源相区别，受控电源元件符号用菱形方框表示。根据控制量和受控电源的不同，受控电源有四种基本形式。它们是：电压控制电压源（Voltage Control Voltage Source，简称 VCVS）、电流控制电流源（Current Control Current Source，简称 CCCS）、电压控制电流源（Voltage Control Current Source，简称 VCCS）和电流控制电压源（Current Control Voltage Source，简称 CCVS）。图 1-21 分别给出了它们的图形符号。μ、γ、g、β 是控制系数，根据控制量与受控量的不同，可以判断控制系数有无量纲和量纲的性质。必须指出，受控源只是用来表示电路某处的电流或电压对另一处的电流或电压的控制作用，它不代表激励，不能为电路提供能量。

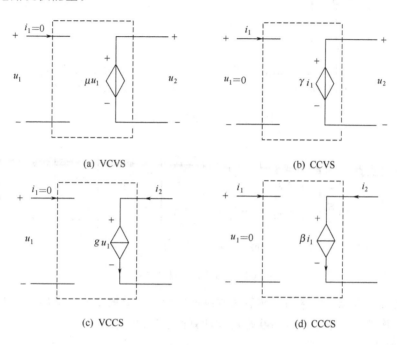

(a) VCVS

(b) CCVS

(c) VCCS

(d) CCCS

图 1-21 受控电源的四种模型

第六节 戴维南定理和叠加原理

一、戴维南定理

在电路的分析和计算中，有时不需要把所有支路的电流都求出来，而只要计算某一特定支路的电流，若还是通过支路电流法则显得繁琐而不方便，运用戴维南定理则能较好地满足这一需求。

（一）有源二端网络

在介绍戴维南定理之前，先来认识所谓的二端网络。一个电路不管它的复杂程度如何，只要它具有两个出线端的都可称为二端网络。二端网络按它的内部是否含有电源，分为有源二端网络和无源二端网络。图 1-22(a)、(b) 所示分别为最简单的有源二端网络和无源二端网络。

（二）戴维南定理

戴维南定理是线性电路分析计算的一个重要的定理，其内容是：对于一个任意的线性有源二端网络，总可以用一个电动势 E_0 与内阻 R_0 串联的一个电压源来等效，其中 E_0 的值等于该二端网络的开路电压 U_{oc}，内阻 R_0 的值等于令该网络中所有独立电源为零以后该网络的等效电阻。定理的图解过程如图 1-23 所示。

这样，要计算复杂电路中某一支路电流时，可以先将这一支路移去，与原电路断开，留

13

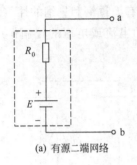

(a) 有源二端网络

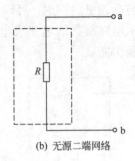

(b) 无源二端网络

图 1-22   最简单的二端网络

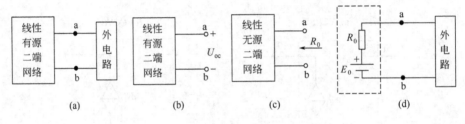

(a)   (b)   (c)   (d)

图 1-23   戴维南定理的图解

下的部分即为一个有源二端网络，然后按戴维南定理进行等效变换，求出 E_0 和 R_0。最后把待求支路放进该端口，应用全电路欧姆定律计算待求支路电流。

（三）戴维南定理的应用

【例 1-2】 图 1-24 所示为惠斯登电桥电路，试利用戴维南定理求通过检流计的电流 I_G。电路参数为 $R_1 = 2\Omega$，$R_2 = 4\Omega$，$R_3 = 3\Omega$，$R_4 = 1\Omega$，$R_G = 1.5\Omega$，$E = 4V$。

解   利用戴维南定理进行电路分析计算的关键在于将待求支路移去以后，剩余的线性有源二端网络如何等效成为一个简单的等效电压源。将待求支路 R_G 移去，对开路的两端 b、d 求等效电压源，其相应的电路如图 1-25(a)、(b) 所示。

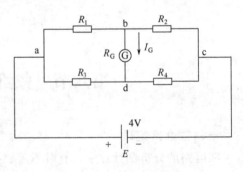

图 1-24   例 1-2 电路

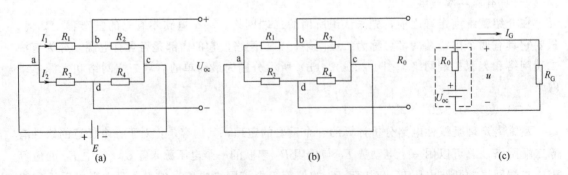

(a)   (b)   (c)

图 1-25   电路分析过程分解图

由图(a) 得

$$I_1 = \frac{E}{R_1 + R_2}, \quad I_2 = \frac{E}{R_3 + R_4}$$

b、d 之间的电压即开路电压 U_{oc}，它可以视为是 R_2 和 R_4 上电压降的代数和（也可视为是 R_1、R_3 上电压降的代数和），沿路径 bcd 可以求得

$$U_{oc} = I_1 R_2 - I_2 R_4 = \frac{E}{R_1 + R_2} R_2 - \frac{E}{R_3 + R_4} R_4$$

$$= \frac{4 \times 4}{2 + 4} - \frac{4 \times 1}{3 + 1} = \frac{20}{12} = 1\frac{8}{12} = 1\frac{2}{3} V$$

由图 (b) 得

$$R_0 = (R_1 \,/\!/\, R_2) + (R_3 \,/\!/\, R_4) = \frac{R_1 R_2}{R_1 + R_2} + \frac{R_3 R_4}{R_3 + R_4} = \frac{2 \times 4}{2 + 4} + \frac{3 \times 1}{3 + 1}$$

$$= 2\frac{1}{12} \Omega$$

在求得 U_{oc} 和 R_0 以后，将 R_G 接入此等效电压源两端，如图 1-25(c) 所示，求得

$$I_G = \frac{U_{oc}}{R_0 + R_G} = \frac{\dfrac{20}{12}}{\dfrac{25}{12} + \dfrac{18}{12}} = \frac{20}{43} = 0.465 A$$

从本例解题过程可以看出，利用戴维南定理求解比支路电流法解联立方程组要简便得多。

二、叠加原理

叠加原理是线性电路基本性质的重要体现。其内容是：在一个含有多个独立电源的线性电路中，任一支路的电压或电流恒等于各个独立电源单独作用时在该支路所产生的电压或电流的代数和。

用叠加原理来分析和计算线性电路，能使复杂电路转化成简单电路，从而避免了解联立方程组的麻烦。

【例 1-3】 用叠加原理计算例 1-1 中的各支路电流。

解 原电路及参数如图 1-26(a) 所示。图中有两个独立电源，分别为电动势 E_1 和 E_2。E_1 单独作用（$E_2 = 0$）的电路如图 1-26(b) 所示。E_2 单独作用（$E_1 = 0$）的电路如图 1-26(c) 所示。

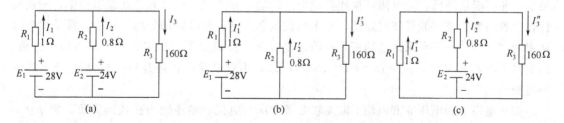

图 1-26 例 1-3 电路分析计算分解过程

当 E_1 单独作用时，按照图 1-26(b) 所示电路计算可得

$$I_1' = \frac{E_1}{R_1 + (R_2 \,/\!/\, R_3)} = \frac{28}{1 + \dfrac{160 \times 0.8}{160 + 0.8}} = \frac{28}{1 + 0.796} = 15.59 A$$

$$I_3' = I_1' \frac{R_2}{R_2 + R_3} = 15.59 \times \frac{0.8}{160 + 0.8} = 0.078\text{A}$$

$$I_2' = I_3' - I_1' = 0.078 - 15.59 = -15.51\text{A}$$

当 E_2 单独作用时，按照图 1-26(c) 所示电路计算可得

$$I_2'' = \frac{E_2}{R_2 + (R_1 /\!/ R_3)} = \frac{24}{0.8 + \frac{160 \times 1}{160 + 1}} = \frac{24}{0.8 + 0.994} = \frac{24}{1.794} = 13.38\text{A}$$

$$I_3'' = I_2'' \frac{R_1}{R_1 + R_3} = 13.38 \times \frac{1}{1 + 160} = 0.083\text{A}$$

$$I_1'' = I_3'' - I_2'' = 0.083 - 13.38 = -13.297\text{A}$$

当 E_1 和 E_2 共同作用时，由叠加原理可得

$$I_1 = I_1' + I_1'' = 15.59 + (-13.297) = 2.29\text{A}$$

$$I_2 = I_2' + I_2'' = -15.51 + 13.38 = -2.13\text{A}$$

$$I_3 = I_3' + I_3'' = 0.078 + 0.083 = 0.16\text{A}$$

可以看出，与例 1-1 用支路电流法解得的结果完全相同。

第七节　电　功　率

功率表示物体做功的速率。电功率就是电流通过负载时电场力对电荷做功的速率，数值上等于流过负载的电流和其两端电压的乘积。即

$$p = ui \tag{1-27}$$

在国际单位制（SI）中，功率的单位是瓦［特］（W）。在工程中常用的功率单位还有 kW（10^3W）、MW（10^6W）等。

电路的工作过程就是电路内部能量发生转换的过程。在电源内，是外力不断地克服电场力对电荷做功，从而使电荷的能量增加，把非电能转换成电能。在外电路中，电场力对电荷做功，使其能量降低，把电能转换成其他形式的能。就是说，一些元件在放出功率，一些元件在吸收功率，遵守能量守恒定律，功率的代数和为零。在电路的分析计算中，常常根据电功率的"＋"、"－"号来区别功率是吸收还是放出。并规定吸收功率为正，放出功率为负。因为对于电阻 R 来说，$p_R = ui = Rii = Ri^2$，所以，不管电流是正还是负，p_R 都为正，故电阻是吸收功率的。

如果电阻上的电压 u 和电流 i 取关联参考方向，电流、电压同为正或同为负，按 $p = ui$ 计算，必有 $p > 0$，则电阻吸收功率；如果电压、电流取非关联参考方向，电流、电压符号相反，按 $p = ui$ 计算，必有 $p < 0$。因此，为了使它变成正值，就必须用 $p = -ui$ 进行计算。无论什么元件，计算其电功率用统一的约定来计算。

在关联参考方向下　　　　　　　　$p = ui$

在非关联参考方向下　　　　　　　$p = -ui$

把电流、电压的正负号按实代入，计算结果 $p > 0$ 是吸收功率；$p < 0$ 是放出功率。

实验与训练项目一　电路基本定律的应用

一、实验目的

1. 验证基尔霍夫定律，加深对基尔霍夫定律的理解。
2. 理解电压、电流实际方向与参考方向之间的关系。
3. 掌握直流稳压电源、电压表、电流表的使用方法。
4. 了解电气设备使用过程中的安全常识和规程。

二、原理说明

1. 使用电流表应使串联在被测支路中，使用电压表应使并联在被测元件或电路的两端。
2. 基尔霍夫电压定律（KVL）是用来确定回路中各部分电压的相互关系的定律。其内容是：在任一瞬间，沿任一回路绕行一圈，回路中所有电阻上电压降的代数和等于所有电动势电压升的代数和。即$\sum iR = \sum E$。
3. 基尔霍夫电流定律（KCL）是用来确定电路中各部分电流之间相互关系的定律。其内容是：在任一瞬间对于任一节点，流入该节点的电流之和等于流出该节点的电流之和。即$\sum i_入 = \sum i_出$。
4. 运用基尔霍夫定律时，必须预先设定好电流或电压的参考方向。

三、实验所需主要仪器和元器件

电阻箱R_1、电阻箱R_2、电阻箱R_3、直流稳压电源、直流电压表、直流电流表、连接导线若干。

四、实验内容和技术要求

实验线路如图 1-27 所示。

1. 实验前先设定三条支路的电流参考方向，如图中的I_1、I_2、I_3所示，并熟悉线路结构。

2. 分别将两路直流稳压电源接入电路，令$E_1 = 15V$，$E_2 = 6V$，其数值要用电压表或万用表校正。

3. 将电流表按照图 1-27 所示参考方向分别串接在三个电流支路中，读出相应的电流值，数据记入表 1-2 中。注意：若电流表指针反偏，说明极性相反。

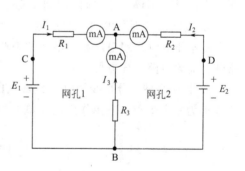

图 1-27　基尔霍夫定律实训电路图

4. 用电压表分别测量两路电源及电阻元件上的电压值，数据记入表 1-3 中。

表 1-2　基尔霍夫电流定律的验证

内容	电源电压/V		支路电流/mA			
	E_1	E_2	I_1	I_2	I_3	$\sum I$
计算值						
测量值						

表 1-3　基尔霍夫电压定律的验证

内容	电源电压/V		网孔 1 电压/V				网孔 2 电压/V			
	E_1	E_2	U_{AB}	U_{BC}	U_{CA}	ΣU	U_{AD}	U_{DB}	U_{BA}	ΣU
计算值										
测量值										

五、预习要求

根据图 1-27 的电路参数，计算出待测的各支路的电流值和各电阻上的电压值，记入表中，以便在实际测量中可正确选定电流表和电压表的量程。

六、分析报告要求

1. 根据实验数据，选定节点 A，验证 KCL 的正确性。
2. 根据实验数据，选定电路中的任一个闭合回路，验证 KVL 的正确性。
3. 若测量结果与 KCL、KVL 的结论有差别，试分析产生误差的原因。
4. 实验的收获与体会。

本章小结与学习指导

1. 电路是由电源、输送线路、控制设备以及用电设备构成的一个闭合路径或系统。电路分析的任务是根据电源的大小、电路的结构形式、负载的性能及大小等条件来求解某一段支路的电流、某个元件上的电压、电源发出的功率或负载消耗的功率等。

2. 欧姆定律、基尔霍夫定律是线性电路分析的最基本的定律。它们是线性电路分析的基础，电路分析中的支路电流法以及本教材没有介绍的回路电压法、节点电位法等都是运用这两个基本定律得到的电路基本分析方法。

3. 电流、电压是电工电子技术中最基本的两个物理量。分析时先要弄清它们是直流量还是交流量，不仅要求它们的大小，还要确定它们在电路中的方向。

4. 戴维南定理所做的工作是把一个线性有源两端网络（复杂电路）等效成为一个简单的实际电压源（理想电压源和电阻的串联）形式，从而使得求一段支路电流（或电压）变得像分析简单电路一样方便。

5. 叠加原理是分析线性电路最常用的一种方法，它将多个独立电源同时作用的复杂电路分解为一个个独立电源作用的简单电路进行分别计算，最后利用代数和相加求出结果。

思考题与习题

1-1　一段含源支路 ab 如题 1-1 图所示。已知 $E_1 = 12V$，$E_2 = 28V$，$U_{ab} = 0$，$R_1 = 4\Omega$，$R_2 = 6\Omega$，设电流 I 的参考方向如图中所示，求电流 I。

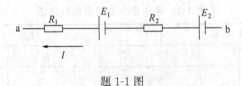

题 1-1 图

1-2　在题 1-2 图所示电路中，当 U_i 分别为 0V 和 +3V 时，求 a 点电位 U_a。

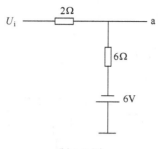

题 1-2 图

1-3　在题 1-3 图所示电路中，已知 $R=100\Omega$，当开关 K 闭合时，电压表的读数是 48V；当开关 K 断开时，电压表的读数是 50.4V，求电源内阻 R_0 的阻值。

1-4　电路如题 1-4 图所示，当电阻 R 的阻值变小时，电流表和电压表的读数将如何变化？（电流表的内阻很小，可忽略不计，电压表的内阻很大，可忽略其分流作用）

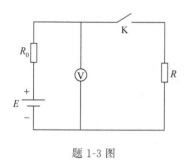

题 1-3 图

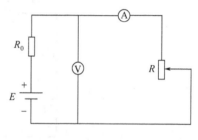

题 1-4 图

1-5　在题 1-5 图所示电路中，负载的端电压为 200V，负载是一组电灯和一只电炉，电炉取用 600W 的功率；电灯共 14 盏，并联成一组，每盏灯的电阻为 400Ω，每根连接导线的电阻 R_1 为 0.2Ω，电源的内电阻 R_0 为 0.1Ω。试计算：（1）电源的端电压；（2）电源的电动势。

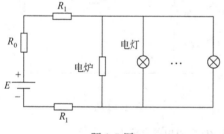

题 1-5 图

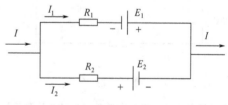

题 1-6 图

1-6　电路如题 1-6 图所示，已知 $E_1=10V$，$E_2=5V$，$R_1=10\Omega$，$R_2=5\Omega$，$I=3A$，试计算 I_1 和 I_2。

1-7　题 1-7 图所示电路为某一复杂电路的一部分。已知：$I_1=2A$，$I_2=2A$，$I_5=1A$，$E_3=3V$，$E_4=4V$，$E_5=6V$，$R_1=2\Omega$，$R_2=3\Omega$，$R_3=4\Omega$，$R_4=5\Omega$，$R_5=6\Omega$。求电压 U_{AF} 和 C、D 两点的电位 U_C、U_D。

1-8　今有 220V、60W 的白炽灯 10 盏及 220V、1000W 的电热器一个并联在 $U=220V$ 的电源上，求它们一起工作时电源供给的总电流 I。若它们平均每天工作 3h，求 1 个月（30 天）消耗的电能。

1-9　某电源 $E=220V$，内阻 $R_0=1\Omega$，与负载电阻 $R=21\Omega$ 相连，试计算短路电流是正常电流的多少倍。

1-10　电路如题 1-10 图所示。已知 $E_1=130V$，$E_2=117V$，$R_1=0.4\Omega$，$R_2=6\Omega$，$R_3=24\Omega$，$R_4=0.6\Omega$，求流过 R_3 的电流 I_3。

1-11　用戴维南定理计算题 1-11 图所示电路中的电流 I。

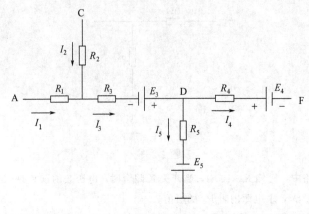

题 1-7 图

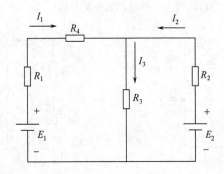

题 1-10 图

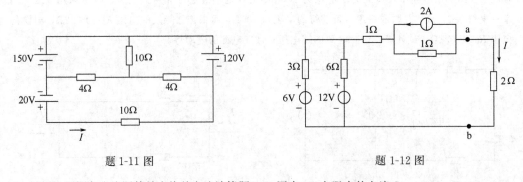

题 1-11 图　　　　　　　　　　　　题 1-12 图

1-12　试用电压源与电流源等效变换的方法计算题 1-12 图中 2Ω 电阻中的电流 I。

1-13　题 1-13 图所示电路中，(1) 当开关 K 倒向 a 点时，求电流 I_1、I_2 和 I_3；(2) 当开关 K 倒向 b 点时，

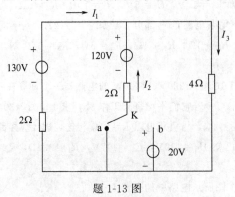

题 1-13 图

利用（1）的结果，用叠加原理计算此时的电流 I_1、I_2 和 I_3。

1-14 选择题（每题只有一个正确答案）

① 一段含源电路如题 1-14(a) 图所示，u_{ab} 的表达式应为

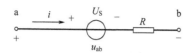

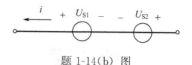

题 1-14(a) 图　　　　　　　　　　　　　题 1-14(b) 图

　　A. $u_{ab}=U_S-iR$；　　　B. $u_{ab}=U_S+iR$；　　　C. $u_{ab}=-U_S-iR$；　　　D. $u_{ab}=-U_S+iR$。

② 电路如题 1-14 图(b) 所示，正确的说法是

　　A. U_{S1} 吸收功率，U_{S2} 也吸收功率；　　　B. U_{S1} 吸收功率，U_{S2} 则发出功率；

　　C. U_{S1} 发出功率，U_{S2} 则吸收功率；　　　D. U_{S1} 发出功率，U_{S2} 也发出功率。

③ 两个电阻 R_1 和 R_2 并联后的等效电阻的阻值是

　　A. R_1+R_2；　　　B. $\dfrac{R_1+R_2}{R_1R_2}$；　　　C. $\dfrac{R_1R_2}{R_1+R_2}$；　　　D. $\dfrac{R_1+R_2}{2}$。

④ 应用戴维南定理对一个线性有源两端网络进行等效变换以后的电路形式是

　　A. 一个理想电压源和电阻的并联；　　　B. 一个理想电压源和电阻的串联；

　　C. 一个理想电流源和电阻的并联；　　　D. 一个理想电流源和电阻的串联。

⑤ 下列说法错误的是：

　　A. 与理想电压源并联的电阻两端的电压恒等于理想电压源的电压；

　　B. 与理想电流源串联的电阻支路的电流恒等于理想电流源的电流；

　　C. 一个实际电压源，其内阻越小，它向负载提供的电压越稳定；

　　D. 一个实际电流源，其内阻越小，它向负载提供的电流越稳定。

⑥ 额定电压为 220V 的灯泡接在 110V 电源上，灯泡的功率是原来的

　　A. 2 倍；　　　B. 4 倍；　　　C. 1/2；　　　D. 1/4。

⑦ 两只额定电压相同的电阻串联在电路中，其阻值较大的电阻发热

　　A. 较大；　　　B. 较小；　　　C. 没有区别；　　　D. 不能确定。

⑧ 串联电路具有的特点之一是：

　　A. 串联电路中各电阻两端的电压相等；

　　B. 各电阻上分配的电压与各自电阻的阻值成反比；

　　C. 各电阻消耗的功率之和等于电路消耗的总功率；

　　D. 流经每一个电阻的电流不相等。

第二章　正弦交流电路

正弦交流电路是电工技术基础的重点内容之一，是学习电机、电器和电子技术的理论基础。直流电路中的一些基本定律和分析方法虽然也适用于交流电路，但由于交流电路中的电压、电流和电动势都是正弦量，因此其计算方法以及在电路中的一些特殊规律都是与直流电路不同的。

第一节　正弦交流电的基本概念

大小和方向随时间作周期性变化，并且在一个周期内的平均值为零的电压、电流和电动势统称为交流电。图 2-1 画出了直流电流和几种交流电流的波形。

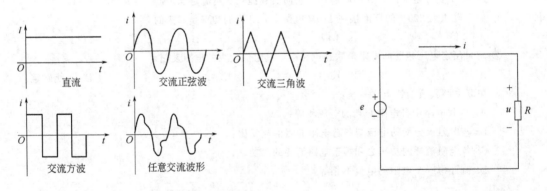

图 2-1　直流电流和交流电流的波形　　　　图 2-2　交流电的参考方向

为了区别交流电和直流电，直流电的物理量用大写字母表示，如 E、I、U 等。交流电的物理量用小写字母表示，如 e、i、u 等。图 2-2 中标出的电动势 e，电流 i 和电压 u 的方向为参考方向，它们的实际方向是在不断反复变化的，与参考方向相同的半个周期为正值，与参考方向相反的半个周期为负值。

多数情况下，在生产和生活中使用的都是交流电，即使是需要直流电的场合，也往往是将交流电转换成直流电使用。

正弦交流电（常简称为交流电），其变化是按正弦规律进行的，为了准确描述正弦交流电，引入以下几个物理量。

一、交流电的周期、频率和角频率

（一）周期（T）

交流电变化一周所需要的时间称为周期，单位是秒（s），如图 2-3 所示。

（二）频率（f）

单位时间内（每秒）交流电变化的次数或完成的周期数称为频率，单位是赫兹（Hz）。频率和周期互为倒数，即

$$f = \frac{1}{T} \qquad (2\text{-}1)$$

（三）角频率（ω）

单位时间内变化的角度（以弧度为单位）叫做角频率，单位是弧度/秒（rad/s）或秒$^{-1}$（s^{-1}）。角频率 ω 与周期 T、频率 f 之间的关系为

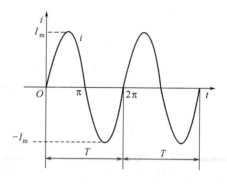

图 2-3　正弦交流电的波形

$$\omega = \frac{2\pi}{T} = 2\pi f \qquad (2\text{-}2)$$

我国供电电源的工业频率为 50Hz，称为工业标准频率，简称工频。

二、交流电的瞬时值、最大值和有效值

（一）瞬时值

正弦交流电在某一时刻的大小叫做交流电的瞬时值。瞬时值用小写字母表示，如 e、i、u 等。由于交流电是随时间变化的，所以在不同时刻瞬时值的大小和方向各不相同。

（二）最大值

正弦交流电变化时出现的最大瞬时值叫做交流电的最大值。最大值用大写字母加下标 m 表示，如 E_m、I_m、U_m 等。

（三）有效值

交流量的瞬时值没有实际意义，在实际计算中通常用来计量交流电大小的物理量，称为交流电的有效值。它是这样定义的：如果交流电通过一个电阻时，在一个周期内产生的热量与某直流电通过同一电阻在相同的时间内产生的热量相等，就将这一直流电的数值定义为交流电的有效值。根据定义，进行热量等效计算，正弦交流电的有效值与其最大值的关系分别为

$$I = \frac{I_m}{\sqrt{2}} \approx 0.707 I_m \qquad (2\text{-}3)$$

$$E = \frac{E_m}{\sqrt{2}} \approx 0.707 E_m \qquad (2\text{-}4)$$

$$U = \frac{U_m}{\sqrt{2}} \approx 0.707 U_m \qquad (2\text{-}5)$$

在实际工作中，一般所讲交流电的大小，都是指它们的有效值。照明电路的电源电压为 220V，动力电路的电源电压为 380V；用交流电工仪表测量出来的电流、电压都是指有效值；所有使用交流电源的电器产品铭牌上标注的额定电压、额定电流等也都是指有效值。

三、交流电的相位、初相和相位差

（一）相位

正弦交流电流可用如下的三角函数表示，即

$$i = I_{m}\sin(\omega t + \varphi_0) = I_{m}\sin\alpha$$

波形如图 2-4 所示，电流在每一时刻都是变化的，$\alpha = \omega t + \varphi_0$ 是该正弦交流电流在 t 时刻所对应的角度，称为相位角，简称相位。对于某一给定的时间 t 就有对应的相位角。

（二）初相位

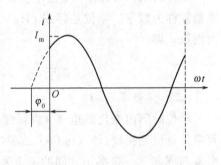

图 2-4　非零初相位的正弦交流电的波形

相位由两部分构成，一部分是时间 t 的函数，即 t 时刻所经历的角度 ωt；另一部分是常量 φ_0，即 $t=0$ 所对应的相位角。把 $t=0$ 时对应的 φ_0 称为初相角，简称初相位。

从物理意义上来说，相位是反映正弦交流电变化进程的，或者说是反映计时起点其正弦量的值和变化趋势的。显然，有了相位这个物理量以后，就可以比较两个同频率正弦交流电谁先达到一个特定值（最大值或零值）。

相位和初相位的单位都是弧度（rad）。

（三）相位差

设正弦交流电流

$$i_1 = I_{1m}\sin(\omega t + \varphi_1)$$

$$i_2 = I_{2m}\sin(\omega t + \varphi_2)$$

比较 i_1 和 i_2，通常用它们的相位之差表示它们到达某特定值的先后，其相位差定义为

$$\varphi = (\omega t + \varphi_1) - (\omega t + \varphi_2) = \varphi_1 - \varphi_2 \tag{2-6}$$

可见，由于 i_1 和 i_2 的角频率相同，所以相位差就等于初相之差。φ_1 与 φ_2 之间的关系有下列几种情况。

当 $\varphi_1 = \varphi_2$，即 $\varphi = 0$ 时，两个同频率的正弦量同时到达零值或最大值，此时称 i_1 和 i_2 同相。

当 $\varphi = \varphi_1 - \varphi_2 = \pi$ 时，两个同频率的正弦量一个到达正的最大值，一个到达负的最大值，此时称 i_1 和 i_2 反相。

当 $\varphi_1 > \varphi_2$，即 $\varphi > 0$ 时，表示 i_1 总比 i_2 先经过对应的最大值和零值，这时就称 i_1 超前 i_2 一个 φ 角（或称 i_2 滞后 i_1 一个 φ 角）。

【例 2-1】 已知电流 $i_1 = 220\sin\left(100\pi t + \dfrac{\pi}{6}\right)$ A，$i_2 = 311\sin\left(100\pi t - \dfrac{\pi}{3}\right)$ A。试分析它们之间的相位关系。

解　由于 i_1、i_2 是频率相同的交流电，其相位差为

$$\varphi = \varphi_{01} - \varphi_{02} = \left[\frac{\pi}{6} - \left(-\frac{\pi}{3}\right)\right] = \frac{\pi}{2}$$

因此，i_1 超前 i_2 $\dfrac{\pi}{2}$，或者说 i_2 滞后 i_1 $\dfrac{\pi}{2}$。

第二节　正弦交流电的表示方法及运算

一、波形图表示法

用波形图表示正弦交流电如图 2-4 所示，正弦交流电流的最大值 I_m、初相角 φ_0 和角频率 ω（或周期 T），在波形图都能直观地体现出来。用示波器测试正弦交流电压，所观测到的图像就是波形图。

二、三角函数表示法

用三角函数表示正弦交流电，应写出该正弦交流电对应的函数表达式，图 2-4 所示的正弦交流电流波形的三角函数表达式为

$$i = I_m \sin(\omega t + \varphi_0) = I_m \sin\alpha$$

以上两种正弦量的表示方法虽然简单、直观，但在进行正弦量的计算时显得相当繁杂，正弦量的计算中常用相量表示正弦量。

三、相量表示法

（一）相量图

相量表示法也称矢量表示法，用相量表示正弦交流电的方法如图 2-5 所示。图中矢量的长度表示正弦交流电的最大值 I_m（也可表示有效值 I）；相量与水平方向的夹角表示初相角 φ_0，$\varphi_0 > 0$ 时矢量在水平方向的上方，$\varphi_0 < 0$ 时矢量在水平方向的下方；该矢量是以角速度 ω 在旋转，静止的位置即 $t=0$ 时刻的位置。为了区别静止的矢量，通常把这一旋转矢量称为相量。

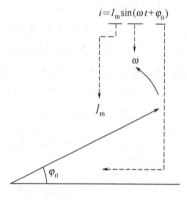

图 2-5　正弦交流电的相量图

【例 2-2】　用相量图表示正弦交流电流 $i = 10\sqrt{2}\sin\left(314t + \dfrac{\pi}{3}\right)$A。

解　选定相量长度为 $10\sqrt{2}$，与水平方向夹角为 $\dfrac{\pi}{3}$，以 314rad/s 的角速度逆时针旋转，可得相量图，如图 2-6 所示。

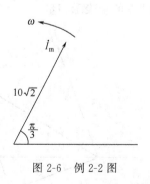

图 2-6　例 2-2 图

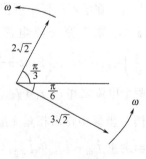

图 2-7　例 2-3 图

【例 2-3】　某两个正弦交流电流，其最大值为 $2\sqrt{2}$A 和 $3\sqrt{2}$A，初相角分别为 $\dfrac{\pi}{3}$ 和 $-\dfrac{\pi}{6}$，

角频率为 ω，作出它们的相量图，并写出其对应的三角函数表达式。

解　分别选定 $2\sqrt{2}$ 和 $3\sqrt{2}$ 为相量长度，在水平方向上方 $\dfrac{\pi}{3}$ 和水平方向下方 $\dfrac{\pi}{6}$ 角度作相量，它们都以同样角速度 ω 逆时针旋转，如图 2-7 所示。它们所对应的解析式为

$$i_1 = 2\sqrt{2}\sin\left(\omega t + \frac{\pi}{3}\right)\text{A}$$

$$i_2 = 3\sqrt{2}\sin\left(\omega t - \frac{\pi}{6}\right)\text{A}$$

图 2-7 中，由于两个正弦交流电是同频率的，也就是说其旋转速度一样，那么两个旋转相量在空间的相对位置是不变的，既然这样，就没有必要标注角速度 ω 及其旋转方向了。当然，不同频率正弦交流电的旋转相量是不能画在同一个图上的。

（二）相量运算法

两个同频率正弦交流电相加或相减，可以使用相量运算法，该方法是将已知的两个正弦交流电的相量画在同一个坐标图中，利用平行四边形法则求得其相量和，然后再分别计算出该相量的最大值（或有效值）和初相角，就可以得到合成后的相量。

设正弦交流电 $i_1 = I_{1\text{m}}\sin(\omega t + \varphi_1)$，$i_2 = I_{2\text{m}}\sin(\omega t + \varphi_2)$，其对应的相量图如图 2-8 所示，求 $i = i_1 + i_2$ 的相量可以采用平行四边形法则求相量和，最大值 I_m 可用正交分解法求得。

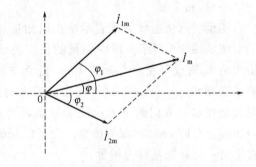

$$I_{x\text{m}} = I_{1x\text{m}} + I_{2x\text{m}} = I_{1\text{m}}\cos\varphi_1 + I_{2\text{m}}\cos\varphi_2$$

$$I_{y\text{m}} = I_{1y\text{m}} + I_{2y\text{m}} = I_{1\text{m}}\sin\varphi_1 + I_{2\text{m}}\sin\varphi_2$$

$$I_\text{m} = \sqrt{I_{x\text{m}}^2 + I_{y\text{m}}^2} \qquad (2\text{-}7)$$

初相角 φ 为

$$\varphi = \arctan\frac{I_{y\text{m}}}{I_{x\text{m}}} \qquad (2\text{-}8)$$

图 2-8　正弦交流电的相量运算图

i_1 和 i_2 的角频率 ω 相同，$i_1 + i_2$ 的角频率也是 ω。i_1 和 i_2 之和应为

$$i = I_\text{m}\sin(\omega t + \varphi)$$

若两个同频正弦交流电的相位差为 $\dfrac{\pi}{2}$，则可以直接用勾股定理求得其最大值。

为方便书写，在学习过程中可使用字母带箭头或实圆点的量表示相量。

【例 2-4】　已知正弦交流电流三角函数为 $i_1 = 3\sin\left(314t - \dfrac{\pi}{6}\right)\text{A}$，$i_2 = 4\sin\left(314t + \dfrac{\pi}{3}\right)\text{A}$，试利用相量运算法求这两个电流之和 $i = i_1 + i_2$。

解　在同一坐标中作出相量 $\dot{I}_{1\text{m}}$ 和 $\dot{I}_{2\text{m}}$，如图 2-9 所示，在图中求出 $\dot{I}_\text{m} = \dot{I}_{1\text{m}} + \dot{I}_{2\text{m}}$。因为 $\dot{I}_{1\text{m}}$ 和 $\dot{I}_{2\text{m}}$ 的相位差是 $\dfrac{\pi}{2}$，所以最大值为

$$I_\text{m} = \sqrt{I_{1\text{m}}^2 + I_{2\text{m}}^2} = \sqrt{3^2 + 4^2}\,\text{A} = 5\text{A}$$

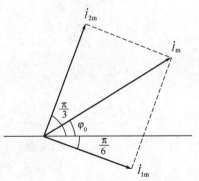

图 2-9　例 2-4 相量图

初相角为

$$\varphi_0 = \arctan \frac{I_{2m}}{I_{1m}} - \frac{\pi}{6} = 53° - 30° = 23°$$

所以

$$i = i_1 + i_2 = 5\sin(314t + 23°)\text{A}$$

上例中，若要求 $i_1 - i_2$，可以改写成 $i_1 + (-i_2)$，在作相量图时，将 i_2 的相量反相后（旋转 180°）再与 i_1 的相量相加，即将减法转化成加法处理。

第三节　单一参数的正弦交流电路

电阻、电感与电容元件是构成电路模型的基本元件。本节重点讨论在正弦交流电源作用下三种元件中电压与电流的一般关系及能量的转换问题。

一、纯电阻电路

（一）电流与电压的关系

在交流电路中，只含有电阻的电路，叫做纯电阻电路，如图 2-10（a）所示。像白炽灯、电烙铁、电炉和电暖器等电路元件接在交流电源上，都可以看成是纯电阻电路，电压、电流的参考方向如图所示，设电压的初相角为零，即

$$u = U_m \sin\omega t$$

根据欧姆定律有

$$i = \frac{u}{R} = \frac{U_m \sin\omega t}{R} = I_m \sin\omega t$$

$$I_m = \frac{U_m}{R} \tag{2-9}$$

$$I = \frac{U}{R} \tag{2-10}$$

其波形如图 2-10（b）所示，其矢量关系如图 2-10（c）所示。可见，纯电阻电路在正弦交流电压作用下，电阻中的电流也是与电压同频、同相的正弦量。

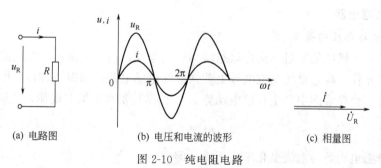

(a) 电路图　　　　(b) 电压和电流的波形　　　　(c) 相量图

图 2-10　纯电阻电路

由式(2-9)、式(2-10) 和图 2-10，可知电流与电压的关系为：

① 电压和电流的频率相同；
② 电压和电流的相位相同；
③ 电压和电流最大值、有效值与电阻 R 之间的关系都符合欧姆定律。

（二）功率

1. 瞬时功率

在交流电路中，电压和电流都是瞬时变化的，同一电压与电流的瞬时值的乘积叫做瞬时功率，用小写字母 p 表示，即

$$p=ui=U_\mathrm{m}\sin\omega t\times I_\mathrm{m}\sin\omega t=\sqrt{2}U\sin\omega t\times\sqrt{2}I\sin\omega t=2UI\sin^2\omega t$$

纯电阻电路瞬时功率的变化曲线如图 2-11 所示。瞬时功率虽然随时间变化，但它始终在水平方向上方，即瞬时功率 p 总为正值，说明它总是从电源吸收能量，是耗能元件。

2. 有功功率（平均功率）

工程上常取瞬时功率在一个周期内的平均值来表示电路消耗的功率，称为有功功率，也称平均功率。由定积分可以计算出平均功率的结果为

$$P=\frac{U_\mathrm{m}I_\mathrm{m}}{2}=UI=R^2I=\frac{U^2}{R} \qquad (2\text{-}11)$$

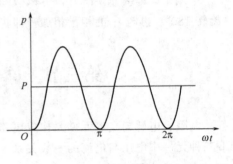

图 2-11　纯电阻电路的功率

有功功率是电流和电压有效值的乘积，也是电流和电压最大值乘积的一半。平时说某白炽灯的功率为 40W，箱式电阻炉的功率是 1000W，都是指平均功率。

【例 2-5】 已知某白炽灯工作时的电阻为 484Ω，若在其两端加上 $u=220\sqrt{2}(\sin314t)$ V 的电压，试求交流电的频率及该白炽灯正常工作时的有功功率。

解　交流电的频率为

$$f=\frac{\omega}{2\pi}=\frac{314}{2\times3.14}\mathrm{Hz}=50\mathrm{Hz}$$

因为 $U_\mathrm{m}=220\sqrt{2}$ V，故

$$U=\frac{U_\mathrm{m}}{\sqrt{2}}=\frac{220\sqrt{2}}{\sqrt{2}}=220\mathrm{V}$$

所以，白炽灯的有功功率为

$$P=\frac{U^2}{R}=\frac{220^2}{484}=100\mathrm{W}$$

二、纯电感电路

（一）电流与电压的关系

通常，当一个线圈的电阻小到可以忽略不计的程度，这个线圈在交流电路中便可以看成是一个纯电感元件，将它接在交流电源上就构成纯电感电路，如图 2-12(a) 所示。当电流流过电感线圈时，会在线圈中产生自感电动势 e_L，根据基尔霍夫第二定律，应满足

$$u_\mathrm{L}=-e_\mathrm{L} \qquad (2\text{-}12)$$

电感元件的自感电动势与电流变化率成正比，即

$$e_\mathrm{L}=-L\frac{\mathrm{d}i}{\mathrm{d}t} \qquad (2\text{-}13)$$

式中的负号表示电流增大时 $\left(\dfrac{\mathrm{d}i}{\mathrm{d}t}>0\right)$，感应电动势 e_L 为负值，反之同样成立；L 为线圈的电

感（也称自感系数），单位是亨利（H）。

将式(2-13) 代入式(2-12) 可得

$$u_L = -e_L = -\left(-L\frac{di}{dt}\right) = L\frac{di}{dt} \qquad (2-14)$$

电路中电压、电流的参考方向如图 2-12(a) 所示。设电流的初相角为零，即

$$i = I_m \sin\omega t$$

代入式(2-14)，得到

$$u_L = L\frac{di}{dt} = I_m\omega L\cos\omega t = I_m\omega L\sin\left(\omega t + \frac{\pi}{2}\right) = U_{L_m}\sin\left(\omega t + \frac{\pi}{2}\right)$$

$$U_{L_m} = \omega L I_m$$

$$U_{L_m} = X_L I_m$$

$$U_L = X_L I \qquad (2-15)$$

式中，$X_L = \omega L = 2\pi f L$ 称为电感的电抗，简称感抗，其大小除与自感系数有关外，还与频率成正比，感抗的单位也是欧姆（Ω）。频率 ω 越高，感抗越大，故电感线圈在电子线路中常用作高频扼流线圈，用来限制高频电流；而在直流电路中，频率 ω 为零，故感抗等于零，因此，电感线圈在直流电路中可视为一短路导线。

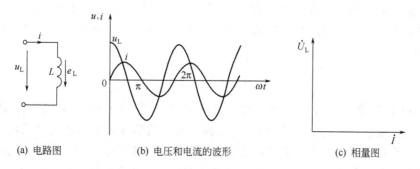

| (a) 电路图 | (b) 电压和电流的波形 | (c) 相量图 |

图 2-12　纯电感电路

可见，纯电感电路在正弦交流电流作用下，电感中的电压也是正弦形式，其波形如图 2-12(b) 所示；其电压 u_L 和电流 i 的相量关系如图 2-12(c) 所示。

由图 2-12(c) 和式(2-15) 可知电流与电压的关系如下。

① 电压和电流的频率相同。

② 电压在相位上超前电流 $\frac{\pi}{2}$。

③ 电压和电流最大值、有效值与感抗 X_L 之间的关系符合欧姆定律。

（二）功率

1. 瞬时功率

电感上的电压与流过电感的电流瞬时值的乘积叫做瞬时功率，即

$$p = ui$$
$$= U_m\sin\left(\omega t + \frac{\pi}{2}\right) \times I_m\sin\omega t$$
$$= 2UI\sin\omega t\cos\omega t$$
$$= IU\sin2\omega t$$

可以看出，瞬时功率 p 也是一个正弦函数。瞬时功率的变化曲线如图 2-13 所示。瞬时功率以电流或电压的 2 倍频率变化，其物理过程是：当 $p>0$ 时，电感从电源吸收电能转换成磁场能储存在电感中；当 $p<0$ 时，电感中储存的磁场能转换成电能送回电源。因为瞬时功率 p 的波形在水平方向上、下的面积是相等的，所以电感不消耗能量，它是一储能元件。

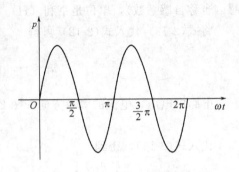

图 2-13　纯电感电路的瞬时功率

2. 有功功率

根据以上对波形的描述和理论计算可得电感的有功功率

$$P=0 \tag{2-16}$$

由图 2-13 可见，瞬时功率在水平方向上、下面积相等，其平均值（有功功率）必然为零。

电感的有功功率为零，说明它并不消耗能量，只是将能量不停地吸收和放出。

3. 无功功率

电感电路瞬时功率波形在水平方向上、下的面积相等，说明电感与电源交换的能量相等。其能量的交换规模用瞬时功率的最大值来表征，因为它并不被消耗掉，所以称为无功功率，用 Q 表示。

$$Q=UI=X_{\mathrm{L}}I^2=\frac{U^2}{X_{\mathrm{L}}} \tag{2-17}$$

为了区别无功功率和有功功率，有功功率的单位为瓦（W），无功功率的单位用乏（var）表示。必须指出，"无功"的含义是交换，而不是消耗，更不能把"无功"误解为无用。在生产实践中，无功功率占有很重要的地位，例如，具有电感的变压器、电动机等，都是靠电磁转换进行工作的，如果没有无功功率的存在，这些设备是不能工作的。

【例 2-6】 把电感为 10mH 的线圈接到 $u=141\sin\left(100\pi t+\dfrac{\pi}{6}\right)\mathrm{V}$ 的电源上，试求：

（1）线圈中电流的有效值；

（2）写出电流瞬时值表达式；

（3）无功功率。

解　由 $u=141\sin\left(100\pi t+\dfrac{\pi}{6}\right)\mathrm{V}$ 得

$$U_{\mathrm{m}}=141\mathrm{V},\ \omega=100\pi\mathrm{rad/s},\ \varphi_0=\frac{\pi}{6}$$

线圈的感抗为　　　　$X_{\mathrm{L}}=\omega L=100\pi\times10\times10^{-3}=3.14\Omega$

电压有效值为

$$U=\frac{U_{\mathrm{m}}}{\sqrt{2}}=\frac{141}{\sqrt{2}}=100\mathrm{V}$$

（1）线圈中电流的有效值为

$$I=\frac{U}{X_{\mathrm{L}}}=\frac{100}{3.14}\approx31.85\mathrm{A}$$

（2）在纯电感电路中，电压超前电流 90°，所以

$$\varphi_0 = \frac{\pi}{6} - \frac{\pi}{2} = -\frac{\pi}{3}$$

则电流瞬时值表达式为

$$i = 31.85\sqrt{2}\sin\left(314t - \frac{\pi}{3}\right) = 45.25\sin\left(314t - \frac{\pi}{3}\right) \text{A}$$

（3）无功功率为

$$Q = UI \approx 100\text{V} \times 32\text{A} = 3200\text{var}$$

三、纯电容电路

（一）电流与电压的关系

因为电容器的损耗很小，所以一般情况下可将电容器看成是一个纯电容，将它接在交流电源上就构成纯电容电路，如图 2-14(a) 所示。在交流电压作用下，电容器极板上的电荷量随之变化，从而在电路中形成电流，电流的瞬时值为该时刻电容极板上电荷量的变化率，即

$$i = \frac{\mathrm{d}q}{\mathrm{d}t} \tag{2-18}$$

电容极板上的电荷量与极板间的电压关系为

$$q = Cu_C \tag{2-19}$$

将式(2-19) 代入式(2-18) 并整理可得

$$i = C\frac{\mathrm{d}u_C}{\mathrm{d}t} \tag{2-20}$$

式中，C 为电容器的电容量，单位是法拉（F）。

电路中电流、电压的参考方向如图 2-14(a) 所示，设电压初相角为零，即

$$u_C = U_m\sin\omega t$$

代入式(2-20)，得到

$$i = C\frac{\mathrm{d}u_C}{\mathrm{d}t} = \omega CU_m\cos\omega t = \omega CU_m\sin\left(\omega t + \frac{\pi}{2}\right)$$

$$= I_m\sin\left(\omega t + \frac{\pi}{2}\right)$$

$$I_m = \omega CU_m$$

$$I_m = \frac{U_m}{X_C}$$

$$I = \frac{U}{X_C} \tag{2-21}$$

式中，$X_C = \frac{1}{\omega C} = \frac{1}{2\pi fC}$ 称为电容的电抗，简称容抗，容抗的单位是欧姆（Ω）。

容抗的大小与电容的大小成反比，与频率成反比，频率越高，容抗越小，故在交流电路中电容器可视为近似短路；在直流电路中，因频率为零，容抗趋向无穷大，电容相当于开路。所以，电容器在电子线路中起"隔直通交"的作用。

可见，纯电容电路在正弦电压作用下，电容中的电流也是正弦量。其波形如图 2-14(b) 所示；其电压 u_C 和电流 i 的相量关系如图 2-14(c) 所示。

由图 2-14(c) 和式(2-21) 可知电流与电压的关系如下。

① 电压和电流的频率相同。

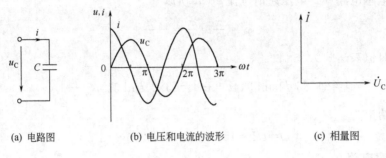

(a) 电路图　　　　(b) 电压和电流的波形　　　　(c) 相量图

图 2-14　纯电容电路

② 电流在相位上超前电压 $\frac{\pi}{2}$。

③ 电压和电流的最大值、有效值与容抗 X_C 之间的关系符合欧姆定律。

（二）功率

1. 瞬时功率

电容的瞬时功率为

$$p = ui = U_m \sin\omega t \times I_m \sin\left(\omega t + \frac{\pi}{2}\right) = U_m I_m \sin\omega t \times \cos\omega t$$

$$p = UI \sin2\omega t$$

同样，电容的瞬时功率 p 也是一个正弦函数，其变化曲线如图 2-15 所示。和纯电感电路一样，瞬时功率以 2 倍电压的频率变化，当 $p>0$ 时，电容从电源吸收电能转换成电场能储存在电容中；当 $p<0$ 时，电容中储存的电场能转换成电能送回电源。可见电容不消耗电能，它也是储能元件。

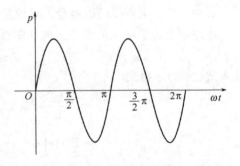

图 2-15　纯电容电路瞬时功率

2. 有功功率

电容的有功功率与电感的有功功率一样，也为零，即

$$P = 0 \qquad (2-22)$$

电容的有功功率为零，说明它并不耗能量，只是将能量不停地吸收和放出。

3. 无功功率

和电感元件一样，同样用无功功率来衡量电容与电源之间能量的交换规模。电容的无功功率为

$$Q = UI = X_C I^2 = \frac{U^2}{X_C} \qquad (2-23)$$

单位用乏（var）表示。

【例 2-7】 有一个 $50\mu F$ 的电容器，接到 $u = 220\sqrt{2}\sin\omega t\,V$ 的工频交流电源上，求电容的电流有效值和无功功率。

解　电压 $u = 220\sqrt{2}\sin\omega t\,V$，工频交流电压的有效值为 220V，频率为 50Hz，电容容抗为

$$X_C = \frac{1}{\omega C} = \frac{1}{2\pi f C} = \frac{1}{2 \times 3.14 \times 50 \times 50 \times 10^{-6}} = 64\Omega$$

电容电流由式(2-21)求得为

$$I = \frac{U}{X_C} = \frac{220}{64} = 3.4\text{A}$$

无功功率由式(2-23)求得

$$Q = UI = 220 \times 3.4 = 748\text{var}$$

第四节　交流串联电路

一、电阻、电感和电容串联电路

（一）电流与电压的关系

电阻、电感和电容的串联电路如图 2-16 所示，在正弦电压作用下，电路中通过的电流是正弦电流，设电路中电流初相角为零，即

$$i = I_m \sin\omega t \tag{2-24}$$

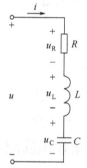

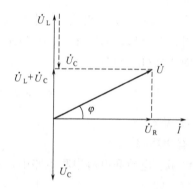

图 2-16　R、L、C 串联电路　　　图 2-17　R、L、C 串联电路相量图

那么，在电阻、电感和电容两端的电压分别为

$$u_R = U_{R_m} \sin\omega t = RI_m \sin\omega t \tag{2-25}$$

$$u_L = U_{L_m} \sin\left(\omega t + \frac{\pi}{2}\right) = X_L I_m \sin\left(\omega t + \frac{\pi}{2}\right) \tag{2-26}$$

$$u_C = U_{C_m} \sin\left(\omega t - \frac{\pi}{2}\right) = X_C I_m \sin\left(\omega t - \frac{\pi}{2}\right) \tag{2-27}$$

根据 KVL 有

$$u = u_R + u_L + u_C$$

$$u = U_{R_m} \sin\omega t + U_{L_m} \sin\left(\omega t + \frac{\pi}{2}\right) + U_{C_m} \sin\left(\omega t - \frac{\pi}{2}\right)$$

三个同频率的正弦量相加，其和 u 也是一个同频率的正弦量，设

$$u = U_m \sin(\omega t + \varphi)$$

根据式(2-24)、式(2-25)、式(2-26) 和式(2-27) 作相量图，如图 2-17 所示（设 $X_L >$

X_C，即 $U_L > U_C$）。由相量图可得出以下结论。

① 电源电压（或称总电压）相量为电阻、电感和电容电压相量之和，即

$$\dot{U} = \dot{U}_R + \dot{U}_L + \dot{U}_C \tag{2-28}$$

由相量图可得

$$U = \sqrt{U_R^2 + (U_L - U_C)^2} \tag{2-29}$$

$$\varphi = \arctan \frac{U_L - U_C}{U_R} \tag{2-30}$$

由图 2-17、式(2-29) 和式(2-30) 可以看出 U、U_R 和 $U_L - U_C$ 三者正好构成一个直角三角形的三边关系，这个三角形称为电压三角形，如图 2-18(a) 所示。

② 根据式(2-29) 有

$$
\begin{aligned}
U &= \sqrt{U_R^2 + (U_L - U_C)^2} \\
&= \sqrt{R^2 + (X_L - X_C)^2}\, I \tag{2-31}
\end{aligned}
$$

$$U = \sqrt{R^2 + X^2}\, I = ZI \tag{2-32}$$

式中，$Z = \sqrt{R^2 + X^2}$ 称为电路的阻抗，单位是欧姆（Ω）；$X = X_L - X_C$ 称为电抗，单位是欧姆（Ω）。

由式(2-32) 可见，阻抗 Z、电阻 R 及电抗 X 也可构成一个与图 2-18 (a) 相似的三角形，称阻抗三角形，如图 2-18(b) 所示。

由图 2-18(b) 可见

$$\varphi = \arctan \frac{X_L - X_C}{R} = \arctan \frac{X}{R} \tag{2-33}$$

（二）功率

1. 有功功率

在电阻、电感和电容串联电路中，只有电阻是耗能元件，电阻消耗的功率就是该电路的有功功率，即

$$P = U_R I = UI \cos\varphi \tag{2-34}$$

式中，$U_R = U\cos\varphi$ 可看作是总电压 U 的有功分量；φ 是电路中电压与电流的相位差，或称功率因数角；$\cos\varphi$ 称为电路的功率因数，它表示电源提供的功率有多少能转换为有功功率。

$$P = U_R I = (RI)I = RI^2 \tag{2-35}$$

2. 无功功率

在电阻、电感和电容串联电路中，电感和电容都与电源进行能量交换，所以都有无功功率。但由式(2-26) 和式(2-27) 可见，u_L 和 u_C 互差 π，是反相的，所以，它们的瞬时功率变化状态也是相反的。即当电感吸收能量时（$p_L > 0$），此时电容正好放出能量（$p_C < 0$），反之，电容吸收能量时（$p_C > 0$），电感放出能量（$p_L < 0$），它们之间进行能量交换的差值才与电源进行交换，即只有电感和电容相互交换能量的不足部分，才与电源进行交换，所以整个电路的无功功率为

$$
\begin{aligned}
Q &= Q_L - Q_C \\
&= (U_L - U_C)I \\
&= U_X I \tag{2-36}
\end{aligned}
$$

$$Q = UI \sin\varphi \tag{2-37}$$

式中，Q_L 为电感的无功功率；Q_C 为电容的无功功率。

$\dot{U}_X = \dot{U}_L + \dot{U}_C$ 为电感电压和电容电压的矢量和，$U_X = U \sin\varphi$ 可看成是总电压 U 的无功分量。

另外，根据 $Q = U_X I$ 可得

$$Q = (XI)I = XI^2 \tag{2-38}$$

可以方便地计算出无功功率。

3. 视在功率

对于电源来讲，输出电压 U 与输出电流 I 的乘积虽具有功率的量纲，但它一般并不表示电路实际消耗的有功功率，也不表示电路进行能量交换的无功功率，通常把它称为视在功率，用 S 表示，即

$$S = UI \tag{2-39}$$

其单位是伏安（V·A）。

将电压三角形的三条边同时乘以电流 I，可构成一个如图 2-18(c) 所示的功率三角形，由这个三角形可以得到

$$UI = \sqrt{(U_R I)^2 + (U_L - U_C)^2 I^2}$$
$$= \sqrt{P^2 + Q^2}$$

即

$$S = \sqrt{P^2 + Q^2} = \sqrt{P^2 + (Q_L - Q_C)^2} \tag{2-40}$$

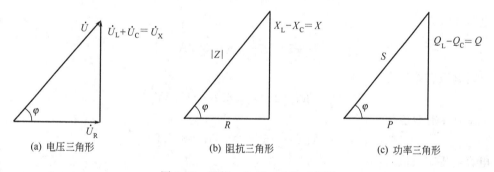

(a) 电压三角形　　　　(b) 阻抗三角形　　　　(c) 功率三角形

图 2-18　阻抗、电压、功率三角形

由图可见，功率三角形与电压三角形相似，当然也与阻抗三角形相似，因此

$$\varphi = \arctan\frac{Q}{P} = \arctan\frac{Q_L - Q_C}{P} \tag{2-41}$$

（三）电路呈现的三种性质

以上分析是在假设 $X_L > X_C$ 的情况下得出的结论，实际上，由于 R、L、C 及 f 等参数的不同，电路对外会分别呈现出三种不同的性质。

（1）呈感性　当 $X_L > X_C$ 时，则 $U_L > U_C$，$Q_L > Q_C$，电路呈感性，电路中电压超前电流 φ 角，其矢量图如图 2-19(a) 所示。

（2）呈阻性　当 $X_L = X_C$ 时，则 $U_L = U_C$，$Q_L = Q_C$，电路呈纯电阻性，电路中电压与电流同相，其矢量图如图 2-19(b) 所示。

（3）呈容性　当 $X_L < X_C$ 时，则 $U_L < U_C$，$Q_L < Q_C$，电路呈容性，电路中电压滞后电流 φ 角，其矢量图如图 2-19(c) 所示。

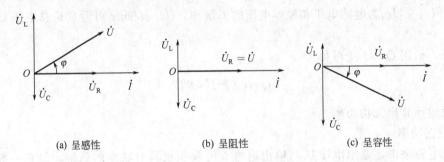

(a) 呈感性　　　　　　　(b) 呈阻性　　　　　　　(c) 呈容性

图 2-19　R、L、C 串联电路的三种性质

【例 2-8】　一个线圈的电阻 $R = 250\,\Omega$，电感 $L = 1.2\,\mathrm{H}$，线圈与 $C = 10\,\mu\mathrm{F}$ 的电容器相串联，外加电压 $u = 220\sqrt{2}\sin314t\,\mathrm{V}$；求电路中的电流 I，电压 U_R、U_L、U_C 和线圈两端电压 U_{RL}，电路总的有功功率 P、无功功率 Q 和视在功率 S。

解　线圈的感抗为

$$X_L = \omega L = 314 \times 1.2 = 376.8\,\Omega$$

电容的容抗为

$$X_C = \frac{1}{\omega C} = \frac{1}{314 \times 10 \times 10^{-6}} = 318.5\,\Omega$$

电路总阻抗为

$$Z = \sqrt{R^2 + (X_L - X_C)^2} = 256.7\,\Omega$$

电路总电流为

$$I = \frac{U}{Z} = \frac{220}{256.7} = 0.857\,\mathrm{A}$$

电阻电压有效值为

$$U_R = RI = 250 \times 0.857 = 214.3\,\mathrm{V}$$

电感电压有效值为

$$U_L = X_L I = 376.8 \times 0.857 = 322.9\,\mathrm{V}$$

电容电压有效值为

$$U_C = X_C I = 318.5 \times 0.857 = 273.0\,\mathrm{V}$$

电感线圈两端电压有效值为

$$U_{RL} = \sqrt{U_R^2 + U_L^2} = 387.5\,\mathrm{V}$$

电路总有功功率为

$$P = RI^2 = 250 \times 0.857^2 = 183.6\,\mathrm{W}$$

电路总无功功率为

$$Q = XI^2 = (X_L - X_C)I^2 = (376.8 - 318.5) \times 0.857^2 = 42.8\,\mathrm{var}$$

电路总视在功率为

$$S = UI = 220 \times 0.857 = 188.5\,\mathrm{V \cdot A}$$

二、谐振

在 RLC 串联电路中，当 $X_L = X_C$ 时，则 $U_L = U_C$，$Q_L = Q_C$。电路呈纯电阻性，电路中

电压与电流同相，这时的状态称为谐振。谐振有串联谐振和并联谐振，下面主要讨论串联谐振。

（一）谐振时的阻抗

电阻、电感和电容串联电路在电流和电压同相时发生谐振其矢量图如图 2-19(b) 所示。此时 $U_L = U_C$，即 $X_L = X_C$，电路阻抗为

$$Z = \sqrt{R^2 + (X_L - X_C)^2} = R$$

由于此时阻抗最小，所以电路中电流最大，电流为

$$I = \frac{U}{Z} = \frac{U}{R}$$

该电流会在电感和电容两端形成较大的电压，即

$$U_L = X_L I$$
$$U_C = X_C I$$

由于 $X_L = X_C$，故有 $U_L = U_C$。故串联谐振也称为电压谐振。

（二）品质因数

串联谐振发生时，电容和电感上可获得很大的电压，通常将此时 U_L 或 U_C 与 U 之比称为串联谐振电路的品质因数，或称 Q 值，即

$$Q = \frac{U_L}{U} = \frac{U_C}{U} = \frac{X_L}{R} = \frac{X_C}{R} \tag{2-42}$$

或者

$$U_L = QU = \frac{X_L}{R}U = \frac{X_C}{R}U = U_C$$

Q 是个无量纲的物理量，其数值较大，所以在串联谐振时，电感（或电容）上的电压可高达电源电压的 Q 倍。电路中产生的这种局部电压升高，可能导致线圈和电容器的绝缘击穿，因此在电力工程中应避免串联谐振的发生。

（三）谐振频率

谐振时电流和电压的相位差为

$$\varphi = \arctan \frac{X_L - X_C}{R} = 0 \tag{2-43}$$

那么，根据 $\varphi = 0$ 可得谐振产生的条件是

$$X_L = X_C$$

$$\omega L = \frac{1}{\omega C}$$

显然，调节电路参数电感 L、电容 C 或频率 f 都能达到谐振状态。若固定电感 L 和电容 C，调节电源频率为 f_0 时，电路发生谐振，此时

$$2\pi f_0 = \frac{1}{2\pi f_0 C}$$

$$f_0 = \frac{1}{2\pi \sqrt{LC}} \tag{2-44}$$

f_0 称为电路的谐振频率，即电路中的频率调至 f_0 值时，电路就会发生谐振。

【例 2-9】　电阻、电感与电容串联，$R = 10\Omega$，$L = 0.3\text{mH}$，$C = 100\text{pF}$，外加交流电压有效值为 $U = 10\text{V}$，试求在其发生串联谐振时的谐振频率 f_0、品质因数 Q、电感电压 U_L、电容电压 U_C 及电阻电压 U_R。

解 根据式（2-44）得谐振频率为

$$f_0 = \frac{1}{2\pi\sqrt{LC}}$$

$$= \frac{1}{2\times 3.14 \times \sqrt{0.3\times 10^{-3}\times 100\times 10^{-12}}}$$

$$= 919\text{kHz}$$

品质因数根据式（2-42）得

$$Q = \frac{X_L}{R} = \frac{\omega L}{R} = \frac{2\pi f L}{R}$$

$$= \frac{2\times 3.14\times 919\times 10^3\times 0.3\times 10^{-3}}{10} = 173$$

电感电压根据式（2-42）得

$$U_L = QU = 173\times 10\text{V} = 1730\text{V}$$

电容电压根据式（2-42）得

$$U_C = QU = 173\times 10\text{V} = 1730\text{V}$$

由于 $U_X = U_L - U_C = 0$，所以

$$U_R = U = 10\text{V}$$

可见，发生串联谐振时，电感和电容上会产生比外加电压高许多倍的电压，这在电力系统中是要想方设法避免的。但在无线电中却可以利用这个特性，从多个不同频率的信号中选出所要求得到的某个特定频率的信号。

第五节　交流并联电路

一、功率因数的提高

在正弦交流电路中，有功功率与视在功率的比值称为功率因数，用 λ 表示，即

$$\lambda = \cos\varphi = \frac{P}{S} \tag{2-45}$$

式中，φ 为电流和总电压的相位差，称为功率因数角，该值的大小与电路参数有关。只有在纯电阻负载（如电灯、电炉等）的情况下，电压和电流才同相，$\cos\varphi = 1$。对其他负载而言，功率因数都会小于1，此时电路中将有能量的交换发生，出现无功功率 $Q = UI\sin\varphi$，这种情况会引起下面两个问题。

（一）供电设备的容量不能充分利用

在供电设备容量 S（即视在功率）一定的情况下

$$P = S\cos\varphi \tag{2-46}$$

显然，当 $\cos\varphi$ 越低时，有功功率 P 越小，设备的容量越得不到充分利用。如一台容量为 75000kV·A 的发电机，若电路的功率因数 $\cos\varphi = 1$，则可发出 75000kW 的有功功率；若 $\cos\varphi = 0.7$，发电机只能发出 $75000\times 0.7 = 52500$kW 的有功功率，发电机输出功率的能力不能充分利用，其中有一部分能量（无功功率）在发电机与负载之间互换。

（二）增加了供电设备和输电线路的功率损耗

将电源设备的视在功率 $S = UI$ 代入式（2-46）可得

$$P = UI\cos\varphi$$

$$I = \frac{P}{U\cos\varphi}$$

在负载消耗的有功功率 P 和电压 U 一定的情况下，功率因数 $\cos\varphi$ 越低，供电线路电流 I 越大，增大部分是由于无功功率增大了与电源交换能量的电流分量，使供电设备和输电线路的功率损耗增大，这部分功率将以热能形式散发掉，得不到利用。

由于日常生活和生产用电设备中，感性负载占很大比例，所以提高它们的功率因数就显得十分必要。提高功率因数常用的方法是给感性负载并联上合适的电容器，利用电容器的无功功率和电感所需无功功率相互补偿，达到提高功率因数的目的。

二、电阻、电感与电容并联电路

实际应用中大多数负载是电感性负载，而电感性负载相当于一个线圈，它包含有电阻和电感，如工业上用得最广泛的感应电动机就相当于感性负载，为了提高功率因数，可通过在负载上并联适当的电容器来实现（设置在用户或变电所中）。在日常生活中用的日光灯电路如图 2-20(a) 所示，它也相当于一个电感性负载，镇流器等效为电感（忽略电阻），灯管相当于电阻，为了提高功率因数，并联一个电容，就构成了一个电阻、电感与电容的并联电路，等效电路如图 2-20(b) 所示。

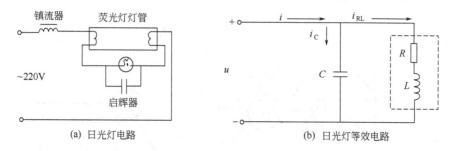

(a) 日光灯电路　　　　　　　　　　(b) 日光灯等效电路

图 2-20　电阻、电感与电容并联电路

在电感性负载上并联了电容器以后，减少了电源与负载之间能量的互换，这时电感性负载所需的无功功率，大部分或全部是通过电容器供给，即能量的互换主要发生在电感与电容之间，既提高了功率因数，又保证了日光灯的有功功率（日光灯的亮度）不变。

第六节　三相正弦交流电路

一、三相正弦交流电路的基本概念

频率相同，最大值也相同，而相位互差 120° 的三个正弦交流电动势，称为三相对称电动势，由这样的三相电源和三相负载构成的电路称为三相正弦交流电路。

三相对称电动势是由三相发电机产生的。三相发电机主要由定子和转子组成，如图 2-21(a) 所示，定子的铁芯内嵌有三个结构相同、彼此独立的三相绕组。三个绕组的始端分别标以 U_1、V_1、W_1，末端标以 U_2、V_2、W_2。三个绕组在空间的位置互差 120°，分别称为第一相、第二相和第三相绕组。磁极是旋转的，称为转子。当磁极旋转时，各相绕组依次切割磁力线感应出三个频率相同、幅值相等、相位互差 120° 的三相对称电动势，如图 2-21(b)

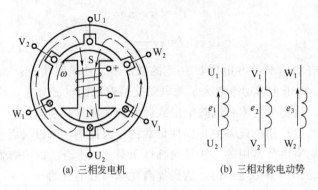

(a) 三相发电机　　　　　　　(b) 三相对称电动势

图 2-21　三相对称电动势的产生

所示。

设第一相绕组产生的电动势 e_1 的初相位为零，则三相对称电动势可表示为

$$e_1 = E_m \sin\omega t$$
$$e_2 = E_m \sin(\omega t - 120°)$$
$$e_3 = E_m \sin(\omega t - 240°) = E_m \sin(\omega t + 120°)$$

(2-47)

其波形图和相量图分别如图 2-22(a)、(b) 所示。

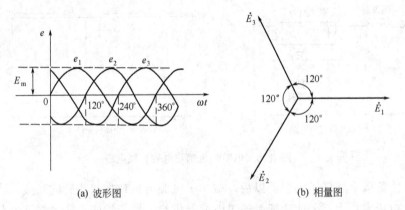

(a) 波形图　　　　　　　　(b) 相量图

图 2-22　三相对称电动势的波形图和相量图

由图 2-22 可知，三相对称电动势的瞬时值之和恒为零，即 $e_1 + e_2 + e_3 = 0$。用平行四边形法则，也可得到三相电动势的相量之和恒为零，即 $\dot{E}_1 + \dot{E}_2 + \dot{E}_3 = 0$。

频率相同，初相位不同的电动势，意味着各相电动势到达峰值的时刻不同，这种先后顺序称为相序。图中三相电动势达到峰值的顺序是 $e_1 \rightarrow e_2 \rightarrow e_3 \rightarrow e_1$，简写为 1→2→3→1 这样的相序称为正序。若相序为 1→3→2→1，则称为负序。三相电源的相序一般是指正序而言，通常在三相电源的裸铜排上，刷有黄、绿、红三种颜色，分别表示为第一相、第二相、第三相。

二、三相电源

三相发电机或三相变压器都有三相独立绕组，每组绕组产生相应的电动势。如果每相绕组分别与负载相连，将构成三个独立的单相供电系统，这种供电方式需要 6 根导线，很不经济，实际不被采用。通常是先将三相电源的三相绕组接成星形（Y）或三角形（△），然后再向负载供电。

（一）三相电源的星形连接（丫接）

图 2-23 所示为电源的星形连接。将三相绕组的末端 U_2、V_2、W_2 连接在一起，用 N 表示，称为电源的中性点，从中性点引出的导线称为中性线。当中性点接地时，该点称为零点，从零点引出的线称为零线。自三相绕组始端 U_1、V_1、W_1 引出的三根线称为相线或端线，俗称火线。

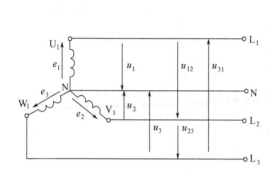

图 2-23　三相电源的星形连接

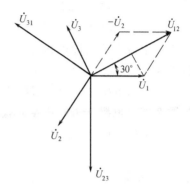

图 2-24　线电压和相电压的相量图

当发电机或变压器的绕组连接成星形时，未必都引出中性线。有中性线的三相电路叫做三相四线制电路，无中性线的三相电路叫做三相三线制电路。

星形连接时，有两组电压，如图 2-23 所示。相线和中性线间的电压，即每相绕组上的电压称为相电压，分别为 u_1、u_2、u_3，其参考方向规定由相线指向中性线。相线与相线间的电压称为线电压，分别为 u_{12}、u_{23}、u_{31}，其参考方向如图 2-23 所示。如果相电压对称，那么线电压也对称，即这两组电压分别大小相等，相位互差 120°。为了找出线电压和相电压的关系，可用相量图来研究。

在图 2-24 所示的相量图中，首先画出对称的三个相电压 $\dot{U}_1$、$\dot{U}_2$ 和 $\dot{U}_3$。因为线电压 $\dot{U}_{12} = \dot{U}_1 - \dot{U}_2 = \dot{U}_1 + (-\dot{U}_2)$，利用平行四边形法则作出 $\dot{U}_1$ 和 $-\dot{U}_2$ 的相量和，即为 $\dot{U}_{12}$。同样的方法可以作出 $\dot{U}_{23}$ 和 $\dot{U}_{31}$，从图中看出

$$\frac{1}{2}U_{12} = U_1\cos30°$$

$$U_{12} = 2U_1\cos30° = 2\frac{\sqrt{3}}{2}U_1$$

则　　　　　　　　　　$$U_{12} = \sqrt{3}U_1 \tag{2-48}$$

同理　　　　　　　　　$$U_{23} = \sqrt{3}U_2$$

$$U_{31} = \sqrt{3}U_3$$

若用 U_P 表示相电压的有效值，用 U_L 表示线电压的有效值，那么线电压和相电压的有效值关系为

$$U_L = \sqrt{3}U_P \tag{2-49}$$

从图中还可看出，线电压与相电压的相位不同，线电压总是超前相应的相电压 30°。

（二）三相电源的三角形连接（△）

把各相绕组首尾依次相连，即 U_2 与 V_1、V_2 与 W_1、W_2 与 U_1 相连，如图 2-25 所示。

三角形连接的电源只有三个端点，没有中性点，只能引出三根端线，这样的三相电路只能是三相三线制。

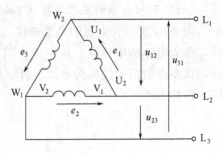

图 2-25　三相电源的三角形连接

三相电源的三角形连接，必须是首尾依次相连。这样，在这个闭合回路中各电动势之和等于零，在外部没有接上负载时，这一闭合回路中没有电流。如有一相接反，三相电动势之和不等于零，因每相绕组的内阻抗不大，在内部会出现很大的环流，烧坏绕组。因此，在判别不清是否正确连接时，应保留最后两端不接（例如 W_2 和 U_1），形成一个开口三角形，用电压表测量开口处的电压，如读数为零，表示接法正常，再接成封闭三角形。

根据图 2-25，电源三角形连接时，相线与相线之间的电压等于每相绕组上的电压，即线电压等于相电压，用有效值可表示为

$$U_L = U_P \tag{2-50}$$

三、三相负载

（一）三相负载星形连接及中性线作用

由三相电源供电的负载称为三相负载。实际生产和生活中的用电负载按连接到三相电源上的不同情况分成两类：一类是必须接入三相交流电源才能正常工作的负载，如三相交流电动机，它们的每一相阻抗都是完全相同的，称为三相对称负载；另一类是由单相电源供电就能正常工作的负载，如家用电器和电灯，这类负载通常是按照尽量平均分配的方式接入三相交流电源，使三相电源能够均衡供电，它们在电源上的每一相阻抗可能不相等，称为三相不对称负载。两类三相负载星形连接接线如图 2-26 所示。

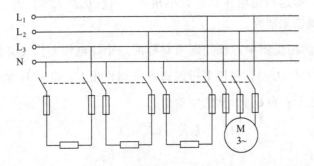

图 2-26　三相负载星形连接接线

图 2-27 所示电路是三相负载星形连接的电路图，把三相负载的一端连接在一起，记作 N'，接中性线。另外三端分别接三根端线，负载的相电压等于电源的相电压。电流的参考方向如图所示。

其中 i_1、i_2、i_3 表示流过端线的电流，称为线电流。i_1'、i_2'、i_3' 是流过负载的电流，称为相电流。流过中性线的电流称为中性线电流，用 i_N 表示。从图中看出：$i_1 = i_1'$，$i_2 = i_2'$，$i_3 = i_3'$，即各线电流等于对应的相电流。若用 I_L 表示线电流的有效值，用 I_P 表示相电流的有效值，那么，线电流与相电流的有效值关系可表示为

$$I_L = I_P \tag{2-51}$$

根据基尔霍夫电流定律，电流的瞬时值关系为

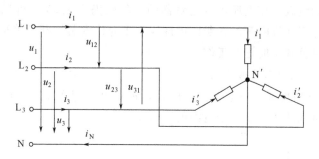

图 2-27　三相负载的星形连接

$$i_N=i_1+i_2+i_3$$

即中性线电流等于各线电流之和，若用相量形式，可写为

$$\dot{I}_N=\dot{I}_1+\dot{I}_2+\dot{I}_3$$

由于每相负载承受的都是相电压，当负载对称时，三个线电流（或相电流）的大小相等，都等于 U_P/Z，而相位互差 120°，也具有对称性，如图 2-28 所示。

利用平行四边形法则，可得到三相对称电流的相量之和为零，即

$$\dot{I}_N=\dot{I}_1+\dot{I}_2+\dot{I}_3=0$$

由此可见，在三相负载对称的情况下，由于中性线上没有电流，因此中性线可以不接。

实际应用中，大多数情况是三相负载不对称，图 2-29 所示的一般的生活照明线路就是典型例子，尽管在设计时，是将各相负载尽可能均匀分配在各相上，但各相负载仍可能不完全对称，此时的负载为三相不对称负载的星形连接，所以其中性线电流不为零，那么中性线也就不能省去，否则会造成负载无法正常工作。

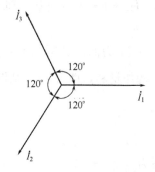

图 2-28　三相对称电流的相量图

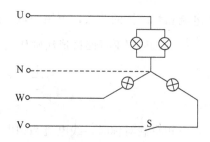

图 2-29　中性线的作用

在图 2-29 中，若线电压为 380V，并且与 V 相连接的一个白炽灯并已关灯（即开关 S 断开），若中性线连接正常，此时虽然各相负载不对称，但 U 相和 W 相白炽灯的相电压仍然为电源的相电压 220V，等于白炽灯的额定电压，它们仍然能够正常工作。

但是，如果没有中性线，就变成 U 相和 W 相白炽灯串联后连接在线电压 U_L 上，由于 U 相连接白炽灯数量比 W 相多，其等效电阻较小，根据串联电路分压原理，W 相白炽灯所分得的电压超过其额定值 220V 而特别亮，而 U 相白炽灯所分得的电压会低于额定值而发暗。若长时间使用，会使 W 相白炽灯烧毁，进而导致 U 相白炽灯也因电路不通而熄灭。

上述情况若中性线存在，就能保证负载中性点和电源中性点电位一致，从而使三相负载

不对称情况下，各相负载的相电压仍然是对称的，其值仍为 220V。可见，在三相四线制供电线路中，中性线是不允许断开的，所以中性线上不允许安装熔断器等短路保护或过流保护装置，以防止断路时负载不能正常工作。

（二）三相对称负载的三角形连接

图 2-30 所示是三相负载三角形连接的电路，每相负载依次相连，再把三个端点和电源的三根端线相连。负载的相电压等于电源的线电压。

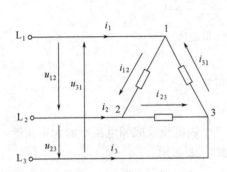 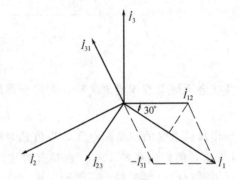

图 2-30 三相对称负载的三角形连接　　　　图 2-31 线电流和相电流的相量图

电流的参考方向如图 2-30 所示。其中，i_1、i_2、i_3 为线电流，i_{12}、i_{23}、i_{31} 为相电流。根据基尔霍夫电流定律，用相量形式可表示为

$$\dot{I}_1 = \dot{I}_{12} - \dot{I}_{31}$$

$$\dot{I}_2 = \dot{I}_{23} - \dot{I}_{12}$$

$$\dot{I}_3 = \dot{I}_{31} - \dot{I}_{23}$$

当三相负载对称时，各负载的相电流的大小相等，即 $I_{12} = I_{23} = I_{31} = I_P$，而相位互差 120°，如图 2-31 所示，具有对称性。

线电流和相电流的关系，可用相量图的方法来处理。以 $\dot{I}_1$ 为例，因为 $\dot{I}_1 = \dot{I}_{12} - \dot{I}_{31} = \dot{I}_{12} + (-\dot{I}_{31})$，利用平行四边形法则作出 $\dot{I}_{12}$ 和（$-\dot{I}_{31}$）的相量和，即为 $\dot{I}_1$，从图中看出

$$\frac{1}{2} I_1 = I_{12} \cos 30° = \frac{\sqrt{3}}{2} I_{12}$$

则　　　　　　　　　　　　　　　　$I_1 = \sqrt{3} I_{12}$　　　　　　　　　　　　　　　（2-52）

所以，当三相负载对称时，线电流和相电流的有效值关系为

$$I_L = \sqrt{3} I_P \tag{2-53}$$

从图中还可看出，线电流和相电流的相位不同，线电流滞后相应的相电流 30°。

应该说明，三相负载是采用星形连接还是三角形连接，取决于三相负载的额定电压和三相电源的线电压。如负载的额定电压等于电源的线电压，应采用三角形连接；若负载的额定电压是电源线电压的 $1/\sqrt{3}$，则采用星形连接。我国低压电网的线电压为 380V，相电压为 220V。如果三相异步电动机的额定电压为 220V，应将电动机的三相绕组按星形连接。

【例 2-10】 有一台三相异步电动机，额定电压为 220V，每相绕组的阻抗为 100Ω，接在线电压为 380V 的三相电源上工作。试求：（1）电动机三相绕组应怎样连接；（2）正常工作时线电流为多大？

解　（1）因为负载额定电压为 220V，电源线电压为 380V，应采用星形连接，此时负载相电压

$$U_P = \frac{U_L}{\sqrt{3}} = \frac{380}{1.732} = 220V$$

（2）因为负载星形连接，所以

$$I_L = I_P = \frac{U_P}{Z} = \frac{220}{100} = 2.2A$$

【例 2-11】　在上题中，若电动机的额定电压为 380V，其他条件都不变，试求上例中的两个问题。

解　（1）因为负载额定电压为 380V，电源线电压为 380V，应采用三角形连接，此时负载相电压

$$U_P = U_L = 380V$$

（2）因为负载三角形连接，所以

$$I_L = \sqrt{3} I_P = \sqrt{3} \frac{U_P}{Z} = 1.73 \times \frac{380}{100} = 6.6A$$

四、三相电功率

无论三相负载是星形连接还是三角形连接，总的有功功率 P 都等于各相有功功率之和，即 $P = P_1 + P_2 + P_3$。当负载对称时，每相有功功率相等，有

$$P = 3P_P = 3U_P I_P \cos\varphi \tag{2-54}$$

式中，P_P 为每相负载的有功功率，单位为 W；U_P 为相电压，单位为 V；I_P 为相电流，单位为 A；$\cos\varphi$ 为每相负载的功率因数。

因为负载对称，在星形连接时，$U_L = \sqrt{3} U_P$，$I_L = I_P$；在三角形连接时，$U_L = U_P$，$I_L = \sqrt{3} I_P$。将这些关系代入式（2-54），不论负载星形连接还是三角形连接，三相负载的有功功率都可表示为

$$P = \sqrt{3} U_L I_L \cos\varphi \tag{2-55}$$

式中，P 为三相负载的有功功率，单位为 W；U_L 为线电压，单位为 V；I_L 为线电流，单位为 A；$\cos\varphi$ 为每相负载的功率因数。

因为线电压和线电流测量比较方便，所以式（2-55）使用较为广泛。

同理，三相对称负载的无功功率为

$$Q = \sqrt{3} U_L I_L \sin\varphi \tag{2-56}$$

三相对称负载的视在功率为

$$S = \sqrt{P^2 + Q^2} = \sqrt{3} U_L I_L \tag{2-57}$$

【例 2-12】　三相对称负载，每相的电阻为 6Ω，感抗为 8Ω，接在线电压为 380V 的三相交流电源上，试比较星形连接和三角形连接两种接法下消耗的三相电功率。

解　每相绕组的阻抗为

$$Z = \sqrt{R^2 + X^2} = \sqrt{6^2 + 8^2}\,\Omega = 10\Omega$$

星形连接时，负载的相电压是

$$U_P = \frac{U_L}{\sqrt{3}} = \frac{380}{\sqrt{3}}V = 220V$$

相电流和线电流关系为

$$I_P = I_L = \frac{U_P}{Z} = \frac{220}{10}A = 22A$$

负载功率因数为

$$\cos\varphi = \frac{R}{Z} = \frac{6}{10} = 0.6$$

由式(2-55)得星形连接时三相总有功功率为

$$P = \sqrt{3}U_L I_L \cos\varphi$$
$$= \sqrt{3} \times 380 \times 22 \times 0.6 = 8.7kW$$

若改为三角形连接,负载的相电压等于电源的线电压,即

$$U_P = U_L = 380V$$

负载的相电流为

$$I_P = \frac{U_P}{Z} = \frac{380}{10} = 38A$$

由式(2-53)得负载的线电流为

$$I_L = \sqrt{3}I_P = \sqrt{3} \times 38A = 65.8A$$

负载功率因数不变,仍为 $\cos\varphi = 0.6$。

由式(2-54)得三相总有功功率为

$$P = 3U_P I_P \cos\varphi$$
$$= 3 \times 380 \times 38 \times 0.6 = 26kW$$

可见,同样的负载,三角形连接消耗的有功功率是星形连接时消耗的有功功率的 3 倍,无功功率和视在功率也都有这样的关系。

既然负载消耗的功率与连接方式有关,要使负载正常运行,必须正确地连接电路。显然,在同样电源电压下,错将星形连接成三角形,负载会因 3 倍的过载而烧毁;反之,错将三角形连接成星形,负载也无法正常工作。

实验与训练项目二　日光灯线路的安装及功率因数的提高

一、实验目的

1. 掌握日光灯电路的安装方法,了解日光灯电路各组成元件的作用及工作原理。
2. 掌握并联电容提高感性负载功率因数的方法,理解提高功率因数的实际意义。
3. 熟悉交流电流表、交流电压表及功率表的使用方法。

二、原理说明

1. 日光灯结构及工作原理

日光灯电路由灯管、镇流器、启辉器组成,如图 2-32 所示。

日光灯管的两端各有一根灯丝,管内充有氩气和少许水银,管的内壁涂有一层薄而均匀的荧光粉,当灯丝通电后受热发射电子,这时如果灯管两端加上足够的电压,管内的氩气就电离放电,并放出紫外线,紫外线打在荧光粉上就发出可见光。

启辉器是一个充有氩气的玻璃泡，内有一对触片，一个是固定的静触片，另一个是膨胀系数不同的双金属制成的倒 U 型的动触片，如果启辉器两端加上适当的电压，就能在两触片的间隙中产生辉光放电，使金属片受热膨胀，以致与静触片相碰。相碰后由于片间的间隙消失，启辉器不再放电，双金属片冷却而复回原位，触片间仍保持一定间隙。

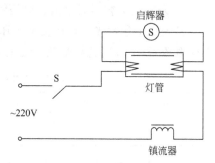

图 2-32　日光灯组成图

镇流器：它实际上是一个铁芯线圈，它与日光灯串联在电路中，用以限制和稳定灯管电流，故称镇流器。此外镇流器还有一个重要作用，就是当启辉器突然断开时，在镇流器两端感应出一个足以击穿灯管中的气体的高电压。

日光灯管的点燃过程：当电源接通后，电源电压通过镇流器和灯管两端的灯丝加到启辉器上，引起辉光放电，从而使启辉器的两个触片相碰而构成一条通路，电流经过这个通路使灯管中的灯丝加热。这时因为启辉器的触片动作而相碰，辉光放电消失，双金属片由于冷却而断开，使电路中的电流突然中断。此时镇流器两端产生一个高电压，此电压与电源叠加后加在灯管两端，使灯管中的气体电离放电，日光灯点亮。日光灯点亮后，灯管两端的电压就降下来，约在 80～120V 范围内，这样低的电压不致使启辉器再启辉。所以，当日光灯点燃后，启辉器就不起作用了。

2. 提高日光灯电路功率因数的意义

常用的日光灯电路中串联一镇流器即带铁芯的电感线圈，故日光灯为一感性负载，其功率因数较低。对电网而言，当负载的端电压一定时，功率因数越低，输电线路上的电流越大，导线上的压降也越大，由此导致电能损耗增加，传输效率降低，发电设备的容量得不到充分的利用。从经济效益来说，也是一个损失。因此，应该设法提高负载端的功率因数，通常是在负载端或电源端并联电容器，这样以流过电容器中的容性电流补偿原负载中的感性电流，虽然此时负载消耗的有功功率不变，但是随着负载端功率因数的提高，输电线路上的总电流减小，线路损耗降低，因此提高了电源设备的利用率和传输效率。

三、实验所需主要仪器和元器件

日光灯、交流电流表、交流电压表、电容组合板、单相交流功率表、连接导线等。

四、实验内容和技术要求

实验线路如图 2-33 所示，相量关系如图 2-34 所示。按图 2-33 安装日光灯实训线路，检查线路无误后，接通 220V 交流电源。

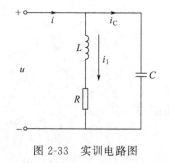

图 2-33　实训电路图

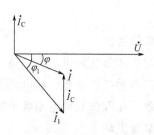

图 2-34　相量图

1. 未并联电容器时电流、电压和功率的测量

日光灯正常发光后，用交流电压表测量电源端电压 U、灯管两端的电压 U_1 和镇流器两端的电压 U_2，将测量数据记入表 2-1。

表 2-1　未并联电容的电流、电压和功率的测量数据

I_1/A	P/W	U/V	U_1/V	U_2/V	$\cos\varphi_1 = P/UI_1$

2. 并联电容后电压、电流和功率的测量

并联电容，改变电容组合板的电容值，用交流电流表分别测量电流 I、I_1 和 I_C，观察功率因表的读数，将各次测量和观察到的数据记入表 2-2 中，比较日光灯并联电容前和并联电容后的功率因数的变化。

表 2-2　并联电容后电压、电流和功率的测量数据

$C/\mu F$	I/A	I_1/A	I_C/A	P/W	$\cos\varphi = P/UI$

五、预习要求

1. 查找资料，了解日光灯的工作原理。

2. 为了提高电路的功率因数，常在感性负载上并联电容器，此时增加了一条电流支路，对该电路的电压、电流计功率因数进行分析计算。

3. 在日常生活中，当日光灯上缺少了启辉器时，人们常用一根导线将启辉器的两端短接一下，然后迅速断开，使日光灯点亮，或用一只启辉器去点亮多只同类型的日光灯，解释这些现象。

六、分析报告要求

1. 完成数据表格中的计算，进行必要的误差分析。

2. 讨论改善电路功率因数的意义和方法。

3. 误差原因分析。

4. 实验的收获与体会。

实验与训练项目三　三相交流电路的测试

一、实验目的

1. 了解三相负载的星形、三角形连接方法。

2. 验证两种接法下线、相电压及线、相电流之间的关系。

3. 熟悉三相四线制供电系统中负载星形连接时中线的作用。

二、原理说明

1. 三相负载的星形连接

当三相负载对称时，线电压是相电压的$\sqrt{3}$倍，线电流等于相电流，中线电流为零。但是，当三相负载不对称时，负载必须接成三相四线制，线、相电压及线、相电流之间的关系同对称是一样，但是中线电流不等于零。

因此，三相负载对称时中线电流为零，这时中线不起作用。但是当三相负载不对称时中线电流不为零。这种情况下一旦中线断开，负载上的相电压有高有低不再是对称电压，致使负载不能正常工作。为防止中线断开，中线上不允许接熔断器或开关。

2. 三相负载的三角形连接

当三相负载对称时，线电压等于相电压，线电流是相电流的$\sqrt{3}$倍。当三相负载不对称时，线电压仍等于相电压，但是线电流不再是相电流的$\sqrt{3}$倍。

三、实验所需主要仪器和元器件

三相灯组负载、交流电流表、交流电压表、连接导线等。

四、实验内容和技术要求

1. 三相负载星形连接（三相四线制供电）

按图 2-35 所示三相负载星形接线图连接实训电路。分别测量三相负载的线电压、相电压、线电流、相电流、中线电流、电源与负载中点间的电压，将测量数据记入表 2-3，表中Y_0是指有中线的星形连接，Y是指无中线的星形连接。同时注意观察各相灯组亮暗的变化程度，特别要注意观察中线的作用。

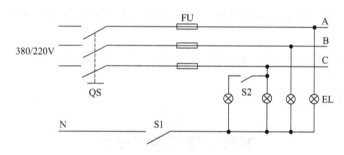

图 2-35　三相负载星形接线图

表 2-3　三相负载星形连接电路的测量数据

测量数据实验内容（负载情况）	开灯盏数			线电流/A			线电压/V			相电压/V			中线电流I_0/A	中点电压U_0/V
	A 相	B 相	C 相	I_A	I_B	I_C	U_{AB}	U_{BC}	U_{CA}	U_{A0}	U_{B0}	U_{C0}		
Y_0 接对称负载	3	3	3											
Y_0 接不对称负载	1	2	3											
Y_0 接 A 相断路	×	2	3											
Y 接对称负载	3	3	3											
Y 接不对称负载	1	2	3											
Y 接 A 相短路	×	1	1											

2. 三相负载三角形连接（三相三线制）

按图 2-36 所示三相负载三角形接线图连接实训电路。分别测量三相负载的线电压、线电流及相电流，将测量数据记入表 2-4 中。

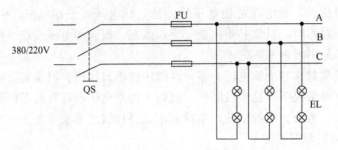

图 2-36　相负载三角形接线图

表 2-4　相负载三角形连接电路的测量数据

测量数据	开灯盏数			线电压＝相电压/V			线电流/A			相电流/A		
负载情况	A-B 相	B-C 相	C-A 相	U_{AB}	U_{BC}	U_{CA}	I_A	I_B	I_C	I_{AB}	I_{BC}	I_{CA}
△负载对称												

五、预习要求

1. 预习三相交流电路中对称三相负载星形连接和对称三相三角形连接情况下的电压电流分析与计算。

2. 分析三相不对称星形负载情况下的电压电流分析与计算。

六、分析报告要求

1. 利用实训测量的数据，验证三相星形负载和三角形负载下线、相电压和线、相电流之间的关系。

2. 根据实验测量的数据，说明三相四线制系统中中线的作用。

3. 误差原因分析。

4. 实验的收获与体会。

本章小结与学习指导

1. 大小和方向随时间作周期性往复变化的电压、电流即为交流电。若这种变化按正弦曲线变化，则称为正弦交流电。正弦交流电的三个特征值幅值（大小）、角频率（快慢）、初相位（起始值）称为正弦交流电的三要素。除正弦交流电之外，在电工电子电路的分析中还会遇到非正弦的周期性的电压或电流。

2. 正弦交流电可以用旋转的相量来表示，相量图是能反映正弦量大小和初相位的一段有向线段，绕原点旋转的频率即是角频率。在同一个相量图里表示的几个相量必须是同频率的正弦量。必须注意，相量只是用来表示正弦量，并不能等于正弦量，因为正弦量是一个关于时间的周期性函数。引入相量表示正弦量是为了正弦量计算的方便。

3. 正弦交流电路中，纯电阻元件 R、纯电感元件 L 和纯电容元件 C 上电压与电流的关系是正弦交流电路分析与计算的基础。这种关系中的大小关系遵从欧姆定律，其电压与电流最大值（或有效值）的比值分别是电阻 R、感抗 ωL、容抗 $1/\omega C$。

4. 对称三相电源是由三个大小相等、频率相同、相位彼此相差 120°的单相正弦电源组合而成的电源。三相电源与对应负载连接以后构成的电路成为三相交流电路。三相交流电路按照负载的连接方式有三相负载的星形（丫接）和三角形（△接）连接，每种连接又分对称

50

负载和不对称负载两种形式。分析计算三相电路可以采用相量图法进行。

思考题与习题

2-1　什么是交流电的周期、频率和角频率？它们之间有什么关系？

2-2　什么是交流电的最大值、瞬时值和有效值？它们之间有什么关系？

2-3　为什么三相不对称负载作星形连接，必须要有中性线？

2-4　下列结论中，哪个是正确的？哪个是错误的？为什么？

　　(1) 负载星形连接时，必须要中性线。

　　(2) 负载星形连接时，不论负载对称与否，线电流一定等于相电流。

　　(3) 负载三角形连接时，线电流一定等于相电流的 $\sqrt{3}$ 倍。

　　(4) 三相对称负载，不论是三角形连接还是星形连接，三相有功功率均可按 $P=\sqrt{3}U_L I_L \cos\varphi_P$ 计算。

2-5　在纯电感电路中，指出下列哪些式子是正确的，哪些是错误的。

　　(1) $i=\dfrac{u}{\omega L}$；(2) $i=\dfrac{u}{X_L}$；(3) $I=\dfrac{U}{L}$；(4) $I=\dfrac{U}{\omega L}$；(5) $U_m=\omega L I_m$

2-6　已知交流电压为 $u=220\sin\left(100\pi t-\dfrac{2\pi}{3}\right)$V，试求 U_m、U、f、T 和 φ_0 各为多少？

2-7　已知 $u_1=220\sqrt{2}\sin\left(314t-\dfrac{\pi}{3}\right)$V，$u_2=110\sqrt{2}\sin\left(314t+\dfrac{\pi}{6}\right)$V，画相量图，求 $u=u_1+u_2$。

2-8　一个 220V、1000W 的电炉接在电压 $u=311\sin(314t)$V 的正弦交流电源上，问：

　　(1) 电炉的电阻是多少？

　　(2) 通过电炉的电流是多少？写出电流 i 瞬时值表达式。

　　(3) 设电炉每天使用 2h（小时），问每月消耗多少度电？

2-9　把 $C=10\mu F$ 的电容接在电压 $u=311\sin(314t+45°)$V 的电源上。试求：

　　(1) 电容的容抗；

　　(2) 电容电流的有效值；

　　(3) 写出电流瞬时值表达式；

　　(4) 无功功率。

2-10　把一个线圈（视为一个纯电感）与一个电阻 R 串联后接入 220V 的工频电源上，测得电阻 R 两端的电压为 177.5V，线圈两端的电压为 130V，电流为 2.5A，试求电路中的参数 R、L。

2-11　已知三相对称电动势中 $e_1=220\sqrt{2}\sin(\omega t+30°)$V，试写出 e_2、e_3 的表达式。

2-12　有一台三相电动机，每相阻抗为 40Ω，额定电压为 380V，电动机的功率因数 $\cos\varphi=0.75$，电源线电压为 380V。试求：

　　(1) 三相电动机的连接方式；

　　(2) 电动机正常工作时的线电流和有功功率 P。

2-13　题 2-13 图所示电路，三相负载为 220V/100W 的白炽灯 30 盏，星形连接，每相安装 10 盏，电源线电压为 380V。试问：

　　(1) 端线 L_1 上的熔断器熔断，L_2、L_3 两相的白炽灯亮度有无影响？

　　(2) 中性线也断开，影响又如何？

　　(3) 中性线断开，L_2 相开 10 盏，L_3 相开 5 盏，有什么后果？

2-14　选择题（每题只有一个正确答案）

　　① 已知 $i=20\sqrt{2}\sin\left(314t+\dfrac{\pi}{6}\right)$A，$u=220\sqrt{2}\sin\left(314t+\dfrac{\pi}{3}\right)$V，则

　　　A. 电流超前电压30°；B. 电压超前电流30°；C. 电压滞后电流30°；D. 电压与电流同相。

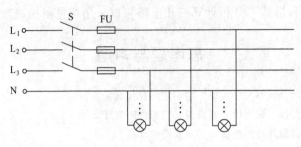

题 2-13 图

② 电路如题 2-14 图所示，已知 $u = 220\sqrt{2}\sin314t$ v 作用于电路，电压表 v_1 的读数是 110V，那么电压表 v_2 的读数大约为

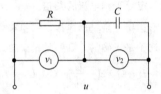

题 2-14 图

    A. 110V；   B. 220V；   C. 190V；   D. 0V。

③ 功率因数的提高有利于

    A. 有功功率的提高；   B. 无功功率的提高；

    C. 视在功率的提高；   D. 瞬时功率的提高。

④ 某电路元件在直流电路中可视为一短路导线，在交流电路中具有电抗作用，这一电路元件是

    A. 电阻；   B. 电感；   C. 电容；   D. 电源。

⑤ 三相对称电压正确的描述是

    A. 三相电压的有效值相等，频率相同，相位相同；

    B. 三相电压的有效值相等，频率不相同，相位相同；

    C. 三相电压的有效值相等，频率相同，相位互差 120°；

    D. 三相电压的有效值相等，频率相同，相位互差 90°。

⑥ 对于三相四线制 Y-Y 系统，正确的说法是

    A. 无论三相负载对称与否，中线可以取消；

    B. 无论三相负载对称与否，中线都得设置；

    C. 三相负载对称时，中线可以取消；

    D. 三相负载不对称时，中线可以取消。

⑦ 产生串联谐振的条件是

    A. $X_L > X_C$；   B. $X_L < X_C$；   C. $X_L = X_C$；   D. 不能确定。

⑧ 电容器、电感器在直流电路中状态分别相当于

    A. 开路、开路；   B. 短路、短路；   C. 开路、短路；   D. 短路、开路。

⑨ 随着频率的提高，电容器、电感器的

    A. 容抗增加，感抗增加；   B. 容抗增加，感抗减小；

    C. 容抗减小，感抗增加；   D. 容抗减小，感抗减小。

第三章　磁路与变压器

在实际应用中，电和磁有着密不可分的联系，如电机、变压器等器件，它们都是以电磁感应原理为基础的常见电气设备。因此，研究磁与电的关系以及磁路的基本规律是电工技术的基本内容。本章将介绍磁路的基本概念、简单磁路的计算以及电磁铁、变压器的工作原理和应用。

第一节　磁场的基本物理量

一、磁通 Φ

通过与磁感线垂直的某一截面 S 的磁感线总数称为磁通，用符号 Φ 表示，单位为韦〔伯〕（Wb），工程上常用的较小的单位是麦克斯韦（Mx）。

$$1\mathrm{Mx}=10^{-8}\mathrm{Wb}$$

二、磁感应强度 B

在均匀磁场中，如果通过与磁感线垂直的某面积 S 的磁通为 Φ，则

$$B=\frac{\Phi}{S} \tag{3-1}$$

式中　Φ——磁通，韦（Wb）；

S——截面积，米^2（m^2）；

B——磁感应强度，特〔斯拉〕（T），工程上常用的较小的单位是高〔斯〕（Gs）。

$$1\mathrm{Gs}=10^{-4}\mathrm{T}$$

磁感应强度 B 的方向就是磁场中某点磁感线的切线方向。

电机、变压器、电器铁芯处磁场的 B 在下列范围内：电机 $5000\sim18000$Gs；变压器 $9000\sim17000$Gs；继电器、接触器 $6000\sim15000$Gs；地球磁场 0.5Gs。

三、磁导率（导磁系数）μ

通过实验可以证实通电线圈产生的磁场强弱除了与电流大小及线圈匝数有关，还与线圈中的介质（即线圈内所放的物质）有关。材料不同，导磁能力也各不相同。工程上用磁导率 μ 表示不同材料的导磁能力。

真空的磁导率 μ_0 为常数，$\mu_0=4\pi\times10^{-7}$ H/m，其他物质的磁导率 μ 与真空磁导率 μ_0 的比值称为相对磁导率 μ_r，即

$$\mu_\mathrm{r}=\frac{\mu}{\mu_0} \tag{3-2}$$

表 3-1 列出了常用各种材料的相对磁导率 μ_r。

表 3-1　一些物质的相对磁导率 μ_r

非铁磁物质的 μ_r		铁磁物质的 μ_r	
空气	1.00000036	钴	174
锡	1.000004	镍	1120
铝	1.000023	铸钢	500～2200
石墨	0.999895	铸铁(已退火)	200～400
银	0.999981	硅钢	7000～10000
锌	0.999989	坡莫合金	20000～200000
铜	0.999991	锰锌铁氧体	400～10000

四、磁场强度 H

磁感应强度 B 不仅与通过的励磁电流和产生磁场的通电导体的几何形状有关，还与磁场中介质的导磁性能有关，这就使磁场的计算变得复杂。为了计算上的方便，引进了一个与周围介质无关的辅助物理量——磁场强度 H。磁场强度 H 的方向与磁感应强度 B 的方向相同，其数值大小为

$$H = \frac{B}{\mu} \tag{3-3}$$

式中　H——磁场强度，安[培]/米（A/m）。

【例 3-1】　在均匀磁场中，垂直于磁场方向的面积 S 为 20cm^2，磁感应强度 B 为 8000Gs，求穿过这个面的磁通。

解　$\Phi = BS = 8000 \times 10^{-4} \times 20 \times 10^{-4} = 1.6 \times 10^{-3}\text{Wb} = 1.6 \times 10^5\text{Mx}$

第二节　铁磁材料的电磁性能

物质按磁导率的大小可以分成铁磁材料和非铁磁材料两大类。铁磁材料的电磁性能包括高导磁性、磁饱和性和磁滞性三个方面。根据磁滞回线的形状差异，通常又将铁磁材料分成软磁材料、硬磁材料和矩磁材料三种类型，它们在实际中都有着广泛的用途。

一、铁磁材料的电磁性能

1. 高导磁性

铁磁材料的内部存在一个个能导磁的小区域，称磁畴。在没有外磁场作用时，磁畴杂乱无序地排列，对外不显示出磁性。如果将铁磁材料放入较强的磁场中，各磁畴将顺外磁场方向转向，形成附加磁场，使总磁场大大增强。铁磁材料的这一性能被广泛地应用于电工设备中，例如电机、变压器的线圈中都放有铁芯。在这种铁芯中通入较小的励磁电流，便可产生足够大的磁通和磁感应强度。使用优质的磁性材料可使同一容量的电机的质量和体积大大减轻和减小。

2. 磁饱和性

铁磁材料由于磁化所产生的磁场，不会随线圈中电流的增加而无限地增强，其磁化过程如图 3-1(a) 所示。该曲线表示 Φ 与 I 之间的关系，由于 $B \infty \Phi$，$H \infty I$，该曲线也表示 B 与 H 之间的关系。初始磁化时，外磁场还不太强，铁磁材料内各磁畴偏转缓慢，所以 Φ 随 I

变化缓慢，如图中的 0~a 段；随着外磁场的增强，磁畴迅速沿外磁场方向转向，电流 I 增加，磁通 Φ 也增加，两者近似线性关系，如图中的 a~b 段。然后，Φ 随 I 的增加逐渐减慢。I 增加到一定程度时，全部磁畴都已转向外磁场方向，Φ 随 I 的增加极其缓慢，铁磁材料磁化到此程度称为磁饱和。图 3-1(a) 上的 b 点为饱和点。此曲线称为铁磁材料的磁化曲线。不同铁磁材料的磁化曲线也不相同，可以从手册中查阅。铁磁材料的 B 及 H 值通常选用在 ab 段之间的数值（又称曲线的膝部），这样可使铁芯不会磁化到饱和状态，又提高了材料的利用率。图 3-1(b) 所示曲线表示了空心线圈中电流与磁通的关系。

3. 磁滞性

当铁芯线圈中通入交流电时，铁芯就会被反复磁化。电流变化一个周期，磁感应强度 B 随磁场 H 变化的关系如图 3-2 所示。反复磁化的过程为：正方向磁化→去磁→反方向磁化→去磁→再正方向磁化……由图可知，当 H 减小到零值时，铁芯中仍保留一部分剩磁 B_r。必须加反向电流才能使剩磁完全消失，使 B 等于 0 的 H 值称为矫顽磁力 H_c。反向电流继续加大，铁磁材料被反方向磁化。这种磁感应强度变化滞后于磁场强度变化的性质称为铁磁材料的磁滞性。铁磁材料反复磁化时所形成的 B 与 H 变化关系曲线称为磁滞回线。

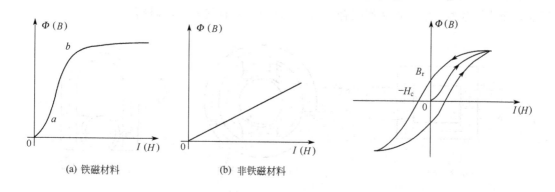

图 3-1　磁化曲线　　　　　　　　　　　　　　图 3-2　磁滞回线

二、铁磁材料的分类

铁磁材料根据磁滞回线的形状及其在工程上的应用，可分为以下三类。

（1）软磁材料　指磁滞回线比较狭窄的铁磁材料，它的主要特点是磁导率高，容易磁化和退磁，磁滞损耗小，如硅钢片、铸钢、铁氧体等。

（2）硬磁材料　指磁滞回线较宽的铁磁材料，它的主要特点是剩磁大，如钴钢、锰钢、钨钢等。

（3）矩磁材料　指磁滞回线接近矩形的铁磁材料，它的特点是受较小的磁场就可以达到饱和，而去掉磁场后仍能保持饱和状态，如锰镁铁氧体、锂锰铁氧体和某些铁镍合金等。

三、铁磁材料的应用

硅钢片、铸钢和工程纯铁等软磁材料由于其磁滞回线狭窄，磁滞损耗小，容易磁化和退磁，常用于制造电机、变压器和电器的铁芯；坡莫合金常用于制作高频变压器及脉冲变压器的铁芯。

钴钢、钨钢和锰钢等硬磁材料由于剩磁较大，常用于制造永久磁铁、扬声器和电工仪表等。特别是钕铁硼永磁材料，由于其有很高的剩磁性能，目前被广泛应用于制作各种永磁电机的磁场，能有效地减少电能的损耗，提高电机的效率，在航空航天技术中得到了广泛的应用。

锰镁铁氧体、锂镁铁氧体和1J51型铁镍合金等矩磁材料去掉磁场后仍能保持饱和状态，具有一定的"记忆"功能，常用于制造存储器磁心和外部设备中的磁鼓、磁带、磁盘等，广泛用于电子技术和计算机技术中。

近年来，随着纳米技术的发展，出现了纳米微粒，它具有超顺磁性和高矫顽磁力。用纳米微粒做成的磁性液体，在磁场的作用下被磁化而运动，同时又具有液体的流动性，可用于无声快速的磁印刷、磁性液体发电机、医疗中的照影剂等。纳米微粒做成的磁记录材料，可以大大提高信息的记录密度，提高信噪比，改善图像质量。

第三节　磁路的基本概念

一、磁路

磁感线（磁通 Φ）通过的路径称为磁路。在具有铁芯的电气设备中，由于铁芯导磁能力很强，磁感线基本上沿着铁芯而闭合。图 3-3 示出了几种设备中的磁路。

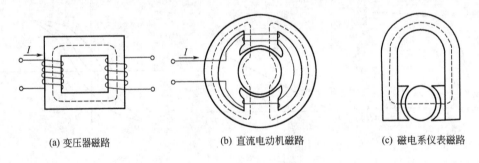

(a) 变压器磁路　　　　　　(b) 直流电动机磁路　　　　　(c) 磁电系仪表磁路

图 3-3　几种磁路实例

如果磁路是由同一种铁磁材料制成，而且各处截面积相等，磁感应强度相同，这样的磁路称为均匀磁路，例如图 3-3(a) 中的单相变压器铁芯。在图 3-3(b) 表示的直流电动机磁路和图 3-3(c) 表示的磁电系仪表的磁路中，磁通要通过几种不同的材料，各处截面积也不同，还有气隙存在，这样的磁路称为非均匀磁路。

二、安培环路定律

安培环路定律是对磁场中任意闭合回线而言的。其内容为：当介质为真空时，在磁场中取磁感线 l 作闭合回线，且同一条磁感线上各处磁场强度值相等，则安培环路定律为

$$Hl = \sum I \tag{3-4}$$

式中，l 为相关闭合磁感线的长度。

利用上式，可以方便地计算某些电流的磁场。

（一）直线电流产生的磁场

直线电流的磁场是以直线为圆心的一些同心圆，所以同一条磁感线上各处磁感应强度数值是相同的。如图 3-4 所示，现取距直线为 r 的一根磁感线，该磁感线长度为 $l = 2\pi r$，根据

式(3-4) 有

$$H \cdot 2\pi r = I$$

$$H = \frac{I}{2\pi r}, \quad B = \mu \frac{I}{2\pi r}$$

（二）通电环形螺线管产生的磁场

如图 3-5 所示，先求环心内一点的磁场。环心内磁感线为同心圆，可认为是匀强磁场。

现取半径为平均半径 $r_{av} = \frac{r_1 + r_2}{2}$ 的磁感线为闭合回线，则有 $l_{av} = 2\pi r_{av}$，所以

$$H \cdot 2\pi r_{av} = NI$$

可得

$$H = \frac{NI}{2\pi r_{av}}$$

若环心内介质磁导率为 μ，则磁感应强度为

$$B = \mu \frac{NI}{2\pi r_{av}}$$

在环心外，由于 $\sum I = 0$，所以 $H = 0$，$B = 0$。

假设将环形螺线管中的某一处断开，再拉直，就形成了一个通电直螺线管。此时，直螺线管的长度 l 相当于环形螺线管的周长 l_{av}，根据安培环路定律，有

$$Hl = NI$$

所以

$$H = \frac{NI}{l}, \quad B = \mu \frac{NI}{l}$$

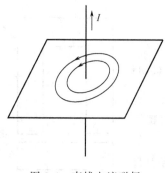

图 3-4 直线电流磁场

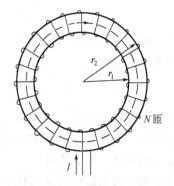

图 3-5 通电环形螺线管磁场

三、简单磁路的计算

图 3-6 所示的单相变压器磁路中，如果磁感线的平均长度（即磁路中心线长度）为 l，线圈的匝数为 N，线圈中通过的电流为 I，则磁场强度 H 与 l、N 和 I 的关系为

$$Hl = NI$$

由于

$$H = \frac{B}{\mu} = \frac{\Phi}{\mu S}$$

所以

$$\Phi = \frac{NI}{\dfrac{l}{\mu S}} \tag{3-5}$$

上式称为磁路欧姆定律，仿照电路欧姆定律的形式，将 NI 称为磁动势；$\dfrac{l}{\mu S}$ 称为磁阻。

由于铁磁材料的 μ 不是常数，所以磁阻也不是常数。

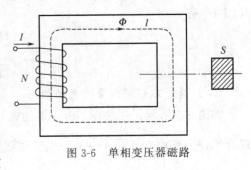

图 3-6 单相变压器磁路

四、电磁铁

电磁铁主要由固定铁芯、线圈和衔铁三部分组成，如图 3-7 所示。其中铁芯和衔铁通常用整块钢材制成。当线圈通以电流时，铁芯磁化产生电磁吸力将衔铁吸合，带动与之连接的其他机构动作。根据线圈所接电源不同，可分为直流电磁铁和交流电磁铁两种类型。

直流电磁铁产生的电磁吸力是恒定的，大小为

$$F = \frac{B_0^2}{2\mu_0}S \tag{3-6}$$

式中 B_0——气隙处磁感应强度，T；

S——气隙总面积，m^2；

F——电磁吸力，N。

由于铁芯在吸合衔铁的过程中气隙变小，磁场加强，电磁吸力将变大。因此，衔铁被吸合后电磁吸力比未吸合前要大得多。

交流电磁铁在吸合时，作用在衔铁上的电磁吸力将上下波动。其平均电磁吸力为

$$F_{av} = \frac{B_m^2}{4\mu_0}S \tag{3-7}$$

式中，B_m 为气隙处磁感应强度的最大值。

最大吸力为

$$F_m = \frac{B_m^2}{2\mu_0}S \tag{3-8}$$

交流电磁铁在启动时，衔铁与铁芯之间的气隙最大，此时电流也最大，可达工作电流的十几倍，因此，在要求频繁启动与停车的场合，不宜使用。

交流电磁铁的电磁吸力是变化的，在工作过程中将引起铁芯的机械振动，产生噪声，通常采取在铁芯上装短路环的办法解决。

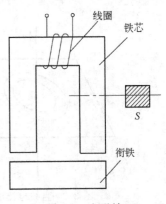

图 3-7 电磁铁

另外，在安装、调试及维护交流电磁铁时，必须注意衔铁是否灵活，有无卡住现象。如果线圈通电后，衔铁不能及时吸合，很容易将线圈烧坏。

电磁铁是电工技术中广泛使用的一种电磁部件。起重电磁铁、制动电磁铁是起重、制动等设备的重要部件；利用电磁铁制成电磁卡盘可作为固定工件的夹具；交流接触器、电磁继电器等借助电磁力带动触头接通或断开电路，实现自动控制。

【例 3-2】   一根直螺线管如图 3-8 所示，试求：(1) 螺线管内为真空时管内磁感应强度 B_0 和穿过管截面的磁通量 Φ_0；(2) 当管内放有铸钢铁芯时，再求磁感应强度 B 和磁通量 Φ；(3) 求管内的磁场强度 H。

解   (1) $B_0 = \mu_0 \dfrac{NI}{l} = 4\pi \times 10^{-7} \times \dfrac{500 \times 0.1}{10 \times 10^{-2}} = 6.28 \times 10^{-4} \, \text{T}$

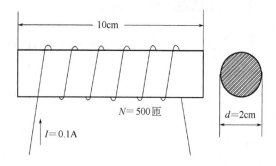

图 3-8 通电直螺线管

$$\Phi_0 = B_0 S = B_0 \times \frac{1}{4}\pi d^2$$

$$= 6.28 \times 10^{-4} \times \frac{1}{4} \times 3.14 \times (2 \times 10^{-2})^2 = 1.97 \times 10^{-7}\,\text{Wb}$$

(2) $B = \mu \dfrac{NI}{l} = \mu_r B_0 = 800 \times 6.28 \times 10^{-4} \approx 0.5\,\text{T}$

$\Phi = BS = \mu_r B_0 S = 800 \times 1.97 \times 10^{-7} = 1.576 \times 10^{-4}\,\text{Wb}$

(3) $H = \dfrac{B}{\mu} = \dfrac{NI}{l} = \dfrac{500 \times 0.1}{10 \times 10^{-2}} = 500\,\text{A/m}$

第四节 变 压 器

一、变压器的作用

变压器具有变换电压、电流和阻抗的功能,在电力系统和电子电路中得到了广泛的应用。

在电力传输时,当输送功率及负载功率因数一定,电压越高,输电线路上的电流就越小,达到减小线路压降和能量损耗、减少输电线的截面积、节省材料的目的。因此,在输电时必须利用变压器将电压升高。在用电时,为了保证用电安全和满足用电设备的要求,又要利用变压器将电压降低。

在电气测量时,利用仪用变压器(电压互感器、电流互感器)的变压、变流作用,扩大对交流电压、电流的测量范围。

在电子设备中,常采用变压器提供所需要的多种数值的电压。还可利用变压器耦合电路传送信号,实现阻抗匹配。

二、变压器的结构

如图 3-9 所示,变压器主要由铁芯和绕组组成。铁芯构成变压器的磁路,通常用硅钢片叠成,以减小磁滞损耗和涡流损耗。绕组构成变压器的电路,通常由铜线绕制而成。接电源的绕组称为一次绕组(或称原绕组、初级绕组),接负载的绕组称为二次绕组(或称副绕组、次级绕组)。

三、变压器的工作原理

变压器一次绕组接电源,二次绕组不接任何负载,处于开路状态,称为变压器的空载运

行。如图 3-10 所示，假设磁感线全部沿着磁路闭合，根据电磁感应定律得

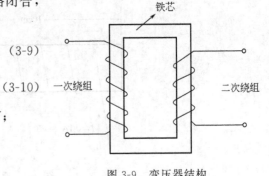

$$u_1 = -e_1 = N_1 \frac{d\Phi}{dt} \qquad (3-9)$$

$$u_2 = e_2 = -N_2 \frac{d\Phi}{dt} \qquad (3-10)$$

式中 u_1, u_2——一、二次绕组的感应电压，V；

N_1, N_2——一、二次绕组的匝数；

Φ——铁芯中的磁通量。

由式(3-9)、式(3-10) 可得

图 3-9 变压器结构

$$\frac{u_1}{u_2} = \frac{U_1}{U_2} = \frac{N_1}{N_2} = K \qquad (3-11)$$

式中 U_1, U_2——一、二次绕组电压的有效值；

K——变压器的变压比，简称变比，是变压器最重要的参数之一。

由式(3-11) 可见：变压器一、二次绕组的电压与一、二次绕组的匝数成正比，即变压器有变换电压的作用。

变压器二次绕组接负载运行时称为负载运行。根据安培环路定律可得

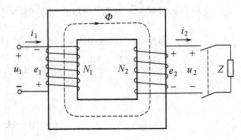

变压器空载时 $Hl = \dot{I}_0 N_1$

变压器负载时 $Hl = \dot{I}_1 N_1 + \dot{I}_2 N_2$

所以 $\dot{I}_1 N_1 + \dot{I}_2 N_2 = \dot{I}_0 N_1$

图 3-10 变压器的工作原理

式中，$\dot{I}_0$ 为变压器空载电流。当变压器接近满载运行时，其值约为额定电流的 5%，可以忽略不计。所以有

$$\dot{I}_1 N_1 + \dot{I}_2 N_2 \approx 0$$

一、二次绕组电流数值关系为

$$\frac{I_1}{I_2} \approx \frac{N_2}{N_1} = \frac{1}{K} \qquad (3-12)$$

由式(3-12) 可知变压器一、二次绕组的电流与一、二次绕组的匝数成反比。

四、特殊变压器

（一）自耦变压器

自耦变压器二次绕组是一次绕组的一部分，如图 3-11 所示。它的结构简单，体积小。在使用时，自耦变压器的损耗也比普通变压器要小，效率较高，因而较为经济。在一、二次绕组电压比较接近（K 小于 2）的场合广泛使用。但自耦变压器的一、二次绕组接在一起，它们之间不仅有磁的耦合，还有电的联系。因此在使用时必须正确接线，且外壳必须接地。安全照明变压器不允许采用自耦变压器结构形式。

（二）仪用互感器

仪用互感器是用于测量交流大电流或交流高电压的专用设备，包括电流互感器和电压互感器两种，它们的工作原理与变压器相同。

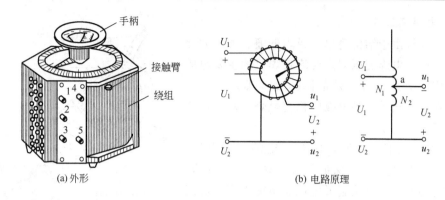

(a) 外形　　　　　　　　　　　　　　(b) 电路原理

图 3-11　自耦变压器结构原理

1. 电流互感器

电流互感器是按比例变换交流电流的电工测量仪器。一般二次侧电流表的量程为 5A。只要改变接入的电流互感器的变流比，就可测量大小不同的一次侧电流。

电流互感器的结构与工作原理与单相变压器相似。它也有两个绕组：一次绕组串联在被测的交流电路中，流过的是被测电流 I_1，它一般只有一匝或几匝；二次绕组匝数较多，与交流电流表（或电度表、功率表）相接，如图 3-12(b) 所示。

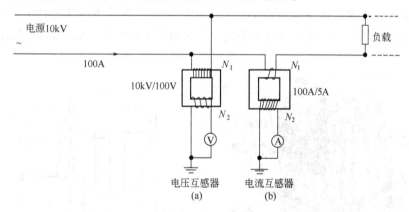

图 3-12　仪用互感器

使用电流互感器时必须注意：①二次绕组绝对不允许开路。否则将使铁芯过热，烧坏绕组或产生很高的电压，使绝缘击穿，并危及测量人员和设备的安全；②铁芯及二次绕组一端必须可靠接地，以保证工作人员和设备的安全。

利用电流互感器原理可以制作便携式钳形电流表，用于不断开电路测量电流。其外形如图 3-13 所示。它的闭合铁芯可以张开，将被测载流导线钳入铁芯窗口中，这时导线相当于电流互感器的一次绕组。铁芯上有二次绕组，与测量仪表连接，可直接读出被测电流的数值。

2. 电压互感器

电压互感器是按比例变换交流电压的电工测量仪器。一般二次侧电压表量程为 100V，只要改变接入的电压互感器的变压比，就可测量不同数值的高电压。使用时，一次绕组与待测电路并联；二次绕组与电压表相连。如图 3-12(a) 所示。

使用电压互感器时必须注意：①二次绕组绝对不允许短路。否则将产生很大的短路电流，将电压互感器烧坏；②铁芯及二次绕组一端必须可靠接地，以保证工作人员及设备的安全。

（三）电焊变压器

交流弧焊机由于结构简单、成本低廉、维护方便而被广泛使用。电焊变压器是交流弧焊机的主要组成部分，它实质上是一台特殊的降压变压器。在焊接中，为了保证焊接质量和电弧的稳定燃烧，对电焊变压器提出了如下的要求。

① 电焊变压器空载时，应有一定的空载电压，通常在 60～75V 左右，以保证起弧容易。另一方面，为了操作者的安全，空载起弧电压又不能太高，最高不宜超过 85V。

② 在负载时，电压应随负载的增大而急剧下降，通常在额定负载时的输出电压约 30V 左右。

③ 在短路时，短路电流不应过大，以免损坏电焊机。

④ 为了适应不同的焊接工件和不同焊条的需要，要求电焊变压器输出的电流能在一定范围内进行调节。

为了满足上述要求，电焊变压器的一、二次绕组分装在不同的铁芯柱上，再用磁分路法、串联可变电抗器法及改变二次绕组的接法等来调节焊接电流，如图 3-14 所示。

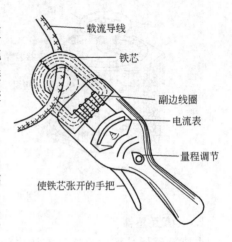

图 3-13　钳形电流表

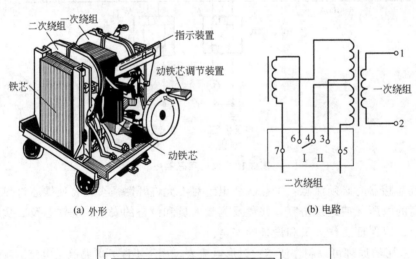

(a) 外形

(b) 电路

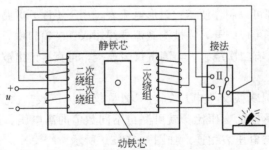

(c) 铁芯及绕组

图 3-14　磁分路动铁芯式弧焊机

【例 3-3】 有一台降压变压器，一次绕组接到 6600V 的交流电源上，二次绕组电压为220V。（1）试求其变比；（2）如果一次绕组匝数 $N_1 = 3300$ 匝，试求二次绕组匝数；（3）如果电源电压减小到 6000V，为使二次绕组电压保持不变，试问一次绕组匝数应调整到多少？

解 （1）

$$K = \frac{N_1}{N_2} \approx \frac{U_1}{U_2} = \frac{6600}{220} = 30$$

（2）

$$N_2 = \frac{N_1}{K} = \frac{3300}{30} = 110 \text{ 匝}$$

（3）

$$N'_1 = N_2 \frac{U'_1}{U_{20}} = 110 \times \frac{6000}{220} = 3000 \text{ 匝}$$

本章小结与学习指导

1. 磁路是磁通流通的路径，它由导磁性能良好的铁磁材料构成。铁磁材料具有高导磁性、磁饱和性及磁滞性等特点。按其磁滞回线形状不同可分为软磁材料、硬磁材料和矩磁材料三类。

2. 变压器是利用电磁感应原理制成的一种静止的电气设备，由铁芯和绕组组成。其基本功能是改变交流电压、改变交流电流和改变阻抗。

3. 变压器是电能传输与分配过程中必不可少的电气设备。

4. 利用变压器原理制作的电流互感器、电压互感器实际上是一种特殊的变压器。

思考题与习题

3-1　有两个形状、大小和匝数完全相同的环形螺线管，一个用硬纸板作管中介质，一个用铁芯作介质。当两个线圈通以大小相等的电流时，两线圈中的 B、Φ、H 值是否相等？为什么？

3-2　有一匀强磁场，磁感应强度 $B = 0.13$ T，磁感线垂直穿过 $S = 10\text{cm}^2$ 的平面，介质的相对磁导率 $\mu_r = 3000$。求磁场强度和穿过平面的磁通 Φ。

3-3　真空中一根长度 $l = 10$ m 的直导线，通过的电流 $I = 5$A，置于磁感应强度 $B = 0.5$ T 的磁场中，且电流方向与磁场方向垂直。问直导线受到的电磁力为多大？

3-4　为什么变压器和电动机的铁芯采用硅钢片叠成，而不做成一个整块？永久磁铁的铁芯为什么又不用硅钢片叠成？

3-5　真空中有一长度 $l = 1$ m 的通电螺线管，线圈的匝数 $N = 1000$，要求在线圈中心产生 $B = 0.5$ T 的磁感应强度，问线圈中通过的电流应为多少？

3-6　题 3-6 图所示为某直流铁芯线圈，铁芯构成一均匀磁路，材料为硅钢片。中心线长度 $l = 50$mm；截面积 $S = 16\text{mm}^2$，线圈匝数 $N = 500$。若要使铁芯产生 $\Phi = 1.52 \times 10^5$ Mx 的磁通，试求线圈中的励磁电流。如果保持磁通不变，改用铸钢作铁芯材料，线圈中的励磁电流又是多少？

3-7　一台 220V/110V 的单相变压器，原边加额定电压 220V 时，测得一次绕组电阻为 10Ω，试问一次侧电流是否等于 22A？

3-8　一台 220V/110V 的单相变压器，$N_1 = 2000$ 匝，$N_2 = 1000$ 匝，变比 $K = N_1 / N_2 = 2$，有人为省线，将一次绕组、二次绕组匝数减为 20 匝和 10 匝，变压器能否正常工作？为什么？

3-9　变压器能否变换直流电压？如果将额定电压为 220V 的变压器接到 220V 直流电源上，会出现什么结果？

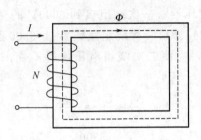

题 3-6 图

3-10 为了安全，机床上用电为 36V，它是将 220V 交流电压降压得到的。已知变压器一次绕组匝数 $N_1 = 1100$ 匝，求二次绕组匝数。若用此变压器给 40W 的白炽灯供电，问一次绕组电流 I_1、二次绕组电流 I_2 为多少？

3-11 一台 $S_N = 10\text{kV} \cdot \text{A}$、$U_{1N}/U_{2N} = 3300\text{V}/220\text{V}$ 的单相照明变压器，现要在二次绕组两端接 60W、220V 的白炽灯，要求白炽灯在额定状态下工作，问最多可接多少盏？一次绕组、二次绕组电流为多少？

3-12 一台 200A/5A 的电流互感器，测得二次绕组电流 I_2 为 3.6A，求被测电流为多少？

3-13 选择题（每题只有一个正确答案）

① 下列哪种材料不是铁磁材料

    A. 铁；   B. 铜；   C. 钴；   D. 镍。

② 适合于制作永久磁铁的铁磁材料是

    A. 软磁材料；   B. 硬磁材料；   C. 矩磁材料；   D. 不能确定。

③ 下列哪项不是变压器的功能

    A. 变换电压；   B. 变换电流；   C. 变换功率；   D. 变换阻抗。

④ 三相变压器的额定电压和额定电流是指

    A. 相电压和相电流；   B. 线电压和线电流；   C. 线电压和相电流；   D. 相电压和线电流。

⑤ 变压器的铁芯采用相互绝缘的薄硅钢片制造，主要目的是为了降低

    A. 杂散损耗；   B. 铜耗；   C. 涡流损耗；   D. 磁滞损耗。

⑥ 某理想变压器的变比 $K = 10$，其副边负载的电阻 $R_L = 8\Omega$。将此负载电阻折算到原边的电阻 R_L' 的阻值为

    A. 80Ω；   B. 800Ω；   C. 8000Ω；   D. 0.8Ω。

第四章　电动机的结构与运行

异步电动机由于构造简单、价格低廉、工作可靠以及容易控制和维护等原因获得了广泛的应用。只有在需要均匀调速的生产或运输机械中，异步电动机才让位于直流电动机。本章主要介绍三相异步电动机的基本构造、工作原理及运行特性；单相异步电动机和直流电动机的工作原理。

第一节　三相异步电动机的结构与工作原理

一、三相异步电动机的结构

三相异步电动机主要由静止的定子和转动的转子两大部分组成，除此之外，还有嵌放定子和支撑转子的机座、轴承盖等，其实物示意如图 4-1 所示。其定子和转子的组成分述如下。

定子 $\begin{cases} \text{定子铁芯：由硅钢片叠成，构成电动机的磁路。} \\ \text{定子绕组：由铜线绕制而成，构成电动机的电路。} \\ \text{机座：一般由铸铁或铸钢制成，是电动机的支架。} \end{cases}$

转子 $\begin{cases} \text{转子铁芯：和定子铁芯相似，由硅钢片叠成。} \\ \text{转子绕组：分为笼型和绕线式两种。笼型转子绕组由铸铝导条或铜条组成，端部用短路环短接；} \\ \qquad\qquad\quad\text{绕线式转子绕组和定子绕组相似。} \\ \text{转轴：由中碳钢制成，两端由轴承支撑，用来输出转矩。} \end{cases}$

二、三相异步电动机的工作原理

三相异步电动机转动的原理包括三个部分。

1. 电生磁（旋转磁场的产生）

设定子三相绕组 U_1U_2，V_1V_2，W_1W_2 接三相交流电源，流过三相绕组的电流分别为

$$i_U = I_m \sin\omega t$$

$$i_V = I_m \sin(\omega t - 120°)$$

$$i_W = I_m \sin(\omega t + 120°)$$

当 $\omega t = 0°$ 时，$i_U = 0$，表示 U_1U_2 绕组中没有电流流过；$i_V < 0$，表示 V_1V_2 绕组中的电

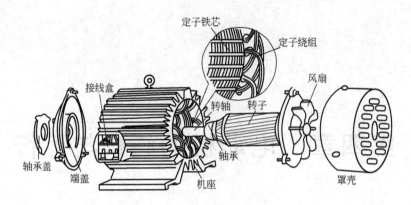

图 4-1 三相笼型异步电动机的结构

流从末端 V_2 流入（电流流入用符号 $\otimes$ 表示），首端 V_1 流出（电流流出用符号 $\odot$ 表示）；$i_W > 0$，表示 $W_1 W_2$ 绕组中的电流从首端 W_1 流入，末端 W_2 流出。然后根据右手螺旋定则，可判断出各绕组端周围磁场的方向。如图 4-2(a) 所示。W_2、V_1 周围的合成磁场为逆时针方向；V_2、W_1 周围的合成磁场为顺时针方向。因此，定子空间的磁场方向为竖直向下。

同理，在 $\omega t = 120°$、$\omega t = 240°$ 时，可判断出定子空间的磁场方向，如图 4-2(b)、(c) 所示。当 $\omega t = 360°$ 时，又转回到 $\omega t = 0°$ 时的情况，如图 4-2(d) 所示。

可见，三相绕组通入三相交流电流后，它们共同产生的合成磁场随电流的变化而在空间不断地旋转，如同磁极在空间旋转一样，这样一个磁场称为旋转磁场。旋转磁场的转向与相序一致，为顺时针方向。如果电源的频率为 f，定子绕组的极对数为 p（所产生的旋转磁场的磁极对数），则转速为 $n_1 = \dfrac{60f}{p}$。

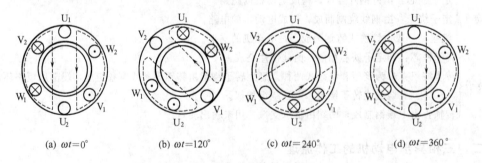

(a) $\omega t = 0°$ (b) $\omega t = 120°$ (c) $\omega t = 240°$ (d) $\omega t = 360°$

图 4-2 三相电流产生的旋转磁场（$p = 1$）

2.（动）磁生电

假定该瞬间定子空间磁场方向向下。定子旋转磁场旋转切割转子绕组，根据右手定则，可确定转子中绕组感应电动势的方向，由于转子绕组闭合，有电流通过。假定电流方向和电动势方向相同，如图 4-3 所示。

3. 电生力矩

定子空间有旋转磁场，转子绕组中有感应电流，由左手定则可知转子绕组将受电磁力的作用，该力对转轴形成力矩，称电磁转矩，方向与定子旋转磁场方向一致。电动机在电磁转矩作用下，顺着旋转磁场的方向旋转。

电动机旋转的转速 n_2 略小于旋转磁场的转速 n_1，通常用转差率 s 表示。

$$s = \frac{n_1 - n_2}{n_1} \qquad (4-1)$$

在正常运行的范围内，转差率 s 的值较小，在 0.01～0.06 之间。

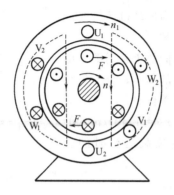

图 4-3　三相笼型异步电动机工作原理

三、三相异步电动机的铭牌

铭牌是简要说明设备的主要数据和使用方法的标志。看懂铭牌是正确使用设备的前提。Y160M-6 三相异步电动机的铭牌如图 4-4 所示。

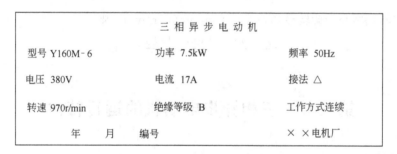

三 相 异 步 电 动 机		
型号 Y160M-6	功率 7.5kW	频率 50Hz
电压 380V	电流 17A	接法 △
转速 970r/min	绝缘等级 B	工作方式连续
年　　月　　编号		××电机厂

图 4-4　三相异步电动机铭牌

（1）型号　为了适应不同用途和环境的需要，电动机制成不同的系列，各种系列用各种型号表示。它由汉语拼音字母、国际通用符号和阿拉伯数字三部分组成。例如

（2）额定功率 P_N　指电动机在额定状态下运行时，转子轴上输出的机械功率，单位为 kW。

（3）额定电压 U_N　指电动机在额定运行时，三相定子绕组应接的线电压值，单位为 V。

（4）额定电流 I_N　指电动机在额定运行时，三相定子绕组的线电流值，单位为 A。

三相异步电动机的额定功率、额定电流、额定电压之间的关系为

$$P_N = \sqrt{3} U_N I_N \cos\varphi_N \eta_N \qquad (4-2)$$

（5）额定转速 n_N　指电动机在额定运行时的转速，单位为 r/min。

（6）额定频率 f_N　指电动机正常工作时定子所接电源的频率，在我国均为 50Hz。

（7）接法　指电动机正常工作时定子绕组的连接方式，有Y形和△形两种类型，如图 4-5 所示。

（8）温升及绝缘等级　温升指电动机运行时绕组温度允许高出周围环境温度的数值。

（9）工作方式　为了适应不同的负载需要，电动机的工作方式按负载持续时间的不同，分为连续工作制、短时工作制和断续周期工作制。

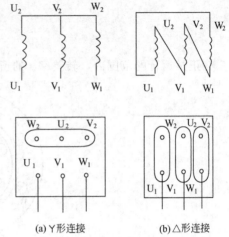

(a) Y形连接　　(b) △形连接

图 4-5　定子绕组的连接方式

【例 4-1】　一台额定转速为 $n_N = 1440r/min$ 的三相异步电动机，试求它额定负载运行时的转差率。

解　根据　$n_1 = \dfrac{60f}{p} = \dfrac{60 \times 50}{p}$

$$p = 1，n_1 = 3000r/min$$
$$p = 2，n_1 = 1500r/min$$
$$p = 3，n_1 = 1000r/min$$
$$......$$

因为额定转速略小于旋转磁场转速，取 $n_1 = 1500r/min$，则

$$s_N = \frac{n_1 - n_N}{n_1} = \frac{1500 - 1440}{1500} = 0.04$$

第二节　三相异步电动机的运行特性

一、机械特性

三相异步电动机的机械特性是指电动机的转速 n 随电磁转矩 T 变化的特性，其关系曲线 $n = f(T)$ 称机械特性曲线，如图 4-6 所示。

图中，T_N、T_{st}、T_m 分别为额定转矩、启动转矩、最大转矩；n_N、n_m、n_1 分别为额定转速、临界转速（最大转矩对应的转速）、同步转速（大小等于旋转磁场转速）。

其中额定转矩 T_N 为

$$T_N \approx 9550 \frac{P_N}{n_N} \tag{4-3}$$

式中　T_N——电动机额定转矩，N·m；

　　　P_N——电动机额定功率，kW；

　　　n_N——电动机额定转速，r/min。

启动转矩 T_{st} 为

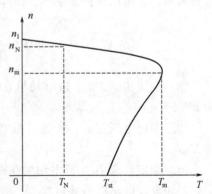

图 4-6　三相异步电动机的机械特性

$$T_{st} = K_{st} T_N \tag{4-4}$$

式中，K_{st} 为启动转矩倍数，它反映电动机负载的能力，一般为 1.0～2.2。

最大转矩 T_m 为

$$T_m = \lambda T_N \tag{4-5}$$

式中，λ 为最大转矩倍数，也称过载能力，一般为 1.8～2.2。

异步电动机的转矩与加在电动机上的电压的平方成正比，因此电源电压的波动对电动机的运行影响很大。例如，当电源电压降为额定电压的 90% 时，电动机的转矩降为额定值的 81%。当电源电压过低时，电动机有可能因转矩太小拖不动负载而被迫停转。

二、空载运行

电动机轴上不带负载时，输出机械功率为零，这种运行状态称空载运行。由于空载运行时转子转速 n_2 接近于同步转速 n_1，故转子感应电流近似为零，电磁转矩也近似为零。此时，定子绕组中的线电流称为空载电流，它用于建立旋转磁场。大型电动机空载电流约为额定电流的 20%，小型电动机可达 50%，因此，电动机空载时功率因数很低。

三、有载运行

电动机轴上带负载时，输出机械功率，这种运行状态称为电动机的有载运行。当轴上带负载时，随着负载阻力矩的增大，电动机转速 n_2 逐渐降低，使转子与旋转磁场的相对转速增大，转子绕组中感应电流增大，从而产生较大的电磁转矩，拖动负载工作。

当定子绕组电流 I_1 等于额定电流 I_N 时，电动机的工作状态称为满载运行，此时功率因数最高。当 I_1 大于 I_N 时，称为过载；当 I_1 小于 I_N 时，称为轻载。如果负载太重，以致转子转速下降至零，称为"堵转"，此时定子绕组的电流可达额定电流的 4～7 倍，时间稍长会烧坏电动机。

【例 4-2】 Y180L-8 型三相异步电动机的铭牌数据如下：额定功率 $P_N = 11kW$，额定转速 $n_N = 730r/min$，最大转矩倍数 $\lambda = 2.2$，启动转矩倍数 $K_{st} = 1.7$。试求额定转矩 T_N、最大转矩 T_m 和启动转矩 T_{st}。

解 Y180L-8 型三相异步电动机的 T_N、T_m 和 T_{st} 计算如下。

$$T_N = 9550 \frac{P_N}{n_N} = 9550 \times \frac{11}{730} = 143.9 \text{N} \cdot \text{m}$$

$$T_m = \lambda T_N = 2 \times 143.9 = 287.8 \text{N} \cdot \text{m}$$

$$T_{st} = K_{st} T_N = 1.7 \times 143.9 = 244.6 \text{N} \cdot \text{m}$$

第三节　单相异步电动机

单相异步电动机是利用单相交流电源供电的一种小容量交流电动机。由于它结构简单、成本低廉、运行可靠、维修方便，并可以直接在单相 220V 交流电源上使用，因此被广泛用于办公场所、家用电器等方面。

一、电容分相式单相异步电动机

电容分相式单相异步电动机的结构和三相交流异步电动机相似，转子为笼型结构，定子的铁芯槽内嵌放有两个绕组 $U_1 U_2$、$Z_1 Z_2$。它们在空间互差 90° 电角度。如图 4-7 所示。其

中 U_1U_2 称为工作绕组，流过的电流为 i_U。Z_1Z_2 中串有电容器，称为启动绕组，流过的电流为 i_Z。两个绕组接在同一单相交流电源上。适当选择电容器 C 的容量，可使两绕组中的电流 i_U、i_Z 的相位相差 $90°$，这样，在空间互成 $90°$ 的两相绕组中通入相位互差 $90°$ 的两相交流电，便产生了旋转磁场。在旋转磁场作用下，电动机的转子就会沿旋转磁场方向旋转。有的单相异步电动机没有采用电容分相，而是采用在启动绕组中串入电阻的方法，使得两相绕组中的电流在相位上存在一定的角度，也可产生旋转磁场。

电容分相式单相异步电动机结构简单，使用维护方便，只要任意改变启动绕组（或工作绕组）的首端和末端与电源的接线，即可改变旋转磁场的方向，从而实现电动机的反转。电容分相式单相异步电动机常用于电风扇、电冰箱、洗衣机、空调器、录音机、复印机、电子仪器仪表及医疗器械等各种空载或轻载启动的机械上。图 4-8 为电容运行式吊扇电动机的结构。

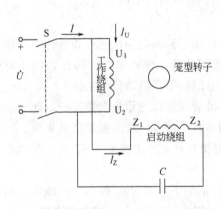

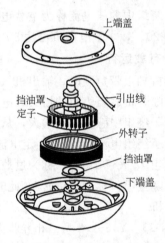

图 4-7 电容分相式单相异步电动机原理　　　　图 4-8 电容运行式吊扇电动机的结构

有的单相异步电动机采用在启动绕组中串入电阻的方法，使得两相绕组中电流存在相位差，也可以产生旋转磁场。

二、罩极式单相异步电动机

图 4-9 所示为罩极式单相异步电动机的结构原理，其定子铁芯由硅钢片叠压而成，按磁极的形式可分为凸极式和隐极式两种，其中凸极式结构最为常见。

在定子磁极上开一个小槽，将磁极分成两部分，在较小磁极上套一个短路铜环，称为罩极。当通入单相交流电时，在励磁绕组与短路环的共同作用下，磁极间形成一个连续运动的磁场，好似旋转磁场一样，从而使笼型转子受力旋转。

罩极上的铜环是固定的，而磁场总是从未罩部分向罩极移动，故磁场的转动方向是不变的。所以，罩极式单相异步电动机不能改变方向。另外，它的启动性能及运行性能也较差，效率和功率因数都很低，一般用小功率空载或轻载启动的台扇、换气扇、录音机、电动工具等设备中。

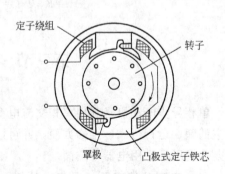

图 4-9 罩极式单相异步电动机的结构原理

* 第四节　直流电动机

把直流电能转换为机械能的电动机称为直流电动机。与交流电动机相比，直流电动机结构比较复杂，价格较贵，使用比较麻烦，但其调速性能好、启动转矩较大，在起重机械、运输机械、冶金传动机构、精密机械设备及自动控制系统等领域均有较广泛的应用，如龙门刨床、可调速轧钢机、高炉装料系统、矿井提升设备等。但随着交流电动机变频调速技术的迅速发展，在许多领域中直流电动机有被交流电动机取代的趋势。

一、直流电动机的结构

直流电动机的结构示意如图 4-10 所示，它由固定不动的定子和旋转的电枢两部分组成。各部分的功能与作用分述如下。

定子
- 机座：一般由铸钢或铸铁制成，一方面作为电动机的磁路，另一方面用来安装主磁极、换向极和前后端盖等部件。
- 主磁极：用来产生主磁场，永磁电机由永久磁体组成；励磁电机由主磁极铁芯和主磁极绕组两部分组成。
- 换向磁极：用来产生换向磁场，以改善直流电动机的换向。由换向磁极铁芯和换向磁极绕组两部分组成。
- 前、后端盖：用来安装轴承和支撑整个转子，一般由铸钢制成。
- 电刷装置：通过电刷与换向器表面之间的滑动接触，把电枢绕组中的电流引入或引出。一般由电刷、刷握、刷杆、刷杆座等部分组成。电刷一般由石墨粉压制而成。

电枢
- 电枢铁芯：作为磁路的一部分，并在铁芯槽内嵌放电枢绕组，一般由相互绝缘的硅钢片叠压而成。
- 电枢绕组：用来产生感应电动势和通过电流，是电动机实现能量转换的核心部分。
- 换向器：将电枢绕组中的交流电动势和电流转换成电刷间的直流电动势和电流。由铜片和云母一片隔一片均匀地排成圆形，再压装而成。
- 转轴：用来传递转矩。一般用合金钢锻压加工而成。
- 风扇：用来降低电动机在运行中的温升。

二、直流电动机的工作原理

直流电动机是根据载流导体在磁场中受力产生力矩而旋转的原理制造的。通常由主磁极提供固定不变的磁场，通电的电枢绕组绕转轴旋转。外加直流电源，通过两只固定的电刷 A、B 分别与换向器片紧密接触，向绕组供给直流电。对应于图 4-11(a)，绕组的 cd 边通过换向器与电刷 A（＋）接触，而绕组的 ab 边则通过换向器与电刷 B（一）接触，导体中的电流方向如图中箭头所示。根据左手定则可知电枢绕组的 ab 边受到方向向上的电磁力；绕组的 cd 边受到方向向下的电磁力。于是电枢获得电磁转矩而顺时针旋转。转过 90°时到达图 (b) 所示的位置。电刷 A、B 分别与换向片的接合处（不导电）接触，电枢绕组中没有电流，但由于惯性的作用，仍能继续旋转。在图 (c) 所示位置时，电枢绕组的 ab 边通过换向器与电刷 A（＋）接触，而绕组的 cd 边则通过换向器与电刷 B（一）接触，此时绕组的位置及通过的电流方向与图(a) 正好相反，绕组仍受到一个顺时针方向的转矩而顺时针旋转。

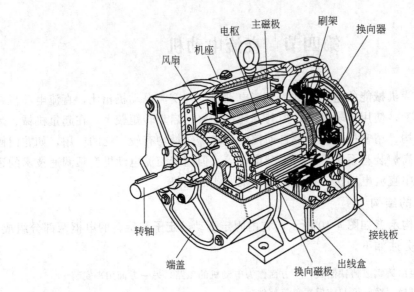

图 4-10 直流电动机的结构

就这样借助于电刷和换向器的作用，电动机能连续运行。

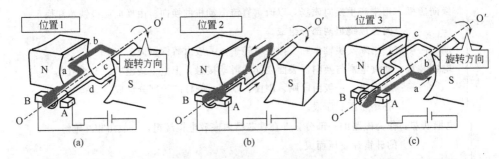

图 4-11 直流电动机结构原理

直流电动机的运行是可逆的，一台直流电动机既可作直流电动机运行，又可作直流发电机运行。当输入机械转矩，使电机旋转而产生感应电动势时，是将机械能转换成直流电能输出，作发电机运行。反之，当输入直流电能，产生电磁转矩而使电机旋转时，则是将电能转换为机械能输出，此时作电动机运行。

直流电机旋转时，电磁转矩为

$$T = C_M \Phi I_a \tag{4-6}$$

式中　C_M——电机转矩常数，它与电机结构有关；

Φ——主磁极磁通；

I_a——电枢电流。

电动机转速为

$$n = \frac{U - I_a R_a}{K \Phi} \tag{4-7}$$

式中　U——电源电压；

R_a——电枢电阻；

K——常数。

由式(4-7)可知,直流电动机的转速与电源电压 U、电枢回路电阻 R_a 以及主磁极磁通 Φ 有关。一般可采用改变电源电压、减小主磁通、在电枢回路串入调速电阻等方法来实现直流电动机的调速。

* 第五节　三相同步电动机

三相同步电动机是指转速与定子旋转磁场转速相同的电动机。

一、三相同步电动机的结构

三相同步电动机主要由定子和转子两大部分组成。定子与三相异步电动机的定子结构完全相同。三相绕组通入三相交流电后,也将产生旋转磁场。三相同步电动机的转子通常由磁极和转轴组成,磁极上装有直流励磁绕组,将产生固定的磁极,如图4-12所示。

二、三相同步电动机的工作原理

当三相同步电动机的三相绕组接到三相电源上,将产生旋转磁场,它以同步转速 $n_1 = \dfrac{60f}{p}$ 顺时针旋转。同步电动机的转子绕组通过直流电流励磁产生一个固定不变的磁场,其极数与旋转磁场的极数相等,也为 p 对极数。

如果转子处于静止状态,当旋转磁场和直流电流励磁产生的固定磁场异名极相遇时,转子受牵引力作用;但转子具有惯性,不能立即加速到同步转速。异

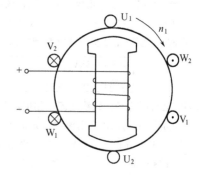

图4-12　三相同步电动机的结构原理

名极掠过之后随之而来的是旋转磁场的同名磁极,同名极相斥,使转子减速。所以转子受的平均力矩为零,不能启动。生产中通常采取"异步启动,同步运行"的方法。即在转子边沿安装许多类似笼型异步电动机转子的导条,启动时,转子上的直流励磁绕组不通电,使转子先异步启动,当转子转速接近同步转速时,再通入直流励磁电流,旋转磁场就会立即吸住转子同步运行。

只要三相同步电动机所带负载不超过允许值,其转速总等于同步转速,所以具有恒速性,常用于拖动要求转速恒定的生产机械,例如合成氨厂的压缩机、水泵、碎石机等。另外,同步电动机可以通过调节转子励磁电流来改变电动机本身的功率因数,具有功率因数可调性,常用于改善电网的功率因数,工厂里功率较大的电动机常使用同步电动机。

本章小结与学习指导

1. 三相异步电动机由定子(三相绕组构成)和 转子(分鼠笼型和绕线型二种)两部分组成。异步电动机又称感应电动机,它的转动原理可以分解为三个要素。

(1) 电生磁:在三相定子绕组中通入三相交流电流以后会产生一个人的肉眼看不见的旋转磁场;

(2) 磁生电:旋转磁场切割转子绕组,在转子绕组中产生感应电动势(闭合路径中有感应电流);

（3）形成电磁力矩：转子感应电流在旋转磁场作用下产生电磁力并形成电磁转矩，从而使得电动机的转子转动起来。

2. 旋转磁场的转速 n_0 的大小与三相定子绕组的结构分布（极对数 p）与电源的频率有关，其方向与三相电流的相序有关。

转子的转速 n_1 总是小于旋转磁场的转速 n_0 的，即它们之间存在一个转差，它是异步电动机能够转动的必要条件，也是"异步"名称由来的原因。它们的方向相同，故改变三相电源的相序就可以改变异步电动机的转向。

思考题与习题

4-1 一台 Y160M1-2 型三相异步电动机，额定功率为 11kW，额定转速为 2930r/min，试求其转差率和额定转矩。

4-2 一台 Y160L-6 型三相异步电动机，额定功率为 11kW，额定转速为 970r/min，电源频率 $f=50$Hz，最大转矩 $T_m=216$N·m，试求其过载能力。

4-3 Y280S-4 型三相异步电动机铭牌数据如下：

功率：75kW	接法：△	电压：380V
转速：1480r/min	功率因数：0.88	效率：92.7%

试求额定运行时定子绕组线电流、相电流和输入电功率。

4-4 三相异步电动机接入电源时，如果转子被卡住不能旋转，问电动机会产生什么后果？

4-5 图 4-7 电容分相式单相异步电动机结构原理中，如果工作绕组中电流 $i_U=I_m\sin\omega t$，启动绕组中电流 $i_Z=I_m\sin(\omega t+90°)$，试证明定子空间能够产生旋转磁场。如果要使旋转磁场反向，应怎样改变接线？

4-6 一台吊扇采用电容分相式单相异步电动机，通电后无法启动，而用手拨动风叶后却能运转，问可能是哪些故障造成的？

4-7 图 4-7 电容分相式单相异步电动机原理图中，U_1、U_2 为工作绕组，Z_1、Z_2 为起运绕组，由于启动绕组串接了电容，如果选择恰当，能使电流 $\dot{I}_U$ 和 $\dot{I}_Z$ 相位差为 90°。设：$i_U=I_m\sin\omega t$，$i_Z=I_m\sin(\omega t+90℃)$，试画图证明定子空间能产生旋转磁场。

4-8 选择题（每题只有一个正确答案）

① 旋转磁场的产生是由于

A. 三相定子绕组通以三相交流电流而形成的；　　B. 三相定子绕组通以直流励磁电流而形成的；

C. 转子线圈中通以三相交流电流而形成的；　　D. 以上说法都不正确。

② 三相异步电动机的同步转速 n_0 与下列哪项参数无关

A. 磁极对数 p；　　B. 电源频率 f；　　C. 转子的直径；　　D. 定子绕组的分布。

③ 下列哪项数据不是三相异步电动机的同步转速 n_0

A. 3000r/min；　　B. 2000r/min；　　C. 1500r/min；　　D. 1000r/min。

④ 改变三相异步电动机转向的方法是

A. 改变定子电压的大小；　　　　　　B. 改变定子电流的大小；

C. 改变三相电源的相序；　　　　　　D. 以上方法都不行。

⑤ 一台三相异步电动机，其铭牌上标明额定电压为 220/380V，其接法应该为

A. Y/△；　　B. △/Y；　　C. Y/Y；　　D. △/△。

⑥ 三相异步电动机产生的电磁转矩是由于

A. 定子磁场与定子电流的相互作用；　　B. 转子磁场与转子电流的相互作用；

C. 旋转磁场与转子电流的相互作用；　　D. 不能确定。

第五章 异步电动机的继电接触控制电路

电动机的启动、停车、正反转、调速及制动，目前较多的是采用继电-接触器控制系统。本章主要介绍三相异步电动机的基本控制电路、常用单相异步电动机控制电路，并通过车床、起重机的控制电路进行读图训练。

第一节 常用低压电器

低压电器是交、直流电压在1200V及以下的电器。根据它在电气线路中的地位和作用可分为低压配电电器和低压控制电器两大类。低压配电电器主要有闸刀开关、转换开关、熔断器和空气开关等。低压控制电器主要有接触器、继电器和按钮等。

一、开关

（一）闸刀开关

闸刀开关一般用于不经常操作的低压电路中，用于接通或切断电路，有时也用来控制小容量电动机做不频繁的直接启动与停机。

闸刀开关由闸刀、静插座、操作把柄和绝缘底板组成。如图 5-1(a) 所示，图(b) 为三极刀开关的图形及文字符号。

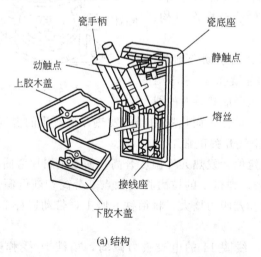

(a) 结构   (b) 三极刀开关的图形及文字符号

图 5-1 刀开关

为了节省材料和安装方便，还可以把闸刀开关与熔断器组合在一起，以便断路和短路时自动切断电路。

闸刀开关的种类很多，按极数分有单极、双极和三极三种类型；按用途分有单投和双投两种类型；按操作方法分有直接手柄操作式和远距离杠杆操作式两种类型；按有无灭弧装置分有带灭弧罩和无灭弧罩两种类型。

闸刀开关的额定电压通常为 250V 和 500V，额定电流在 500A 以下。

安装闸刀开关时，电源线应接在静触点上，负荷线接在和闸刀相连的端子上。对于有熔丝的闸刀开关，负荷线应接在闸刀下侧熔丝的另一端，这样可以保证闸刀开关切断电源后，闸刀和熔丝不带电。在垂直安装时，操作把柄向上合为接通电源；向下拉为断开电源，不能反装，否则会因闸刀松动自然下落而误将电源接通。闸刀开关的额定电流应大于它所控制的最大负荷电流。

（二）转换开关

转换开关是一种转动式的闸刀开关，它主要用于接通或切断电路、换接电源、控制小型异步电动机的启动、停止、正反转或局部照明。

转换开关由若干个动触片和静触片组成，分别装于数层绝缘件内，静触片固定在绝缘垫板上，动触片固定在附有手柄的转轴上，随转轴旋转而变换其接通与断开位置。其结构如图 5-2 所示。

（三）自动空气开关

自动空气开关又称自动空气断路器，用作接通和断开带负载电路。当负载发生过载、短路、失压等故障时，能够自动切断故障电路，有效地保护电路和接在它后面的电气设备及人身的安全。

常用的自动空气开关有塑料外壳式、框架式和电子型漏电开关等类型。塑料外壳式自动空气开关一般用作配电线路保护开关，以及电动机和照明电路的控制开关。其外形和内部结构如图 5-3 所示。塑料外壳式自动空气开关主要由触头系统、灭弧装置、自动和手动操作机构、电磁脱扣器等组成。

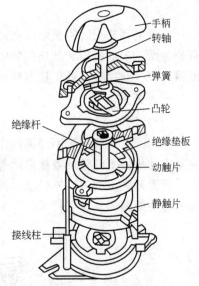

图 5-2 转换开关结构

自动空气开关的原理如图 5-4 所示。当手动合闸时，主触点 2 合上，与转轴相连的锁扣 3 扣住跳扣 4，弹簧 1 受力处于储能状态。电路正常工作时，电磁脱扣器 6 的线圈产生的吸力不足以吸动衔铁 8 使连杆 7 动作，而热脱扣器的发热元件产生的温度也不高，不能使双金属片弯曲顶动连杆 7，自动空气开关正常工作。

当主电路发生过载时，电流超过整定值，发热元件温度升高，使双金属片弯曲，经过一定时间，带动连杆 7，使跳扣顶离锁扣 3，弹簧 1 的拉力将主触点 2 分离切断电源。如果电路发生短路，电流超过整定值，电磁脱扣器吸力增大，将衔铁 8 吸上，带动连杆 7，使电源被拉断。

当电源电压低于整定值或失压时，线圈 11 的电磁吸力减弱，衔铁 10 受弹簧 9 的拉力向上移动，顶起连杆 7，使跳扣 4 与锁扣 3 脱离而切断电源，起到欠（失）压保护的作用。

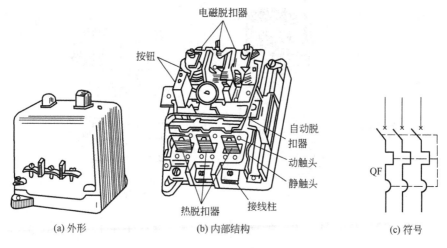

(a) 外形　　　　　(b) 内部结构　　　　　(c) 符号

图 5-3　塑料外壳式空气开关

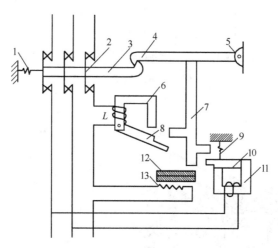

图 5-4　自动空气开关工作原理

1,9—弹簧；2—主触点；3—锁扣；4—跳扣；5—转轴；

6—电磁脱扣器；7—连杆；8,10—衔铁；

11—线圈；12—双金属片；13—发热元件

（四）按钮

按钮通常用来接通或断开电流较小的控制电路，从而控制电动机或其他电气设备的运行。

按钮由按钮帽、复位弹簧、接触元件、支持元件和外壳等部件组成。如图 5-5（a）和（b）所示，图（c）为图形及文字符号。

如果按钮按下时触点闭合，称动合触点；如果按下时触点断开，称动断触点，一个按钮通常两者都包含。当按钮松开后，所有的触点将恢复原状。

二、交流接触器

交流接触器是用来频繁地、远距离接通或切断主电路或大容量控制电路的自动控制电器。交流接触器在控制电路中主要控制对象是电动机，也可用于控制电热设备、电焊机、电容器组等其他负载。它是电力拖动与自动控制中非常重要的低压电器，具有操作频率高、工作可靠、性能稳定、使用寿命长、维护方便等优点。

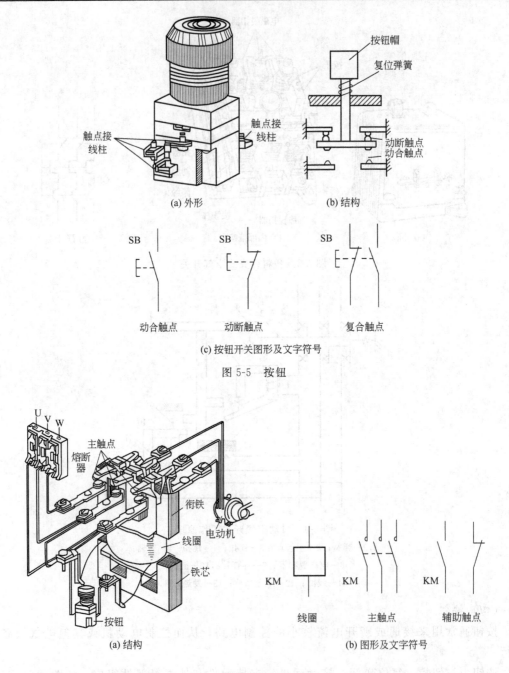

(a) 外形　　　(b) 结构

(c) 按钮开关图形及文字符号

图 5-5　按钮

(a) 结构　　　(b) 图形及文字符号

图 5-6　交流接触器

交流接触器由电磁操作机构、触点和灭弧装置三部分组成，如图 5-6(a) 所示，图(b) 为图形及文字符号。电磁操作机构实际上就是一个电磁铁，它包括吸引线圈、山字形的静铁芯和动铁芯。触点可根据通过电流大小的不同，分为主触点和辅助触点。主触点一般为三极动合触点，电流容量大，通常装有灭弧装置，主要用在主电路中。辅助触点有动合和动断两种类型，主要用在控制电路中。当吸引线圈通电时，衔铁被吸合，通过传动机构使触点动作，达到接通或断开电路的目的；当线圈断电后，衔铁在反力弹簧的作用下回到原始位置使触点复位。

交流接触器在电路中还兼有欠压、失压保护作用。

三、热继电器

热继电器是利用电流的热效应来推动触点动作的一种保护电器，主要由发热元件、双金属片、触点系统和传动机构等部分组成，如图5-7(a)、(b) 所示，图(c) 为图形及文字符号。

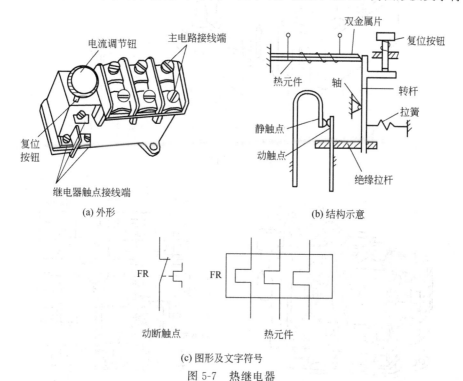

(a) 外形　　　　　　　　　　　　　　　　　(b) 结构示意

(c) 图形及文字符号

图 5-7　热继电器

当电动机电流没有超过额定电流时，双金属片自由端弯曲的位移不足以触及动作机构，热继电器不会工作；当电流超过额定电流时，双金属片自由端弯曲的位移将随时间的积累而增加，最终将触及动作机构使热继电器动作。电流越大，弯曲的速度也越快，动作时间越短。因此，热继电器用于电动机或其他负载的过载保护以及三相电动机的缺相运行保护。要使热继电器复位，只需要按下复位按钮。

四、熔断器

熔断器广泛用于配电系统和控制系统，主要进行短路保护或严重过载保护。通常有插入式、螺旋式和管式三种类型。

熔断器一般由支持件和熔体两部分组成。熔体是熔断器的重要部分，通常用铅、铅锡合金、铝、铜等材料制成。支持件则用于安装或固定熔体。图 5-8 所示为插入式熔断器的结构。

工作时，熔断器串联在被保护的电路中。当电路发生短路或严重过载时，熔断器中的熔体将自动熔断，从而切断电路，起到保护作用。

五、时间继电器

时间继电器的感测机构接收到外界动作信号后，要经过一段时间后触点才动作。按延时方式可分为通电延时和断电延时两种类型。图5-9(a)、(b) 为空气阻尼式通电延时时间继电器的结构原理图，图5-9(c) 为图形及文字符号。当线圈通电后，将铁芯吸合，使瞬动触点动作，同时，在弹簧、橡皮膜的作用下使活塞杆缓慢地上升。经过一段时间后，使延时触点动作。

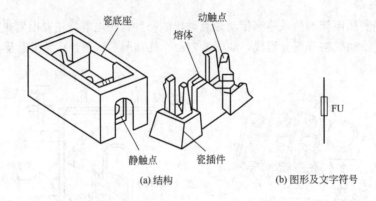

图 5-8 熔断器

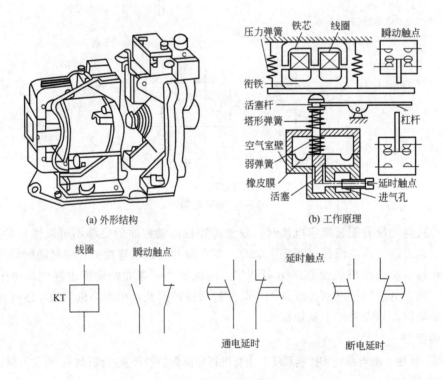

图 5-9 空气阻尼式时间继电器

旋转延时调节螺钉，可调节进气口的大小，从而得到不同的延时。进气快则延时短，进气慢则延时长。

六、行程开关

行程开关也叫位置开关，它的结构及原理与按钮相似，如图 5-10（a）所示。图（b）为图形及文字符号。它有一对动断触点和动合触点。工作时，这些触点接在有关的控制电路中，并将它固定在预定的位置上，当生产机械运行部件移到这个位置时，将触及行程开关的触杆，使动断触点断开，动合触点闭合，从而断开和接通有关控制电路，达到控制生产机械的目的。当生产机械移开这个位置时，行程开关在复位按钮的作用下恢复原来状态。

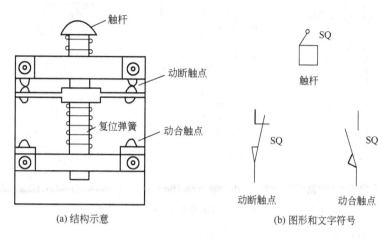

(a) 结构示意　　　　　　　　　(b) 图形和文字符号

图 5-10　行程开关

第二节　三相异步电动机的启动及其控制

一、三相异步电动机的启动

启动是指异步电动机通电后转速从零逐渐上升到稳定运行状态的过程。异步电动机启动时，电流很大，为额定电流的 5～7 倍，但由于功率因数较低，其启动转矩并不大（最大也只有额定转矩的两倍左右）。因此，异步电动机的启动问题是：启动电流大，而启动转矩并不大。

系统对异步电动机启动的要求是：启动电流要小，启动转矩要大，启动时间要短。为了满足此要求，异步电动机除了采用直接启动方法外，还常采用串电阻（电抗）、自耦变压器降压等方法进行启动。

二、三相异步电动机直接启动及控制线路

直接启动是将三相异步电动机的定子绕组直接加上额定电压的启动。这种启动方法最简单，最经济，启动时间短，启动可靠，但启动电流大，通常只用于小容量电动机。

（一）三相异步电动机单向启动控制线路

图 5-11（a）为刀开关直接控制。电路中的熔断器用于短路保护。如车间中的三相电风扇、砂轮机等常用这种控制电路。

图 5-11（b）为单向点动控制电路。它由主电路和控制电路两部分组成。主电路由刀开关、熔断器、交流接触器的主触点及电动机组成。控制电路由按钮和接触器的线圈组成。要启动电动机，只需合上刀开关，按下按钮，接触器 KM 线圈得电，主触点闭合，电动机接通电源运转。如果要停车，松开按钮，接触器 KM 线圈失电，主触点恢复断开，电动机因失电而停转。点动控制电路在工业生产中应用较多，如电动葫芦、机床工作台的上下移动等。

图 5-11（c）为单向连续运行控制电路。它是在点动控制线路的基础上在控制回路串接了一个停止按钮和一个热继电器的动断触点，启动按钮的两端并接了接触器的一个动合辅助触

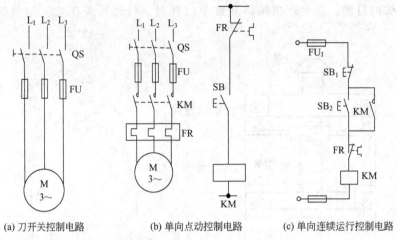

(a) 刀开关控制电路　　(b) 单向点动控制电路　　(c) 单向连续运行控制电路

图 5-11　三相异步电动机单向运行直接启动控制电路

点。在主电路中串接了热继电器的发热元件。

图 5-11（c）连续运行电动机启动过程如下：合上电源开关，按下启动按钮 SB_2，接触器 KM 线圈得电，主触点闭合，电动机接通电源运转。同时接触器 KM 的动合触点闭合，这样，即使松开启动按钮，仍可保持线圈持续通电，电动机持续运转，这种现象称自锁。

停车过程如下：按停车按钮 SB_1，接触器 KM 线圈失电，主触点恢复断开，电动机因失电而停转。同时，KM 的辅助触点断开，解除自锁。

电路中还采用熔断器进行短路保护，热继电器进行过载保护，接触器兼有欠压、失压保护。

（二）电动机正反向运行直接控制电路

在生产过程中，很多生产机械的运行部件都需要正、反两个方向运动，如机床工作台的前进、后退，摇臂钻床中摇臂的上升和下降、夹紧和放松等。要使三相异步电动机实现反转，只需改变三相电源的相序即可。

图 5-12（a）为主电路原理图。主电路包括正转接触器 KM_1 和反转接触器 KM_2 的主触点，以改变三相电源的相序，从而控制电动机的正转和反转运行。KM_1 和 KM_2 不允许同时通电，否则将造成相间短路事故。

图 5-12（b）为具有互锁的正、反转连续控制电路。电路的操作过程和工作原理如下：

合上电源开关 QS 后，按下正转启动按钮 $SB_2 \rightarrow KM_1$ 线圈得电

→ { 主触点闭合→电机正转

与 SB_2 并联的 KM_1 动合辅助触点闭合→自锁

与 KM_2 线圈串联的动断辅助触点 KM_1 断开→使 KM_2 线圈不能得电→互锁（使反转接触器 KM_2 线圈回路处于开路状态）

要使电动机反转，操作过程如下：

按停车按钮 $SB_1 \rightarrow$ 正转接触器 KM_1 失电→主、辅触点复位→再按反转启动按钮 $SB_3 \rightarrow$

KM_2 线圈得电→ { 主触点 KM_2 闭合→电机反转

与 SB_3 并联的动合辅助触点 KM_2 闭合→自锁

与 KM_1 线圈串联的动断辅助触点 KM_2 断开→使 KM_1 线圈不能得电→互锁

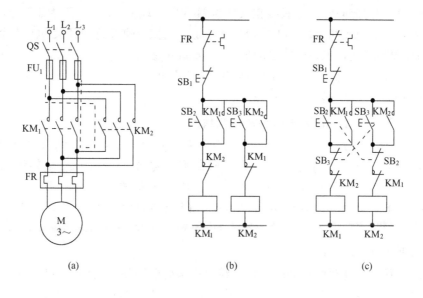

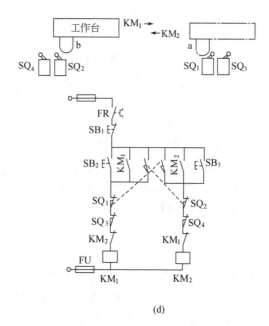

图 5-12　正反转控制电路

　　这种控制电路当电动机需要反转时，必须先按停车按钮，操作起来不太方便。图 5-12(c)为采用复合按钮控制的正反转控制电路，连接按钮的虚线表示同一按钮相互联动的触点，当电动机正转运行时，如果要反转，只需直接按下反转的启动按钮 SB₃ 即可。这个电路具有复合按钮的机械互锁和接触器动断触点实现的电气互锁，能保证电动机安全、可靠地运行。

　　图 5-12(d) 为由行程开关控制工作台前进、后退的控制电路。电动机的正、反转分别控制工作台的前进和后退。行程开关 SQ₁、SQ₂ 分别装在工作台的预定位置（始端和终端），SQ₃、SQ₄ 分别装在工作台的极限位置。当电动机正转，工作台前进到某一预定位置，工作台上的撞块 a 压下行程开关 SQ₁ 的触杆，使 SQ₁ 的动断触点断开，正转接触器 KM₁ 线圈失

电,电动机停转,与此同时,并联接在反转按钮 SB₃ 两端的 SQ₁ 动合触点闭合,反转接触器 KM₂ 线圈得电,电动机反转,工作台自动后退。当撞块离开行程开关 SQ₁ 位置时,其触点复位。如此周而复始,工作台能自动地在 a、b 间往返。

要使工作台停止运行,只需按下停止按钮 SB₁ 即可。

行程开关 SQ₃、SQ₄ 起极限保护作用。

三、三相异步电动机的降压启动及控制线路

降压启动是指启动时降低加在电动机定子绕组上的电压,启动结束后恢复额定电压运行的启动方式。降压启动的目的是为了限制启动电流,但由于启动转矩与电压的平方成正比,启动转矩也降低了许多。因此只适用于电动机空载或轻载启动。三相笼型电动机常用的降压启动方法有串电阻(电抗)降压启动和自耦变压器(补偿器)降压启动。

(一)串电阻(电抗)降压启动

如图 5-13 所示,电动机启动时在定子绕组中串电阻降压,启动结束后再用开关 S 将电阻短接,全压运行。由于串电阻启动时,在电阻上有能量损耗而使电阻发热,故一般常用铸铁电阻片。有时为了减小能量损耗,也可用电抗器代替。

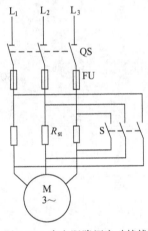

电阻降压启动具有启动平稳、工作可靠、设备线路简单、启动时功率因数高等优点,主要缺点是功率损耗大、温升高,所以一般不宜用于频繁启动。

(二)自耦变压器(补偿器)降压启动

如图 5-14 所示,启动前先将 QS₂ 合向"启动"侧,然后合电源开关 QS₁,这时自耦变压器的一次绕组加全压,抽头的二次绕组电压加在电动机定子绕组上,电动机便在较低电压下启动。待转速上升至一定值,迅速将 QS₂ 切换到"运行"侧,切除自耦变压器,电动机就在全压下运行。

图 5-13 串电阻降压启动接线

(三)Y-△降压启动

Y-△降压启动只适用于定子绕组为△形连接,且每相绕组都有两个引出端子的三相笼型异步电动机。原理接线如图 5-15 所示,启动前先将 QS₂ 合向"启动"位置,定子绕组接成 Y 形连接,然后合电源开关 QS₁ 进行启动。此时定子每相绕组所加电压为额定电压的 $1/\sqrt{3}$,从而实现降压启动。待转速上升至一定值,迅速将 QS₂ 切换到"运行"位置,定子绕组恢复为△形连接,电动机就在全压下运行。

Y-△降压启动设备简单,成本低,操作方便,动作可靠,使用寿命长。目前,4~100kW异步电动机均设计成 380V 的△形连接,因此此方法得到了非常广泛的应用。

至于绕线式异步电动机的启动,只要在转子回路串入适当的电阻,就既可限制启动电流,又可增大启动转矩。但在启动过程中,需逐级将电阻切除。现用得更多的是在转子回路接频敏变阻器启动。

普通笼型异步电动机启动转矩较小,若满足不了要求,可选用具有较大启动转矩的双笼型或深槽型异步电动机。而绕线型异步电动机的启动转矩更大,它适用于卷扬机、起重机等生产机械。

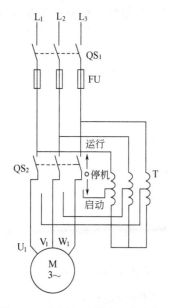

图 5-14　自耦变压器降压启动接线

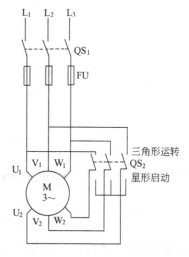

图 5-15　丫-△降压启动接线

第三节　三相异步电动机的调速及其控制

一、三相异步电动机的调速

调速是指用人为的方法来改变异步电动机的转速。

由转差率的计算公式可得

$$n=n_1(1-s)=\frac{60f}{p}(1-s) \tag{5-1}$$

所以，三相异步电动机有三种调速方法：①改变定子绕组的磁极对数——变极调速；②改变供电电网的频率——变频调速；③改变电动机的转差率。

（一）变极调速

变极调速是通过改变定子绕组的连接方式，使一半绕组中的电流方向改变，从而改变极对数进行调速的一种方法，如图 5-16 所示。

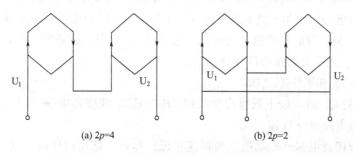

(a) 2p=4　　　　(b) 2p=2

图 5-16　变极调速电机绕组展开示意

采用变极调速的异步电动机称为多速异步电动机。如图 5-17 所示为△/丫丫连接双速异步电动机定子绕组接线。如果 1,2,3 端接电源，定子绕组为三角形连接；如果将 1,2,3 端接在一起，将 4,5,6 接到电源上，定子绕组就成了YY连接，每相绕组中有一半反接了，即实现了变极调速。

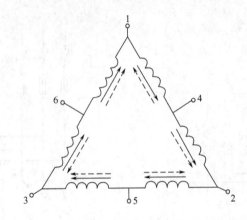

图 5-17　△/YY连接双速异步电动机定子绕组接线

变极调速所需设备简单，但电动机绕组引出头较多，调速级数少，只用于笼型异步电动机中。△/YY变极调速前后的输出功率基本不变，较多用于金属切削机床上；Y/YY变极调速前后的输出转矩基本不变，适用于起重机、运输带等机械。

（二）改变转差率 s 调速

1. 变阻调速

变阻调速是改变绕线式异步电动机转子电路的电阻进行调速。这种调速方法所需设备简单，能实现平滑调速，且调速范围大。但调速电阻上有一定的能量损耗，调速特性曲线硬度也不大。主要用于运输、起重机械中的绕线式电动机上。

2. 改变定子电压调速

改变定子电压调速是通过电抗器或自耦变压器改变笼型异步电动机定子绕组上的电压进行调速。这种调速方法能获得一定的调速范围，常用于拖动风机、泵类等负载。家用电器中风扇就是采用这种调速方法。

二、双速电动机的控制

有些生产设备要求调速范围宽、调速挡数多，如果采用机械调速，变速箱的结构将变得复杂，体积也将增大。这种情况下，采用双速电动机可以实现在变速装置不变的前提下使调速范围和速度挡数成倍地增加。采用按钮控制直接启动的双速电动机控制线路如图 5-18 所示。图中 KM_1 为电动机三角形连接用接触器，KM_2、KM_3 为电动机双星形连接用接触器，SB_1 为停车按钮，SB_2 为低速按钮（电动机三角形连接），SB_3 为高速（电动机双星形连接）按钮，HL_1、HL_2 分别为低高速信号指示灯。

电路的操作过程和工作原理如下。

合上电源开关 QS 后，按下低速启动按钮 SB_2→KM_1 线圈得电→

{动合辅助触点闭合→自锁
{主触点闭合接通电源→电动机三角形连接低速运行→低速信号指示灯 HL_1 亮

要使电动机在高速状态下运行，按高速启动按钮 SB_3

图中 KM_2、KM_3 动合辅助触点串联后形成线圈的自锁电路，保证两接触器只有在可靠工作的情况下才能进行高速运行。电路中还采用了按钮互锁，使电动机在进行高、低速换接

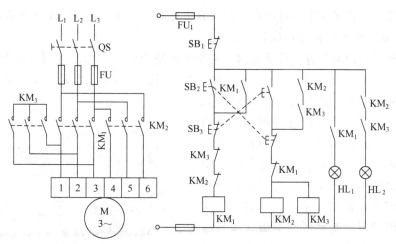

图 5-18 双速电动机按钮控制电路

时可以不按停车按钮而直接操作。

* 三、变频调速简介

变频调速是通过连续地改变电源的频率来平滑调节电动机转速的调速方法。它具有调速范围宽、平滑性好、机械特性较硬等优点，是异步电动机理想的调速方法。可替代直流电动机运用于要求精确、连续、灵活调速的场合，如机械加工、冶金、化工、造纸、纺织和轻工等行业的机械设备中，在提高成品的数量和质量、节约电能等方面取得了显著的效果，已成为改造传统生产、实现机电一体化的重要手段。据统计，风机、水泵、压缩机等流体机械中拖动电动机的用电量占电动机总用电量的 70% 以上，如果使用变频器按照负载的变化相应调节电动机的转速，就可实现较大幅度的节能。在交流电梯上使用全数字控制的变频调速系统，可有效地提高电梯的乘坐舒适度等性能指标。变频空调、变频洗衣机已走入家用电器行列，并显示出强大的生命力。长期以来一直由直流电动机一统天下的电力机车、城市轨道交通、无轨电车等交通运输工业，也正在经历着一场由直流电动机向交流电动机过渡的变革，单机容量超过 1000kW 的变频调速交流电动机已投入商业运营。

实现变频调速，关键是要有一套能同时改变电源电压及频率的供电装置，通称为变频装置或变频器。变频装置主要有两大类：间接变频装置和直接变频装置。间接变频装置是先将工频交流电通过整流装置变成直流电，然后再经过逆变器将直流变成可控频率的交流，通常称为交-直-交变频装置。其特点是输出频率可以在 0.1～400Hz 范围内任意调节，是目前小容量通用变频装置中的主要形式。而直接变频装置是直接将电压、频率固定的交流电变成电压、频率可调的交流电源，称交-交变频装置，其特点是输出频率比输入频率低，是变频装置的发展方向。

第四节　三相异步电动机的制动及其控制

一、三相异步电动机的制动

制动是指在异步电动机轴上加一个与其旋转磁场方向相反的转矩，使电动机减速或停止。根据制动转矩产生的方法不同，可分为机械制动和电气制动两类。机械制动通常是靠摩擦方法产生制动转矩，如电磁抱闸制动；而电气制动是使电动机产生的电磁转矩与电动机的旋转方向相反。三相异步电动机的电气制动方法有能耗制动、反接制动和回馈制动。

（一）三相异步电动机的机械制动

机械制动最常用的装置是电磁抱闸，它主要由制动电磁铁和闸瓦制动器两大部分组成。制动电磁铁包括铁芯、电磁线圈和衔铁，闸瓦制动器包括闸轮、闸瓦、杠杆和弹簧等，如图5-19所示。断电制动型电磁抱闸的基本原理如下。

制动电磁铁的电磁线圈与三相异步电动机的定子绕组并联，闸瓦制动器的转轴与电动机的转轴相连。当电动机通电运行时，制动器的线圈也通电，产生电磁力通过杠杆将闸瓦拉开，使电动机的转轴可自由转动。当电动机断电停转时，制动器的电磁线圈与电动机同步断电，电磁吸力消失，在弹簧的作用下闸瓦将电动机的转轴紧紧抱住，因此称为电磁"抱闸"。

起重机械经常使用电磁抱闸，如桥式起重机、提升机、电梯等，当电动机断电停转时保证定位准确，并避免重物自行下坠而造成事故。

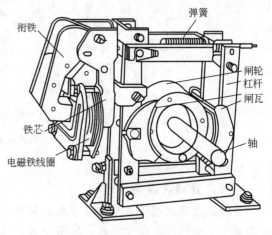

图 5-19 电磁抱闸装置

（二）三相异步电动机的电气制动

1. 反接制动

三相异步电动机的反接制动是将三相电源中的任意两相对调，使电动机的旋转磁场反向，产生一个与原转动方向相反的制动转矩，迅速降低电动机的转速。当电动机转速接近零时，立即切断电源。这种制动方法制动转矩大，效果好。但冲击剧烈，电流较大，易损坏电动机及传动零件。

2. 能耗制动

三相异步电动机的能耗制动是在切断三相电源的同时，立即在任意两相定子绕组之间接入直流电源，如图5-20（a）所示。

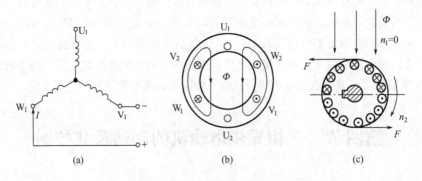

图 5-20 能耗制动

在 WV 之间加入直流电流，其定子绕组将产生一个稳定的磁场，如图5-20（b）所示。此时旋转磁场的转子切割磁感线产生感应电流，从而受到电磁力，产生一个与转动方向相反的制动转矩，使电机迅速停转，如图5-20（c）所示。这种制动方法制动平稳，能准确停车。

但在低转速时制动转矩小，且需直流电源，设备价格较高。

3. 回馈制动

回馈制动发生在电动机转速 n 大于定子旋转磁场转速 n_1 的情形，如当起重机下放重物时，重物拖动转子，使转子转速 $n > n_1$，这时转子绕组感应电动势和电流将反相，电磁转矩也将反相，成为制动转矩，使重物受到制动而匀速下降。实际上，这台电动机已转入发电机运行状态，它将重物的势能转变为电能而回馈到电网，所以称回馈制动。

二、能耗制动控制线路

按时间原则控制的单向运行能耗制动控制线路如图 5-21 所示。图中 KM_1 为单向运行接触器，KM_2 为能耗制动接触器，VC 为桥式整流电路，T 为整流变压器，KT 为通电延时时间继电器。

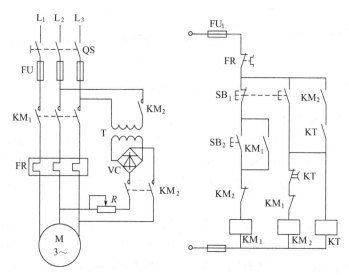

图 5-21　异步电动机能耗制动控制电路

电路的工作原理如下。

电动机正常运行后，如果需要停车，则进行以下操作。

按 SB_1 停车按钮→KM_1 线圈断电→

$\begin{cases} KM_1 \text{ 主触点断开→电动机脱离三相交流电源} \\ KT \text{ 线圈得电并自锁，同时接通直流电源，能耗制动开始→当时间继电器延时一定时间后，} \end{cases}$

KT 动断触点打开→KM_2 线圈断电→KM_2 主触点断开→电动机脱离直流电源，能耗制动结束。

电路中，时间继电器的动合触点与 KM_2 动合触点串联后构成自锁，是为了防止可能因时间继电器故障不能动作时，造成无法切除直流电源的事故。

*第五节　单相异步电动机控制实例

一、家用电风扇控制电路

家用电风扇有台扇、落地扇、吊扇等多种类型，其驱动电动机有电容移相式单相电动机和罩极式单向电动机，其控制电路由定时器、调速器、指示灯等组成。

图 5-22 所示是采用电抗器调速的电风扇电路。通过定时器 ST 接通电路后，改变调速电抗器 L 的不同抽头，使风扇在不同速度下运转。当定时时间结束到"OFF"位置时，电风扇停止运转。若将开关转到"ON"位置，风扇就连续运转。

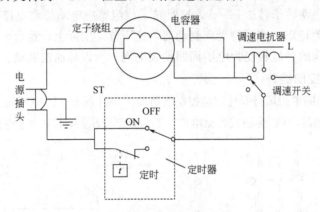

图 5-22 电抗器调速的电风扇电路

二、家用洗衣机控制电路

洗衣机种类很多，其控制电路也很多，但它们都必须按照洗涤要求来控制洗衣机驱动电动机的正、反转及其运行、间隔时间。因此，洗衣机的电气部分由洗涤电动机、甩干电动机（对双缸洗衣机而言）、定时器、转换开关、程序控制器、进排水电磁阀、盖开关、信号装置等组成。

套筒洗衣机一般都是全自动的，由程序控制器来控制洗涤的全过程。目前常用的程序控制器有电动式程序控制器和电脑式程序控制器两种。图 5-23 所示是由电动式程序控制器控制的全自动洗衣机的电路。图中 H 为蜂鸣器；Y 为进水电磁阀；L 为指示灯；K_1 为标准洗涤开关；K_2 为轻柔洗涤开关；K_3 为水位开关；K_4 为盖开关；M_1 为电动机。图中虚线框内是程序控制器，它由永磁单相同步微电机转动，通过齿轮减速机构带动凸轮轴的转动以控制触点的闭合和断开。电动式程序控制器有高速凸轮组 S_1、S_2 和低速凸轮组 $C_1 \sim C_4$。凸轮组的形状是按程序分配的时间设计的，随着凸轮转动而产生了开头变化来控制簧片触点的闭合或断开，以控制电路的通和断。

高速凸轮组与洗涤定时器的中洗和弱洗凸轮相同，用来控制电动机的正转→停→反转的周期循环。低速凸轮组有七组凸轮，分别用来控制四组和七组开关转换，继而控制进水、洗涤、排水、蜂鸣等时间。凸轮组的圆周上安排了四种程序：标准程序（一次洗涤和二次漂清）、经济洗涤程序（一次洗涤和一次漂清）、单独洗涤和单独排水程序，或只安排三种程序：标准程序、节水程序和单洗程序。

将洗涤物放入洗衣机后，插上电源，按下选择开关 K_1 或 K_2，这时桶内无水，水位开关 K_3 的触点 eN_c 接通，进水电磁阀有电，进水。当水位达到要求时，K_3 断开 eN_c，接通 eN_o，使程序控制器的微型电机 M_2 有电，带动高速、低速凸轮组转动，使电动机 M_1 进行正转→停→反转周期循环。当一次洗涤时间到，C_3 的 ea 断开，接通 eb，使排水电磁阀有电，进行排水，同时带动离合器，改变转动机构，使内桶与传动机构啮合。这时，C_4 的 ea 闭合，保证了 M_2 有电。当水排干时，水位开关 K_3 的 eN_c 接通，但这时 C_3 的 ea 断开，不会使 Y 有电、进水。此时 C_2 的 ea 接通，使 M_1 转动，带动内桶高速转动，进行离合脱水。脱水时间到，C_2 的 ea 断开，而 C_3 又接通了 ea，进行进水，其漂清过程与洗涤过程一样。

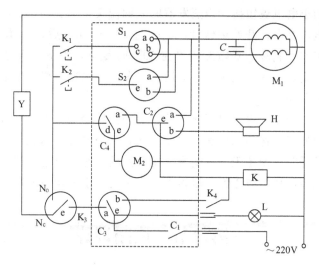

图 5-23 套筒洗衣机电路

同时，C_4 的 eb 也接通，微型电机仍进行转动。当一个程序完成最后脱水时，C_2 断开 ea 而接通 eb，使蜂鸣器得电告警洗涤结束。

三、家用电冰箱控制电路

图 5-24 所示为上菱 BCD-180 型双门电冰箱电路。它由压缩机启停控制回路、自动化霜控制回路和防冻电路等组成。

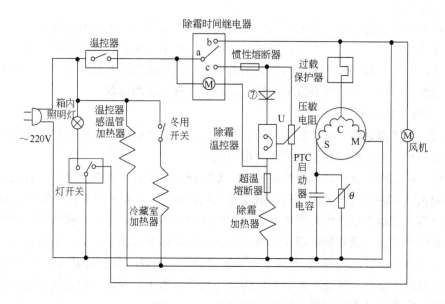

图 5-24 双门电冰箱电路图

（1）压缩机启、停控制回路 接通电源后，若冰箱的温度高于温控器整定值，则其触点闭合，这时化霜定时器还没有到化霜时间，a 与 b 接通，压缩机进行启动运行、制冷，同时风机运转。当箱内温度达到整定值时，温控器断开，使得压缩机、风机、定时器小电机都停转。

（2）自动化霜控制回路 当压缩机累计时间运行 46min～8h 时，除霜时间继电器动作，切断压缩机和风机供电回路，a、c 接通，为化霜电路供电，除霜加热器加热，使蒸发器融

91

霜，同时，定时器的小电机被短接。当蒸发器的表面温度上升到（8±3）℃时，除霜温控器动作，使定时器小电机有电，开始运转计时，经过24s～2min后，a、b触点重新接通，压缩机和风机又开始工作，制冷。除霜温控器在50℃时复位，为下一次除霜做好准备。如此周而复始地制冷与除霜，使冰箱处于良好的运行状态。该除霜电路采用半波整流、压敏电阻保护电路和超温熔断器保护。

（3）防冻电路　由于冬天室内温度比较低，势必会使冷藏室内温度过低，造成冰箱无法正常运行，冷冻室内的温度达不到要求，因此该冰箱的冷藏室内设置了一个冬天用的开关。当冬天室内温度比较低时，使冬天开关闭合，冷藏室的加热器有电，这样温控器就能随着冷藏室内温度的变化来控制压缩机工作，以达到冷冻室所要求的制冷温度。

＊第六节　读图训练

一、设备电气图的分类及读图步骤和方法

（一）设备电气图的分类

继电-接触器控制电气图可分为原理图、接线图和安装图。在原理图中的各种电器及部件都是根据控制的基本原理和要求分别绘在电路图中各个相应的位置，以表明各电器件的电路联系，便于分析控制线路原理。接线图和安装图是用于维修及安装，一般需画出各种电器件的位置及相互的关系。

对于用电设备来说，电气图主要是主电路图和控制电路图。主电路是从电源进线到电动机的大电流连接电路，包括刀开关、接触器主触点、电动机等；控制电路是对主电路中各部件的工作情况进行控制、保护、监测等的小电流电路，包括接触器和继电器（直接串联于主电路的电流继电器除外）线圈及其辅助触点、按钮等有关控制电器。

（二）读图步骤和方法

读图前，为了很好地掌握控制系统的动作原理，应先了解生产工艺对控制线路的基本要求，特别是对机、电、气、液控制配合密切的机械。

读图时，应先看主电路，再看控制电路。看图的原则是自上而下、从左到右的顺序，看主电路需根据电流的流向由电源到被控制设备（电动机）。了解生产工艺的要求，这是阅读和分析的前提。了解主电路中有哪些电器，它们是怎样工作的，工作有何特点，以便大概地了解整个系统的特点。读控制电路时，自上而下，按动作先后次序一个一个地分析，当一个电器动作后（如接触器线圈得电），应逐一找出它的主、辅触点分别接通或断开了哪些电路，或为哪些电路的工作做了准备，清楚它们的动作条件和作用，理清它们之间的逻辑顺序。此外，还需关注电路中还有哪些保护环节。

二、6140型车床电气控制线路

（一）普通车床的主要结构和运动形式

普通车床主要由床身、主轴变速箱、主轴（轴上带有夹持工件的卡盘）、挂轮箱、进给箱、溜板箱、溜板与刀架、尾架、丝杆与光杆等组成，CA6140型普通车床的结构如图5-25所示。

车床是使用最广泛的一种金属切削机床，能够车削外圆、内圆、端面等各种回转表面，还可用于车削螺纹和进行孔加工。普通车床主要有两个运动部分：一是车床主轴的运动，即

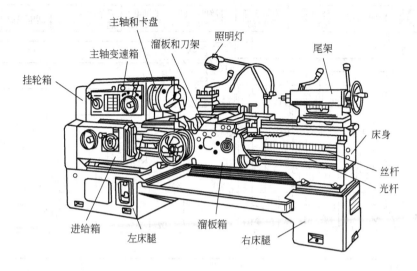

主轴和卡盘

溜板和刀架

照明灯

尾架

主轴变速箱

挂轮箱

床身

丝杆

光杆

进给箱

左床腿

溜板箱

右床腿

图 5-25　CA6140 型车床结构示意

卡盘或顶尖带着工件的旋转运动；另外一个是溜板带着刀架的直线运动，称为进给运动。车床工作时，绝大部分功率消耗在主轴运动上。

（二）车床的电力拖动形式和控制要求

① 主轴电动机从经济性、可靠性考虑，一般选用笼型三相异步电动机，不进行电气调速，采用齿轮箱进行机械调速。

② 为车削螺纹，主轴要求能正、反转。对于小型普通车床，一般采用电动机的正反转控制；对于中型普通车床，一般采用多片摩擦离合器来实现。

③ 主轴电动机的启动、停车采用按钮操作，一般中小型电动机均采用直接启动。停止采用机械制动。

④ 刀架移动和主轴转动有固定的比例关系，以便满足对螺纹的加工需要。这由机械传动保证，对电气方面无任何要求。

⑤ 车削加工时，刀具及工件温度过高，有时需要冷却，因而配有冷却泵电动机。一般要求冷却泵电动机在主轴电动机启动后才能启动，主轴电动机停转，冷却泵电动机也同时停转。

⑥ 具有过载、短路、失压保护。

⑦ 具有安全的局部照明装置。

（三）控制线路分析

CA6140 型普通车床的电气原理如图 5-26 所示，电气元件明细见表 5-1。

1. 主电路

主电路中共有三台电动机：M_1 为主轴电动机，带动主轴旋转和刀架作进给运动；M_2 为冷却泵电动机；M_3 为刀架快速移动电动机。

三相交流电源通过漏电保护断路器 QF 引入。M_1 的短路保护由 QF 的电磁脱扣器来实现，而冷却泵电动机 M_2 和刀架快速移动电动机 M_3 分别由熔断器 FU_1、FU_2 实现短路保护。三台电动机均直接启动，单向运转，分别由交流接触器 KM_1、KM_2、KM_3 控制运行。M_1 和 M_2 分别由热继电器 FR_1、FR_2 实现过载保护，M_3 由于是短时工作，不需要过载保护。

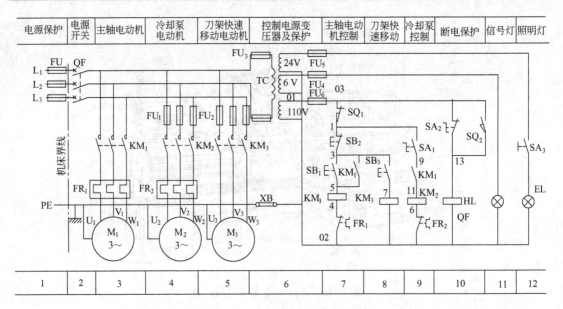

图 5-26　CA6140 型车床电气原理

表 5-1　CA6140 型车床电气元件明细

符号	名　称	型　号	规　格	数量	用　途
M_1	主轴电动机	Y132M-4-B3	7.5W 15.4A 1440r/min	1	主运动和进给运动动力
M_2	冷却泵电动机	AOB-25	90W 2800r/min	1	驱动冷却液泵
M_3	刀架快速移动电动机	AOS5634	250W 1360r/min	1	刀架快速移动动力
FR_1	热继电器	JR16-20/3D	11 号热元件整定电流 15.4A	1	M_1 的过载保护
FR_2	热继电器	JR16-20/3D	1 号热元件整定电流 0.32A	1	M_2 的过载保护
KM_1	交流接触器	CJ10-40	40A 线圈电压 110V	1	控制 M_1
KM_2	交流接触器	CJ10-10	10A 线圈电压 110V	1	控制 M_2
KM_3	交流接触器	CJ10-10	10A 线圈电压 110V	1	控制 M_3
FU_1	熔断器	RL1-15	380V 15A 配 1A 熔体	1	M_2 的短路保护
FU_2	熔断器	RL1-15	380V 15A 配 4A 熔体	1	M_3 的短路保护
FU_3	熔断器	RL1-15	380V 15A 配 1A 熔体	1	TC 一次侧短路保护
FU_4	熔断器	RL1-15	380V 15A 配 1A 熔体	1	电源指示灯短路保护
FU_5	熔断器	RL1-15	380V 15A 配 2A 熔体	1	车床照明电路短路保护
FU_6	熔断器	RL1-15	380V 15A 配 1A 熔体	1	控制电路短路保护
SB_1	按钮开关	LAY3-10/3	绿色	1	M_1 启动按钮
SB_2	按钮开关	LAY3-01ZS/1	红色	1	M_1 停车按钮
SB_3	按钮开关	LA19-11	500V 5A	1	M_3 控制按钮
SA_1	旋钮开关	LAY3-10X/2		1	M_2 控制开关
SA_2	旋钮开关	LAY3-01Y/2	带锁匙	1	电源开关锁
SA_3	钮子开关		250V 5A	1	车床照明灯开关
SQ_1	挂轮架安全行程开关	JWM6-11		1	断电安全保护
SQ_2	电气箱安全行程开关	JWM6-11		1	断电安全保护
HL	信号灯	ZSD-0	6V	1	电源指示灯
QF	断路器	AM1-25	25A	1	电源引入开关
TC	控制变压器	BK2-100	100V·A 380/110,24,6V	1	提供控制、照明线路电压
EL	车床照明灯	JC11	带 40W,24V 灯泡	1	工作照明

2. 控制电路

由控制变压器 TC 为其提供 110V 电源，由 FU_3 作短路保护。

(1) 主轴电动机的控制　按下启动按钮 SB_1，接触器 KM_1 得电并自锁，主轴电动机 M_1 启动运行；停车时，可按下停车按钮 SB_2，随着 KM_1 断电，M_1 停止运行。

(2) 冷却泵电动机的控制　冷却泵电动机由旋钮开关 SA_1 操纵，通过 KM_2 控制。由控制线路可见，在 KM_2 线圈支路中串入了 KM_1 的辅助动合触点（9-11）。只有当主轴电动机 M_1 启动后，冷却泵电动机才可能启动，当 M_1 停止运行时，M_2 也自行停止。

(3) 刀架快速移动电动机的控制　刀架快速移动电动机 M_3 由按钮 SB_3 点动运行。刀架快速移动的方向由装在溜板箱上的十字形手柄控制。

3. 照明与信号指示电路

和控制线路一样，由 TC 变压器提供电源，EL 为车床照明灯，电压为 24V；HL 为电源信号灯，电压为 6V。EL 和 HL 分别由 FU_5 和 FU_4 作短路保护。

4. 电气保护环节

除短路和过载保护，该电路还设有由行程开关 SQ_1、SQ_2 组成的断电保护环节。SQ_2 为电气箱安全行程开关，SA_2 为带锁匙的旋钮开关，当 SA_2 电源开关锁被打开时，SQ_2（03-13）闭合，使 QF 自动断开，此时即使出现误合闸，QF 也可以在很短的时间内自动跳闸。SQ_1 为挂轮箱安全行程开关，当箱罩被打开后，SQ_1（03-1）断开，使主轴电动机停转。

三、用按钮操作的起重机控制线路

(一) 机械结构简介

由电力拖动的起重机是工矿企业、交通运输中对物料、货物进行搬运的主要设备。桥式起重机主要由桥架、大车运行机构和装有起升、运行机构的小车等部分组成，如图 5-27 所示。

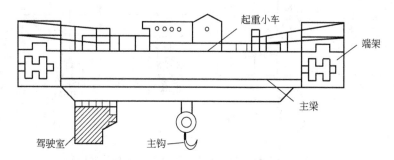

图 5-27　桥式起重机结构示意

桥架是起重机的基本结构，主要由两主梁、端梁和走台等部分组成。主梁上铺设了供小车运行的钢轨，两主梁外侧装有走台，装在驾驶室一侧的走台为安装及检修大车运行机构而设，另一侧走台为安装小车导电装置而设，在主梁一端的下方悬挂着全视野的操纵室（驾驶室又称吊舱）。

大车运行机构由驱动电动机、制动器、减速器和车轮等部件组成。常见的驱动方式有集中驱动和分别驱动，目前，我国生产的桥式启动机大多采用分别驱动方式。分别驱动方式指的是用一个控制电路同时对两台或四台驱动电动机、减速装置和制动器进行控制，分别驱动安装在桥架两端的大车车轮。

小车由安装在小车架上的移动机构和提升机构等组成，小车移动机构也由驱动电动机、减速器、制动器和车轮组成。在小车移动机构的驱动下，小车可沿桥架主梁上的轨道移动。小车上的提升机构用以吊运重物，它由电动机减速器、卷筒、制动器等组成。起重机设有两副提升机构：主钩和副钩。一般情况下两钩不能同时起吊重物。

（二）起重机对电气控制的基本要求

① 对于大车采用分别驱动，要求能够同步运行、调速和停电制动，保证桥梁平衡移动、停车稳定。

② 对小车升降机构的驱动要求主钩能快速升降，轻载能上高速（即大于额定转速），具有一定的调速范围。

③ 为了安全，起重机采用机械抱闸制动，以免因停电造成无制动，导致重物自由下落引起事故；同时，应采用电气制动方式，以减小机械抱闸的磨损。

④ 起重机中应有各种安全保护和互锁环节。

（三）控制线路分析

单梁桥式电动葫芦起重机的控制线路如图 5-28 所示，表 5-2 为主要元器件的明细。

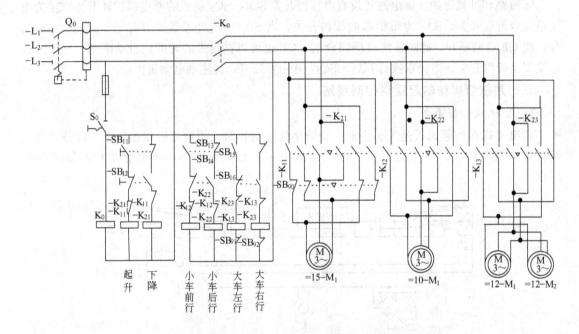

图 5-28　单梁桥（门）式电动葫芦起重机的控制线路

表 5-2　电动葫芦起重机的主要元器件明细

文 字 符 号	名 称	文 字 符 号	名 称
$=15-M_1$	吊钩驱动电动机	$=12-M_2$	大车右端行走电动机
$=10-M_1$	小车行走驱动电动机	$-Q_0$	空气断路器线路总开关及保护器
$=12-M_1$	大车左端行走电动机	$-S_0$	控制回路钥匙开关
$-SB_{11}/-SB_{12}$	吊钩上升/下降按钮	$-SB_{13}/-SB_{14}$	小车向前行/后行按钮
$-K_0$	线路接触器	$-SB_{15}/-SB_{16}$	大车向左行/右行按钮
$-K_{11}/-K_{21}$	吊钩驱动电动机正/反转接触器	$-SB_{90}$	吊钩行程限位开关
$-K_{12}/-K_{22}$	小车向前行/后行接触器	$-SB_{91}/-SB_{92}$	大车左行/右行限位开关
$-K_{13}/-K_{23}$	大车向左行/右行接触器		

图中－S_0和－SB_{11}～－SB_{16}是装在随车行上的悬挂按钮盒里，该电路很简单，大车行走采用同型号、同规格电动机，以及同时供电方式和点控方式，具有电气和机械联锁保护和超行程保护功能。当大车或吊钩超过极限行程位置时，只能作相反方向的点动，到限位开关复位后，才能恢复正常工作。

实验与训练项目四　三相异步电动机的正反转控制电路

一、实验目的

1. 通过对三相异步电动机控制线路的安装，掌握根据电气原理图进行实际装接的方法。

2. 理解电气控制系统中短路、过载、欠压保护以及自锁、互锁等功能的意义。

3. 学会判断继电接触控制线路中的故障以及排除故障的方法。

二、原理说明

在异步电动机正反转控制线路中，通过相序的更换来改变电动机的旋转方向。如图 5-29 和图 5-30 给出了两种不同的正、反转控制线路，具有如下特点：

1. 为了避免接触器 KM_1（正转）、KM_2（反转）同时得电吸合造成三相电源短路，在 KM_1（KM_2）线圈支路中串接有 KM_2（KM_1）常闭触头，它们保证了线路工作时 KM_1、KM_2 不会同时得电，以达到电气互锁目的。

2. 除采用电气互锁外，还可采用复合按钮 SB_2 与 SB_3 构成的机械互锁环节，以使线路工作更加可靠。

3. 线路具有短路、过载、失、欠压保护等功能。

三、实验所需主要仪器和元器件

三相鼠笼式异步电动机、交流接触器、按钮、热继电器、交流电压表、万用表、连接导线等。

四、实验内容和技术要求

1. 接触器电气互锁的正反转控制线路

按图 5-29 接线，必须经指导教师检查后，方可进行通电操作。

① 开启控制屏电源总开关，按启动按钮，调节调压器输出，使输出线电压为 380V。

② 按正向启动按钮 SB_1，观察并记录电动机的转向和接触器的运行情况。

③ 按反向启动按钮 SB_2，观察并记录电动机和接触器的运行情况。

④ 按停止按钮 SB_3，观察并记录电动机的转向和接触器的运行情况。

⑤ 再按 SB_2，观察并记录电动机的转向和接触器的运行情况。

⑥ 实验完毕，按停止按钮，切断三相交流电源。

2. 接触器和按钮双重联锁的正反转控制线路

按图 5-30 接线，必须经指导教师检查后，方可进行通电操作。

① 按控制屏启动按钮，接通 380V 三相交流电源。

② 按正向启动按钮 SB_1，电动机正向启动，观察电动机的转向及接触器的动作情况。按停止按钮 SB_3，使电动机停转。

③ 按反向启动按钮 SB_2，电动机反向启动，观察电动机的转向及接触器的动作情况。

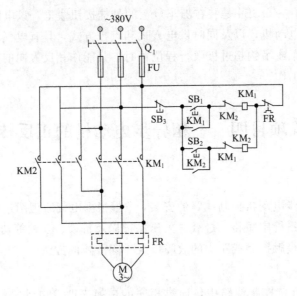

图 5-29　接触器电气互锁的正反转控制线路

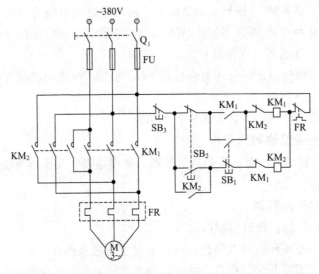

图 5-30　接触器和按钮双重联锁的正反转控制线路

按停止按钮 SB_3，使电动机停转。

④ 按正向（或反向）启动按钮，电动机启动后，再去按反向（或正向）启动按钮，观察有何情况发生？

⑤ 电动机停稳后，同时按正、反向两只启动按钮，观察有何情况发生？

⑥ 失压与欠压保护。

a. 按启动按钮 SB_1（或 SB_2）电动机启动后，按控制屏停止按钮，断开实验线路三相电源，模拟电动机失压（或零压）状态，观察电动机与接触器的动作情况，随后，再按控制屏上启动按钮，接通三相电源，但不按 SB_1（或 SB_2），观察电动机能否自行启动。

b. 重新启动电动机后，逐渐减小三相自耦调压器的输出电压，直至接触器释放，观察电动机是否自行停转。

⑦ 过载保护。打开热继电器的后盖，当电动机启动后，人为地拨动双金属片模拟电动机过载情况，观察电机、电器动作情况。

五、预习要求

1. 预习电动机正反转电路的控制原理。

2. 比较接触器电气互锁与采用复合按钮双重联锁二种电路的优缺点。

六、分析报告要求

1. 叙述电动机正反转控制的过程，并将控制电路中起到自锁、互锁部分加以说明。

2. 实验的收获与体会。

本章小结与学习指导

1. 由继电器、接触器等低压电器为异步电动机的启动、停止、制动、改变转动方向以及调速构成的控制电路称为异步电动机的继电-接触控制系统。

2. 常用的低压电器分为手动电器和自动电器两大类。使用人员要了解它们的用途、结构组成、工作原理、图形符号和主要技术参数。

3. 本章介绍的几种异步电动机的控制电路是工业控制装备中常见的实例，要了解它们的控制原理，要具备根据控制原理图查找电路故障的能力。

思考题与习题

5-1　按钮和开关的作用有什么不同？

5-2　交流接触器有何用途？交流接触器由哪几个部分组成？各有什么作用？

5-3　交流接触器的主触点和辅助触点各有什么特点？如何区分常开辅助触点和常闭辅助触点？

5-4　在电动机主电路中，既然装有熔断器，为什么还要装热继电器？它们的作用有什么不同？为什么照明电路只装熔断器而不装热继电器？

5-5　什么叫"自锁"？在图 5-11(c) 所示电路中，如果没有 KM 的自锁触点会怎样？如果自锁触点因熔焊而不能断开又会怎样？

5-6　什么叫"互锁"？电动机正反转控制电路中，为什么正反向接触器必须互锁？

5-7　分析题 5-7 图示控制电路，哪些能实现点动控制？

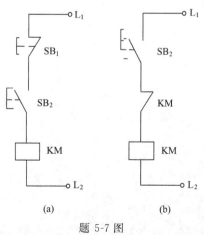

(a)　　　　　　　　　(b)

题 5-7 图

5-8 试分析图 5-21 电动机能耗制动控制电路的工作原理。

5-9 有两台电动机 M_1 和 M_2，要求：（1）M_1 先启动，M_1 启动一定时间后，M_2 才启动；（2）如果 M_2 启动，M_1 立即停转。试画出控制电路。

5-10 CA6140 型普通车床控制电路中，由行程开关 SQ_1、SQ_2 组成的断电保护环节是如何实现保护的？

5-11 在机床控制电路中，为什么冷却泵电动机一般都受主电动机的联锁控制，在主电动机启动后才能启动，一旦主电动机停转，冷却泵电动机也同步停转？

5-12 CA6140 型普通车床，如果出现以下故障，可能的原因有哪些？应如何处理？

(1) 按下启动按钮，主轴不转；

(2) 按下启动按钮，主轴不转，但主轴电动机发出"嗡嗡"声；

(3) 按下停车按钮，主轴电动机不停转。

5-13 桥式起重机有哪几种运动方式？桥式起重机的电力拖动系统由哪几台电动机组成？

5-14 起重电动机为什么采用电气和机械双重制动？

5-15 选择题（每题只有一个正确答案）

① 低压电器按工作职能可分为手动操作和能够自动工作的低压电器，下列哪种电器不是自动工作的电器

    A. 熔断器；   B. 按钮；

    C. 交流接触器；   D. 热继电器。

② 具有过载保护功能的低压电器是

    A. 时间继电器；   B. 热继电器；

    C. 交流接触器；   D. 熔断器。

③ 在异步电动机的继电-接触控制电路中，热继电器的正确连接方法应该是

    A. 热继电器的热元件串接在主电路中，而把它的动合触点与交流接触器的线圈串联接在控制电路中；

    B. 热继电器的热元件串接在主电路中，而把它的动断触点与交流接触器的线圈串联接在控制电路中；

    C. 热继电器的热元件串接在主电路中，而把它的动合触点与交流接触器的线圈并联接在控制电路中；

    D. 热继电器的热元件串接在主电路中，而把它的动断触点与交流接触器的线圈并联接在控制电路中。

④ 在电动机的继电-接触控制电路中，热继电器的功能是实现

    A. 短路保护；   B. 欠压保护；   C. 过载保护；   D. 零压保护。

第六章　供电与安全用电

电能是现代工业的主要动力。一般工业企业所消耗的电能占其总能源消耗的80%左右，因此，合理地供配电及安全用电是工业企业重要的基础技术工作。本章将简要介绍电力系统组成、工厂供配电及安全用电的基本知识。

第一节　电能的产生、输送与分配

一、电能的产生与输送

1. 电能的产生

电能是由发电厂产生的。根据转化电能的一次能源不同，发电厂可分为火力发电厂、水力发电厂、核电厂等。目前在我国，火力发电和水力发电占据了主导地位，但随着核能的开发，核电的比例也正在逐渐增大。在大工业区，通常将几个发电厂并联运行，构成容量巨大的电力系统。

2. 电能的输送

发电厂产生的电能，经过变压器升压后，通过输电线路传输到各地区、各用户。输电线路一般由架空线路及电缆线路组成。架空线路主要包括导线、避雷线、绝缘子等装置。由于它结构简单，施工简便，检修方便，成本低廉，成为我国电力网的主要输电方式。电缆线路则较为简单，一般采用直埋方式将电缆埋在地下或采用沟道内敷设方式。这种输电方式价格昂贵，成本高，检修不便，通常用于不便于架设架空线路的场合，如大城市中心、过江、跨海、污染严重地区等。一般情况下，化工单位都是从区域电力系统中取用所需要的电能。

二、电能的分配

为了保证工厂生产和生活用电的需要，有效地节约能源，工厂供电必须做到安全、可靠、优质、经济。这就需要合理的配电系统。化工单位的用电负荷，按对供电可靠性的要求可分为以下三类。

1. 一级负荷

这类负荷一旦中断供电，将造成人身事故或重大电气设备严重损坏，引起生产混乱，造成巨大损失。对这类负荷应采用两个独立电源供电，如合成氨厂水煤气车间的煤气鼓风机、电解制烧碱的氯氢处理车间的压缩机等。

2. 二级负荷

这类负荷如果供电中断，会引起主要电气设备损坏，严重减产，造成重大经济损失，影响群众生活秩序等。对这为负荷允许用单独电源供电，也可采取两个独立电源供电。化工厂多数用电负荷属于这一供电等级。

3. 三级负荷

化工厂的一些辅助车间，如机修、包装车间等属于这一类负荷。如果停电，除使产量减少外，不会有其他不良影响，所以只需一个电源供电就可以了。

电能由化工厂的变电部门分送给车间或设备的基本方式是多种多样的，其基本接线方式有三种：放射式、树干式和环式。各工厂根据负荷对供电可靠性的要求、投资的大小、运行维护方便及长远规划等原则来分析确定具体采用哪种方式。图 6-1 所示为常见的双回路放射式工厂配电系统。

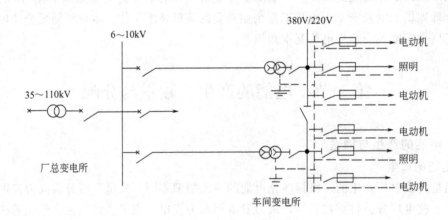

图 6-1 工厂配电系统示意

工厂总变电所从地区 35～110kV 电网引入电源进线，经厂总变压器降压至 6～10kV，然后通过高压配电线路送给车间变电所（或高压用电设备），经车间变电所变压器二次降压至 380V/220V 后，经低压配电线路或低压配电箱后送给车间负荷，如电动机、照明灯具等。在低压配电系统中，一般采用三相四线制接线方式。

第二节 安 全 用 电

一、人体触电

人体因触及带电体而承受过高的电压，引起死亡或局部受伤等现象，称为触电。当通过人体电流超过 50mA，时间超过 1s 时，就可能造成生命危险。一般人体电阻为 800Ω 至几万欧不等，而皮肤潮湿，有损伤都会使阻值下降。因此对人体而言，我国规定 36V 以下为安全电压，如车床或行灯的照明一般都采用 36V 电压。在环境特别恶劣的场合，如锅炉包、化工厂的大部分车间的用电为 12V。

人体常见的触电方式有三种类型即单相触电、两相触电和跨步电压触电。

（一）单相触电

人体触及三相电源中任一根相线，而又同时和大地接触，叫单相触电，如图 6-2 所示。

接地电阻按国家规定，最大不允许超过 4Ω，通常用圆钢或角钢作接地极，接地极深度不小于 2m。设电源电压为 220V，人体电阻为 800Ω，这时通过人体的电流为 220/(800＋4)＝274mA，大大超过 50mA，所以会对人体构成危险。

单相触电是日常生活和生产中最常见的触电方式，在不方便切断相关电源的情况下，通常要穿上绝缘鞋、戴上绝缘手套或是站在干燥的木板、木桌椅等绝缘物上进行操作，目的是使操作者与大地隔离开，使电流不能形成回路。

（二）两相触电

如果人体同时触及到三相电源中两根相线，称两相触电，如图 6-3 所示。

此时，通过人体的电流为 380/800＝475mA，比单相触电更危险。

（三）跨步电压触电

高压电线及电气设备发生接地故障时，电流在接地点周围产生电压降，当人体在接地点周围行走时，两脚之间就会有一定的电压，称为跨步电压。两脚之间的距离越大，跨步电压也越大。这种触电方式称跨步电压触电，如图 6-4 所示。

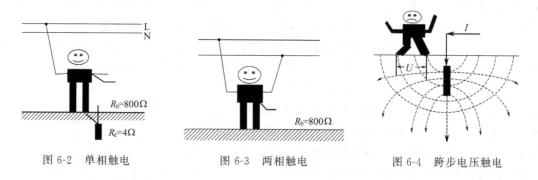

图 6-2　单相触电　　　　　图 6-3　两相触电　　　　　图 6-4　跨步电压触电

二、防止触电的保护措施

电气设备由于绝缘损坏或是安装不合理等原因出现金属外壳带电的故障称为漏电。保护接地和保护接零是为防止人体触及绝缘损坏的电气设备所引起的触电事故而采取的有效措施。

（一）保护接地

在电源中性点不接地的供电系统中，将电气设备的金属外壳与接地体可靠连接，这种方法称为保护接地。

保护接地的原理如图 6-5 所示。接地电阻和人体电阻是并联的关系，而接地电阻的值为 4Ω，远远小于人体电阻 800Ω，所以，一旦设备漏电，漏电电流绝大部分通过接地电阻形成回路，通过人体的电阻非常微小。接地电阻越小，人体承受的电压也越小，越安全。

（二）保护接零

在电源中性点接地的三相四线制供电系统中，将电气设备的金属外壳与电源零线相连，这种方法称为保护接零。

保护接零的原理如图 6-6 所示。当设备的金属外壳与零线相接后，若设备某相发生碰壳漏电故障，就会通过设备外壳形成相线与零线的单相短路，使该相的熔断器熔断，从而切断了故障设备的电源，确保了安全。

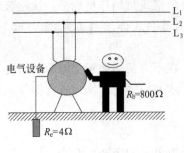

图 6-5　保护接地

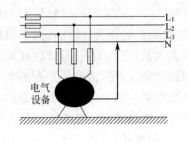

图 6-6　保护接零

采用保护接零时，零线不允许断开，因此，除了电源零线上不允许接开关、熔断器外，在实际应用中，用户端往往将电源零线重复接地，以防零线断开。

（三）漏电保护器简介

漏电保护设备是防止电气设备因绝缘损坏而漏电，造成人身触电伤亡，设备烧毁及火灾事故最有效的保护措施。根据保护器的工作原理，可分为电压型、电流型和脉冲型，目前应用广泛的是电流型漏电保护器。图 6-7 所示为电流型漏电保护器的结构示意。图中 LH 为零序电流互感器，它由坡莫合金为材料的铁芯和绕在铁芯上的二次绕组组成检测元件。电源相线和中线穿过圆孔成为零序互感器的一次线圈。互感器的后部出线即为保护范围。

正常情况下，三相负荷电流和对地漏电流基本平衡，流过互感器一次线圈的电流相量和近似为零，铁芯中产生的磁通为零，零序互感器无输出。当发生触电时，触电电流通过大地形成回路，产生了零序电流，在铁芯中产生零序磁通，二次线圈输出信号。这个信号经过放大、比较元件判断，如果达到预定动作值，即发出执行信号，使执行元件动作跳闸，切断电源。

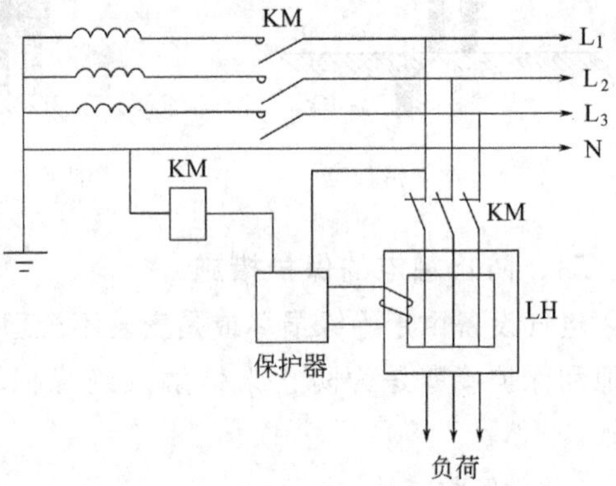

图 6-7　电流型漏电保护器的结构示意

三、触电急救

触电急救，首先要使触电者迅速脱离电源。脱离低压电源的方法主要有：①迅速切断电源，如拉开电源开关或闸刀开关；②如果电源开关或闸刀开关距离触电者较远时，可用带有绝缘柄的电工钳或有干燥木柄的斧头、铁锹等将电源线切断；③触电者由于肌肉痉挛，手指握紧导线不放松或导线缠绕在身上时，可首先用干燥的木板塞进触电者身下，使其与大地绝缘来隔断电源，然后再采取其他办法切断电源；④导线搭落在触电者身上或是压在身下时，可用干燥的木棒、竹竿挑开导线或用干燥的绝缘绳索套拉导线或触电者，使其脱离电源；⑤救护者可用一只手戴上绝缘手套或站在干燥的木板、木桌椅等绝缘物上，用一只手将触电者拉脱电源。

触电者脱离电源后，如果出现心脏停跳、呼吸停止等危险情况，应立即进行触电急救。主要有人口呼吸法和胸外挤压法两种急救方法。

（1）人口呼吸法　适用于有心跳但无呼吸的触电者。救护口诀是：病人仰卧平地上，鼻孔朝天颈后仰，首先清理口鼻腔，然后松扣解衣裳，捏鼻吹气要适量，排气应让口鼻畅，吹二秒来停三秒，五秒一次最恰当。

（2）胸外挤压法　适用于有呼吸但无心跳的触电者。救护口诀是：病人仰卧硬地上，松开衣扣解衣裳，当胸放掌不鲁莽，中指应该对凹腔，掌根用力向下按，压下一寸至半寸，压力轻重要适当，过分用力会压伤，慢慢压下突然放，一秒一次最恰当。

当触电者既无呼吸又无心跳时，可以采用人口呼吸法和胸外挤压法进行急救，两者交替进行。触电急救应做到医生来前不等待，送医院途中不中断，否则，触电者将很快死亡。

本章小结与学习指导

1. 了解电能产生、输送与分配的过程。

2. 了解常见的几种触电方式。

3. 接地是将电气设备或装置的某一点（接地端）与大地之间进行符合技术要求的电气连接，目的是利用大地为正常运行、在绝缘损坏或遭受雷击等情况下的电气设备等提供对地电流流通回路，保证电气设备和人身的安全。

4. 触电急救：首先要尽快地使触电者脱离电源，再进行现场急救，具体的方法有人工呼吸和胸外侧挤压法。

5. 掌握电气火灾的防护与急救常识，注意保持电气设备的通风。在进行电气设备的灭火时，一定要先关断电源。

思考题与习题

6-1　电力系统由哪几个部分组成？各部分的作用是什么？

6-2　用户的负荷等级是如何划分的？

6-3　试说明工厂配电的一般过程。

6-4　造成人体触电的原因有哪些？触电后的伤害程度与哪些因素有关？

6-5　常见的触电方式有哪些？如何预防？

6-6　试说明保护接地和保护接零的工作原理。为什么在同一电源上不允许同时采用保护接零和保护接地？

6-7　试说明触电急救的步骤和方法。

6-8　选择题（每题只有一个正确答案）

　　① 常见的人体触电方式有

　　　　A. 单相触电、两相触电和跨步电压触电；　　　B. 只有两相触电；

　　　　C. 只有跨步电压触电；　　　D. 不能确定。

　　② 安全用电检查的主要内容是

　　　　A. 检查保护接零或保护接地是否正确；

　　　　B. 检查安全用具和电气灭火器材是否齐全；

　　　　C. 设备绝缘电阻是否合格；　　　D. 以上答案不全面。

　　③ 电流对人体的伤害作用是

　　　　A. 只有电击；　　　B. 电死；　　　C. 电击和电伤；　　　D. 有麻痹作用。

　　④ 电能的输送不需考虑的是

　　　　A. 安全；　　　B. 能量损耗要小；　　　C. 传输速度要快；　　　D. 检修方便。

第七章　常用半导体器件

从本章开始介绍电子技术的基本内容。电子线路与电工线路最大的不同点就是应用了半导体二极管、三极管作为其核心器件。要学习电子线路，首先要掌握半导体器件的构成及原理。

第一节　半导体基础知识

半导体是导电能力介于导体和绝缘体之间的物质。如硅、锗及许多金属氧化物和硫化物都是半导体。

很多半导体的导电能力在不同的条件下有很大的差异。有些半导体对温度的反应很灵敏，环境温度升高时，其导电能力提高；有些半导体在受到光线照射时，导电能力大为增强。利用以上特性，可以把半导体做成各种热敏元件和光敏元件。

一、本征半导体

常用的半导体材料是硅（Si）和锗（Ge）。硅和锗都是 4 价元素。每个原子的最外电子层有 4 个电子（俗称价电子）。将硅或锗材料提纯可以形成原子的晶体结构，所有原子基本上整齐排列。把这种提纯后无杂质的具有晶体结构的半导体称为本征半导体。

在本征半导体的晶体结构中，每一个原子与相邻的四个原子结合。每一个原子与另一个原子的一个价电子组成一个电子对，这对价电子是每两个相邻原子共有的，它们把相邻的原子结合在一起，构成共价键的结构。图 7-1 所示是本征硅材料半导体的共价键结构示意。

在半导体的共价键结构中，每个原子的最外层虽然具有 8 个电子的稳定状态，但这些外层电子不如绝缘材料中的外层电子束缚得那样紧。在获得一定的能量（温度升高或受到光线照射）后，共价键中的价电子获得一定能量即可挣脱共价键的束缚而成为自由电子，同时，在共价键中出现了相应的空位置，称为"空穴"。

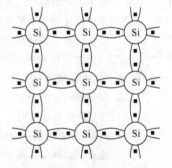

图 7-1　本征硅材料半导体的共价键结构

自由电子和空穴成对产生，数量相等，这一现象称为热激发产生自由电子-空穴对。

在外电场的作用下，自由电子逆电场方向运动形成电子电流。含有空穴的原子因带正电吸引相邻原子的价电子填补空穴，相邻原子则形成了新的空穴。在外电场作用下，价电子填补空穴的现象会在相邻原子间进行，相当于空穴顺电场方向运动形成空穴电流。自由电子和空穴在半导体中称为载流子，因为它们都具有运载电流的能力。

本征半导体中的自由电子和空穴是价电子因热激发获得能量，挣脱共价键束缚而形成的，当能量减低后，自由电子有可能又返回共价键中填补空穴而成为束缚电子，这种现象称为复合。在一定的温度下，载流子的产生与复合总在进行，并能达到一种动态平衡。于是半导体中的载流子便维持一定数目。温度越高，载流子的数目越多，导电性能越好。所以温度对半导体器件性能的影响很大。

二、杂质半导体

在本征半导体中掺入微量的有用杂质，半导体的导电能力会得到极大的提高。掺入杂质以后的半导体称为杂质半导体。根据掺入的杂质不同，杂质半导体分为两大类。

（一）P 型半导体

在半导体硅（Si）或锗（Ge）中掺入微量的三价元素硼（B）（或其他三价元素）。三价硼原子（B）和四价硅原子（Si）形成共价键时，硼原子只有 3 个价电子与硅原子结合，会因为缺少一个价电子而形成一个空穴。这样，每掺入一个硼原子便形成一个空穴，另外，热激发也要产生一定数目的自由电子-空穴对。这时两种载流子的数目不相等，掺杂和热激发共同形成的空穴占绝大多数，而仅由热激发产生的自由电子只占很小数目，一般把空穴称为这种杂质半导体中的多数载流子（简称多子）；自由电子为少数载流子（简称少子）。多子（空穴）带正电（Positive），因而把这种杂质半导体称作 P 型半导体。图 7-2(a) 所示为 P 型半导体结构示意。

（二）N 型半导体

在半导体硅（Si）或锗（Ge）中掺入微量的五价元素磷（P）（或其他五价元素）。与 P 型半导体形成机理相似，每掺入一个磷（P）原子便产生一个自由电子，热激发也要产生一定数目的自由电子-空穴对。该杂质半导体中的多数载流子是自由电子，少数载流子是空穴。多子（自由电子）带负电（Negative），因而把这种杂质半导体称作 N 型半导体。图 7-2(b)所示为 N 型半导体结构示意。

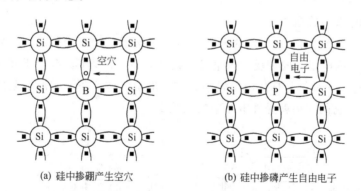

(a) 硅中掺硼产生空穴　　　　　(b) 硅中掺磷产生自由电子

图 7-2　硅中掺入微量杂质形成的共价键结构

第二节　PN 结与半导体二极管

P 型半导体或 N 型半导体的导电能力虽然提高很多，但并不能直接作为器件使用。通常是在同一块半导体上采用特殊的掺杂工艺分别形成 P 型半导体和 N 型半导体，P 区和 N

区的交界面处形成的一个特殊结构就是 PN 结。PN 结是构成各种半导体器件的基础。

一、PN 结的形成

图 7-3（a）所示是一块半导体晶体，两边分别形成 P 型和 N 型半导体。图中只画出了杂质离子：⊖代表得到一个电子的三价硼离子，带负电；⊕代表失去一个电子的五价磷离子，带正电。P 区的多子是空穴，少子是自由电子；N 区的多子是自由电子，少子是空穴。两边的杂质半导体形成以后，由于浓度的差别，两边的多子要各自向对方区域扩散，扩散的结果就在 P 区和 N 区的交界面处留下不能移动的正、负离子区间，这个区间便是 PN 结，也叫空间电荷区，如图 7-3（b）所示。在这个区间里多子已扩散过去了或在运动过程中复合掉了，故空间电荷区又被称作耗尽层。这个区间在交界面两侧会形成一个内电场，方向由 N 区指向 P 区。内电场将对多子的继续扩散起阻碍作用，因而空间电荷区又称阻挡层。但这个内电场对两边少子则可推动它们越过空间电荷区进入对方区域。少数载流子在电场作用下的这种定向运动称作漂移运动。

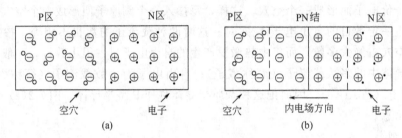

图 7-3　PN 结的形成

多子的扩散使得空间电荷区变宽，有利于少子的漂移；少子的漂移使得空间电荷区变窄，又有利于多子的扩散。它们既相互联系，又相互矛盾。在一定的温度下，多子的扩散和少子的漂移达到一种动态平衡，空间电荷区的宽度基本上稳定下来，PN 结处于相对稳定的状态。这种 PN 结称为平衡 PN 结。

二、PN 结的单向导电性

给 PN 结加上如图 7-4（a）所示的电压，即 P 区接正，N 区接负。这时外接电源形成的外电场与 PN 结的内电场方向相反，内电场被削弱，PN 结变窄，有利于多子的扩散，少子的漂移已基本停止，PN 结呈现的电阻较小，在外电源的作用下，扩散引起的空穴电流和电子电流得以连续，它的大小就是外电路中的电流 I。

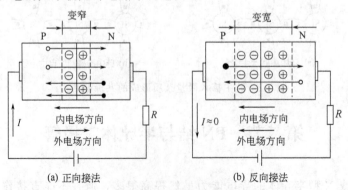

图 7-4　PN 结的单向导电性

给 PN 结加上如图 7-4(b) 所示的电压，即 P 区接负，N 区接正。这时外电场与 PN 结的内电场的方向相同，内电场被增强，PN 结变宽，多子的扩散已经停止，PN 结呈现的电阻很大。但它有利于少子的漂移，由于少子的数目很小，故少子漂移引起的电流很小。这个电流与温度有关，因为温度升高，少子的数目增加。

由以上分析可知，PN 结具有单向导电性。即在 PN 结上加正向电压时，PN 结处于导通状态，正向电流较大；而在 PN 结上加反向电压时，PN 结处于截止状态，反向电流近似为零。

三、半导体二极管的结构与伏安特性

（一）半导体二极管的结构

半导体二极管是由一个 PN 结加上相应的引出线，外面用管壳封装而成的。P 区引出线称为阳极，N 区引出线称为阴极。

二极管的图形符号如图 7-5 所示，图形符号中的箭头方向为 PN 结的正向导通方向。

图 7-5　二极管的图形符号

（二）二极管的伏安特性

二极管两端的电压与电流关系，称为二极管的伏安特性。图 7-6 所示是普通硅二极管的典型伏安特性曲线。特性曲线分正向特性和反向特性两部分。

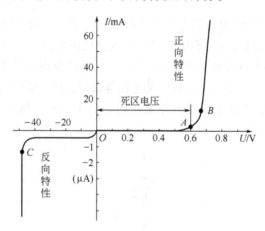

图 7-6　普通硅二极管的伏安特性曲线

1. 正向特性

正向特性是指二极管的两端加正向电压时其电压与电流关系。

当所加正向电压较小时，如图 7-6 所示的 OA 段，外电场不足以克服内电场对载流子的阻碍作用，PN 结仍呈现出很大的正向电阻，正向电流很小，几乎为零。二极管仍未导通，这一段曲线称为二极管的死区。A 点对应的电压称为死区电压。

当正向电压超过死区电压时，内电场被大大削弱，PN 结的结电阻迅速变小，正向电流随着外加电压的增大很快上升，如图 7-6 所示中 B 点右上方的曲线所示。

二极管在正向导通以后，伏安特性曲线比较陡直。说明此时电流变化时，二极管两端的电压基本上不变，这个近似不变的电压称为二极管的导通压降。小功率的硅二极管的导通压降在 $0.6\sim0.7V$ 之间；小功率锗二极管的导通压降在 $0.2\sim0.3V$ 之间。

2. 反向特性

反向特性是指二极管的两端加反向电压时其电压与电流关系。

在反向电压作用下，PN 结的内电场被增强，PN 结的结电阻增大，只有少子漂移通过 PN 结，形成很小的反向电流，如图 7-6 中的 OC 段。小功率硅管的反向电流在 $1\mu A$ 以下，小功率锗管的反向电流在几微安到几十微安左右。反向电流越大，表明二极管的单向导电性越差。

当所加的反向电压超过某一数值时，二极管的反向电流会急剧增大，这种现象称为反向击穿。如图 7-6 中 C 点以下的曲线。产生击穿时的电压称为反向击穿电压。普通二极管不允许工作在反向击穿区。

四、二极管的主要参数

电子元器件的性能指标通常用其参数来加以说明，它是正确选用电子元器件的主要依据。

（1）最大整流电流 I_{om}　这是二极管长时间使用时所允许通过的最大正向平均电流。当电流超过该值使用时，有可能造成 PN 结过热而使管子损坏。

（2）最高反向工作电压 U_{RM}　这是二极管长期工作时允许加在两端的最大反向电压。为保证管子的安全工作，最高反向工作电压 U_{RM} 通常取其反向击穿电压的 $1/2$ 或 $1/3$。

（3）反向电流 I_R　指二极管反向工作而未被击穿时流过二极管的电流值。反向电流越大，表明二极管的单向导电性越差。反向电流受温度影响较大。

五、稳压二极管

稳压二极管是采用特殊的制造工艺生产的特殊二极管。它的工作特性表现为以下方面。

① 当外加反向电压超过反向击穿电压时，稳压管反向击穿，且二极管的管压降等于反向击穿电压，它不因外电路的电流变化而升高，所以，反向击穿电压又叫稳压管的稳定电压，即稳压管反向击穿后，与之并联的所有元件的端电压都稳定在稳压管的反向击穿电压上。

② 当外加反向电压重新低于反向击穿电压时，稳压管能够恢复截止状态。硅稳压二极管的图形符号如图 7-7 所示。

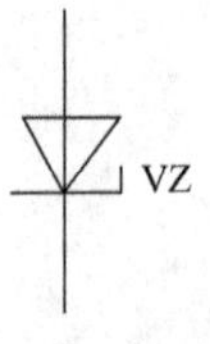

图 7-7　硅稳压二极管的图形符号

第三节　半导体三极管

一、三极管的结构

三极管的内部结构为两个 PN 结。这两个 PN 结是由在同一块硅材料上的三层半导体区形成的。从三层半导体区上分别引出三个电极，用金属或塑料等材料作为外壳封装而成。

由于三层半导体的排列方式不同，三极管有两种结构形式：NPN 型管和 PNP 型管。其内部结构和对应的图形符号如图 7-8 所示。

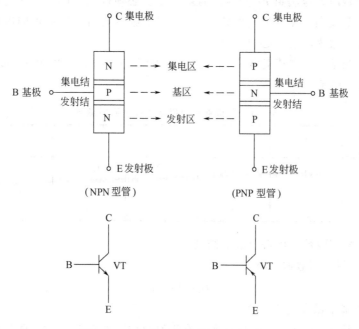

图 7-8　三极管的内部结构和图形符号

两种类型的三极管均由三个区域和两个 PN 结构成。位于中间较薄的一块区域是基区，其掺杂浓度很低。基区连接的引出线被称为基极。基区两侧虽然是相同类型的半导体，但因制造工艺（主要是几何尺寸和掺杂浓度）不同，它们在三极管中的作用也不同。集电区的制造工艺特点是掺杂浓度较低，与基区之间的集电结面积较大，集电区的作用是收集载流子，其引出线被称为集电极。发射区的制造工艺特点是掺杂浓度很高，与基区之间的发射结面积较小，发射区的作用是发射载流子，其引出线被称为发射极。三极管内部结构的这些特点，决定了三极管的重要特性——电流放大作用。

三极管的图形符号简明表示出了三极管的基本信息。三根引线分别表示集电极 C，基极 B 和发射极 E，符号中的箭头所指的方向是三极管导通时，直流电流的方向。

二、三极管的电流放大作用

为了了解三极管的放大原理和电流分配关系，将一个 NPN 型三极管接成如图 7-9 所示的实验电路。可以看出：电路包含了两个回路，即由基极和发射极构成的输入回路以及由集

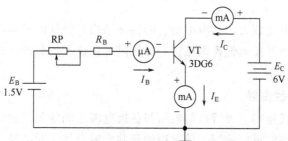

图 7-9　三极管的电流放大作用实验电路

电极和发射极构成的输出回路。发射极是公共端，因此这种接法称为三极管的共发射极接法。

选择电源参数时，应满足 $E_C > E_B$，且电源极性必须按图中的接法。这样就保证了加在集电结上的电压是反向电压（反向偏置），而加在发射结上的电压是正向电压（正向偏置）。这是三极管工作在放大状态的必要条件。

改变可变电阻 RP，则基极电流 I_B、集电极电流 I_C 和发射极电流 I_E 都发生变化。实验测试数据如表 7-1 所示。

表 7-1　三极管的电流放大作用实验数据

实验次数 电流	1	2	3	4	5	6
I_B/mA	0	0.02	0.04	0.06	0.08	0.10
I_C/mA	≈0	0.70	1.50	2.30	3.10	3.95
I_E/mA	≈0	0.72	1.54	2.36	3.18	4.05

由表 7-1 中的实验数据可得出以下结论。

① 对于表中每一列数据均有

$$I_E = I_B + I_C \tag{7-1}$$

此结果符合基尔霍夫电流定律。

② I_C 和 I_E 比 I_B 大得多。从第三列和第四列的数据可知 I_C 与 I_B 的比值分别为

$$\frac{I_C}{I_B} = \frac{1.50}{0.04} = 37.5, \quad \frac{I_C}{I_B} = \frac{2.30}{0.06} = 38.3$$

这就是三极管的电流放大作用。电流放大作用还体现在基极电流的少量变化 ΔI_B 可以引起集电极电流 ΔI_C 较大的变化。由第三列到第四列的变化可以看出

$$\frac{\Delta I_C}{\Delta I_B} = \frac{2.30 - 1.50}{0.06 - 0.04} = 40$$

把前者称为三极管的直流电流放大系数，后者称为三极管的交流电流电流放大系数，即

直流电流放大系数 $$\overline{\beta} = \frac{I_C}{I_B}$$

交流电流放大系数 $$\beta = \frac{\Delta I_C}{\Delta I_B}$$

在满足一定的条件时 $$\beta \approx \overline{\beta}$$

③ 当 $I_B = 0$（基极开路）时，$I_C \approx I_E \approx 0$，但不完全为 0，此时的 $I_C \approx I_E \approx I_{CEO}$，称为三极管的穿透电流。

三极管能够进行电流放大，其内因是它的特殊结构，其外因是给三极管的发射结加了正向偏置电压，集电结加了反向偏置电压。三极管内部载流子的运动在这样的外部条件下就能完成 I_B 对 I_C 的控制作用。

三、三极管的特性曲线

三极管的特性曲线是指三极管极间电压与各极电流之间的关系曲线，它反映了三极管的性能，是分析放大电路的重要依据。最常用的是共发射极接法时的输入特性曲线和输出特性曲线。测试电路如图 7-10 所示。

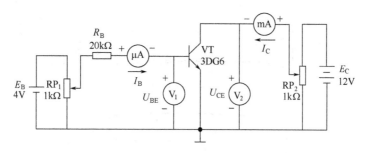

图 7-10　三极管共射特性曲线测试电路

（一）输入特性曲线

输入特性是指当集电极与发射极之间的电压 U_{CE} 为常数时，由基极和发射极构成的输入回路中，基极电流 I_B 与基极、发射极之间的电压 U_{BE} 之间的关系曲线，它反映了三极管输入回路的伏安特性。三极管的输入特性曲线如图 7-11 所示。

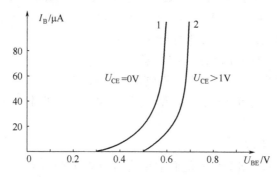

图 7-11　三极管的输入特性曲线

（1）$U_{CE}=0V$ 时的输入特性　调节 RP_2，使 $U_{CE}=0V$。调节 RP_1 测出不同的 I_B 对应的 U_{BE}，用描点法绘出 $U_{CE}=0V$ 时的输入特性如图中曲线 1 所示。

输入特性曲线实际上反映的是发射结的伏安特性，所以其形状与二极管的伏安特性相似。

（2）$U_{CE} \geqslant 1V$ 时的输入特性　调节 RP_2，使 U_{CE} 增大。同样，用描点法绘出对应的输入特性，如图中曲线 2 所示。

随着 U_{CE} 的增大，输入特性稍微右移，当 $U_{CE}>1V$ 以后，输入特性曲线基本重合在一起，不再继续右移。

（二）输出特性曲线

三极管的输出特性曲线是指基极电流 I_B 为常数时，集电极电流 I_C 与集电极、发射极之间的电压 U_{CE} 的关系曲线，它反映了三极管输出回路的伏安特性。在选定了不同的 I_B 时，可得出不同的曲线，所以三极管的特性曲线是一组曲线，如图 7-12 所示。

根据三极管的工作状态不同，输出特性可以分为三个区域。

（1）截止区　$I_B=0$ 对应的曲线以下区域。

截止区的特点是发射结和集电结都不满足导通条件，三极管失去了放大作用。此时，U_{BE} 小于死区电压，三极管截止，$I_B=0$，I_C 很小，可认为近似为零。此时的 I_C 称为三极管的穿透电流。

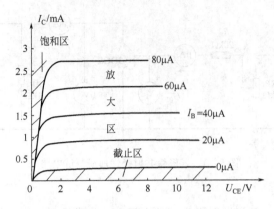

图 7-12　三极管的输出特性曲线

（2）饱和区　在输出特性中靠近纵轴的区域。

饱和区的特点是发射结和集电结均处于正向偏置，三极管也不具有放大作用。此时，C、E 之的电压很小，可认为 C、E 之间近似于短路，这个电压称为三极管的饱和压降，用 U_{CES} 表示。I_C 不再受 I_B 控制，而是由外电路决定。

（3）放大区　截止区与饱和区之间的区域。

放大区反映的是发射结正向偏置，集电结反向偏置时三极管的工作状态。此时，三极管的集电极电流由基极电流控制，即 $I_C = \beta I_B$，而与 U_{CE} 基本无关，表现出三极管的电流放大作用。

四、三极管的主要参数

三极管的参数反映了三极管的性能和适用范围，是设计电路、选用管子的依据。

1. 电流放大系数 β

三极管集电极电流与基极电流的比值。其中反映静态时 I_C 与 I_B 的比值为直流电流放大系数 $\overline{\beta} = \dfrac{I_C}{I_B}$，反映动态时的交流电流放大系数 $\beta = \dfrac{\Delta I_C}{\Delta I_B}$，一般情况下，可认为 $\overline{\beta} \approx \beta$。

2. 集电极反向饱和电流 I_{CBO}

指当发射极开路时，集电极与基极之间加反向电压形成的反向电流。I_{CBO} 越小越好，它反映了集电结质量的好坏。

3. 穿透电流 I_{CEO}

当基极开路时，将电源加在集电极和发射极之间，此时形成的集电极电流称为穿透电流。I_{CEO} 为 $I_B = 0$ 时的 I_C 或 I_E。I_{CEO} 越小越好，I_{CEO} 越大，管子的温度稳定性越差。

4. 极限参数

（1）集电极最大允许电流 I_{CM}　β 下降到额定值的 2/3 时所对应的集电极电流即 I_{CM}。

集电极电流增大到一定程度时，管子虽未烧坏，但 β 值将显著下降，三极管的放大能力下降太多，不宜在这种情况下使用。

（2）集-射极击穿电压 BU_{CEO}　指基极开路时，在集电极和发射极之间的最大允许电压。当 $U_{CE} > BU_{CEO}$ 时，I_{CEO} 将大幅度上升，管子将被击穿。

（3）集电极最大允许耗散功率 P_{CM}　指集电结温度不超过允许值（锗管 80℃，硅管 150℃）时，集电极所消耗的最大功率。

由于三极管工作时，电流流经集电结产生热量使结温升高，可能损坏管子，所以规定了

P_{CM}来限制结温。三极管在使用时应保证$U_{CE}I_C < P_{CM}$。

第四节　MOS 场效应管

前面介绍的三极管（双极型器件）是一种电流控制器件，而场效应管（单极型器件）则是一种电压控制器件。它不但具有一般三极管体积小、质量轻、耗电省、寿命长等特点，而且还具有输入阻抗高、噪声低、热稳定性好、抗辐射能力强、易集成制造等优点，被广泛应用于各种电子线路。

一、基本结构和电压控制电流作用

场效应管按结构不同可分为两大类：绝缘栅场效应管和结型场效应管。本书只介绍在集成电路中应用很广泛的绝缘栅场效应管。

绝缘栅场效应管按其工作原理可分为增强型和耗尽型，按其导电通道的结构可分为 N 沟道型和 P 沟道型。所以绝缘栅场效应管共有四种类型：N 沟道增强型，N 沟道耗尽型，P 沟道增强型，P 沟道耗尽型。这里以 N 沟道增强型绝缘栅场效应管为例，介绍场效应管的结构和特性。

（一）N 沟道增强型绝缘栅场效应管的结构

图 7-13 所示为 N 沟道增强型绝缘栅场效应管的结构示意和图形符号。它是用一块掺杂浓度较低的 P 型硅半导体作为衬底，用扩散工艺在 P 型硅中形成两个相距很近的高掺杂浓度的 N 型区（图中用 N^+ 表示），并分别引出两个电极：源极 S 和漏极 D。在漏级与源极之间的 P 型表面有一层很薄的二氧化硅（SiO_2）绝缘层，在绝缘层上沉积出金属层引出电极作为栅极 G。因为金属栅极和半导体硅片之间有二氧化硅，所以又称为金属-氧化物-半导体（Metal-Oxide-Semiconductor）绝缘栅场效应管，简称 MOS 场效应管。

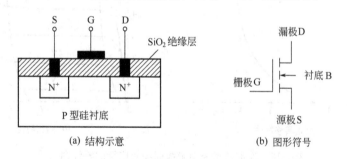

(a) 结构示意　　　　　　　　　(b) 图形符号

图 7-13　N 沟道增强型 MOS 场效应管

MOS 场效应管的栅极和源极、漏极、衬底之间是绝缘的，正是这种绝缘结构，使得场效应管具有很高的输入阻抗。

同理，如果在 N 型衬底上扩散出两块高掺杂 P 型半导体，则可以制成 P 沟道绝缘栅场效应管。

（二）N 沟道增强型 MOS 场效应管的工作原理

由图 7-13 可以看出，源极 S 和漏极 D 之间是两个背靠背的 PN 结，仅在漏极 D 和源极 S 之间加电压是不会导通的。

如果将 D、S 短接，并且在栅极 G 和源极 S 之间加正向电压（栅极接正、源极接负）

U_{GS}，则在 U_{GS} 的作用下，会产生一个由栅极指向衬底表面的电场。该电场把 P 型衬底中的电子吸引到绝缘层下面（称为感应层），同时排斥空穴，在绝缘层下面的 P 型衬底表层形成一个自由电子薄层的导电沟道（N 沟道），把两个 N^+ 区连通起来。如果在漏极 D 和源极 S 之间加上适当的电压，则场效应管的漏极和源极导通。

在一定的漏源电压作用下，使得 MOS 场效应管开始导通的栅源电压称为开启电压 U_T，栅源电压 U_{GS} 超过 U_T 后，漏源之间导通，形成漏极电流 I_D。当漏源电压 U_{DS} 一定时，栅源电压 U_{GS} 越高，导电沟道越厚，沟道电阻越小，场效应管的导通能力越强，产生的漏极电流 I_D 越大。这就是 N 沟道增强型绝缘栅场效应管的电压控制电流作用，如图 7-14 所示。

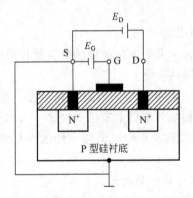

图 7-14　N 沟道增强型绝缘栅场效应管的工作原理

二、特性曲线及主要参数

图 7-15 所示为 N 沟道增强型绝缘栅场效应管的特性曲线。

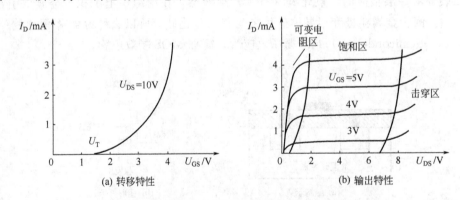

(a) 转移特性　　　　　(b) 输出特性

图 7-15　N 沟道增强型绝缘栅场效应管的特性曲线

转移特性表示的是漏极电流与栅源电压之间的关系。当 $U_{GS} < U_T$ 时，$I_D = 0$；当 $U_{GS} = U_T$ 时，管子开始导通；当 $U_{GS} > U_T$ 时，I_D 随 U_{GS} 的增大而增大。

输出特性表示的是当 U_{GS} 为大于开启电压 U_T 的某一数值时，漏极电流与漏源电压之间的关系。输出特性分为三个区域：可变电阻区、饱和区和击穿区。

场效应管的主要参数如下。

（1）开启电压 U_T　增强型绝缘栅场效应管在 U_{DS} 为某一固定值时，为使管子由截止变为导通，形成 I_D，栅源之间所需的最小的 U_{GS}。

（2）击穿电压 $U_{(BR)DS}$　漏极和源极间允许的最大电压。

（3）直流输入电阻 R_{GS}　栅极和源极之间的直流电阻。场效应管的直流输入电阻 R_{GS} 远远大于三极管的基极与发射极之间的等效输入电阻 r_{be}，这是场效应管最大的优点，能够满足高内阻的微弱信号源对后级电路输入阻抗的要求。

（4）跨导 g_m　漏极电流的变化量与引起这个变化的栅源电压变化量之比，即，$g_m = \dfrac{\Delta I_D}{\Delta U_{GS}}$，其单位为 $\mu A/V$ 或 mA/V。

本章小结与学习指导

1. 半导体物理是现代电子器件的基础。

本征半导体：价电子数为 4 且具有共价键结构的纯净的单晶硅或单晶锗，热激发（温度增加或光线照射）下产生一定数目的自由电子-空穴对，自由电子、空穴统称为半导体中的载流子。

杂质半导体：在本征半导体中掺入微量的 5 价元素以后形成的 N 型半导体或掺入微量的 3 价元素以后形成的 P 型半导体。在杂质半导体中，两种载流子数目差别很大（称之为多数载流子和少数载流子）。

PN 结：在一块本征半导体中两边分别掺入不同的微量的杂质元素后在其交界面处形成的一个特殊空间——空间电荷区、耗尽层、阻挡层都是 PN 结的不同名称。PN 结具有单向导电性。PN 结的问世奠定了现代电子技术的基础。

2. 半导体二极管的内部构造就是一个 PN 结。要掌握二极管的特性曲线、参数运用的意义，学会查阅元件手册，根据需要正确选择不同材料（硅或锗）的二极管。

3. 半导体三极管（双极型三极管 BJT）是电子技术中最基本最核心的元件。三极管的特性是实现电流放大。要掌握三极管的输入特性和输出特性曲线、参数运用的意义，学会查阅元件手册，根据需要正确选择不同材料（硅或锗）和不同结构（NPN 或 PNP）的三极管。

4. 场效应三极管（单极型三极管 FET）是实现电压控制电流的一种器件，也是一种放大元件。场效应三极管按照参与导电的载流子分成自由电子作为载流子的 N 沟道器件和空穴作为载流子的 P 沟道器件，按照结构可分成结型场效应管（JFET）和绝缘栅场效应管（MOSFET），而绝缘栅场效应管又分成增强型和耗尽型两种。按照此划分方法，一共有六种类型的场效应管。

思考题与习题

7-1　什么是半导体？制造电子元件的半导体材料为什么要掺入杂质？

7-2　PN 结的基本特性是什么？

7-3　电路如题 7-3 图所示，判断图中的二极管是导通还是截止，并求出电压 $U_。$ 的大小和极性（图中的二极管均按硅管考虑）。

7-4　简述三极管的结构及三极管的基本特性。

7-5　三极管具有电流放大作用的外部条件是什么？

7-6　题 7-6 图所示的两个电路是否具有放大作用？简述理由。

7-7　从输出特性曲线上看，三极管有几种工作状态？各有哪些特点？

7-8　场效应管和三极管的结构与特性有哪些异同点？

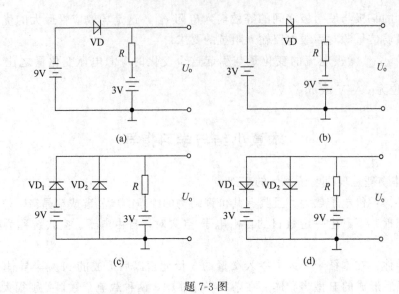

题 7-3 图

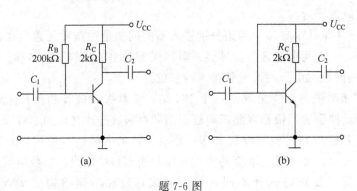

题 7-6 图

7-9 选择题（每题只有一个正确答案）

① 热激发使得本征半导体产生

    A. 自由电子；   B. 空穴；   C. 自由电子—空穴对；   D. 束缚电子。

② 在本征半导体中掺入微量的 3 价杂质元素后形成

    A. N 型半导体；   B. P 型半导体；   C. PN 结；   D. 不能确定。

③ 温度增加，三极管中各种物理量的改变正确的是

    A. $I_{CBO} \downarrow$；   B. $I_{CEO} \downarrow$；   C. $\beta \uparrow$；   D. $U_{BE} \uparrow$。

④ 硅稳压二极管

    A. 是工作在正向特性区的二极管；   B. 是工作在反向特性区的二极管；

    C. 是工作在反向击穿区的二极管；   D. 不能确定。

⑤ 三极管工作在放大状态时，其外加偏置电压为

    A. 发射结正偏，集电结正偏；   B. 发射结正偏，集电结反偏；

    C. 发射结反偏，集电结正偏；   D. 发射结正偏，集电结反偏。

⑥ 在某放大电路中，三极管三个电极测得的直流电位分别是 0V，−10V，−9.3V，则这只三极管是

    A. NPN 型硅管；   B. PNP 型锗管；   C. PNP 型硅管；   D. NPN 型锗管。

第八章　基本放大电路

在电子线路中经常需要将微弱的电信号加以放大，推动负载工作。例如，收音机就是将微弱的电磁波信号经过变换和放大，推动扬声器发出声音的。放大电路是电子线路中最常用的单元电路，本章介绍几种典型放大电路的组成、工作原理以及电子线路的基本分析方法。

第一节　共射极放大电路的组成和工作原理

根据输入、输出信号的连接方式，三极管可以组成共发射极接法、共集电极接法和共基极接法三种基本放大电路。下面以应用最多的共发射极（简称共射接法）电路为例，介绍放大电路的组成及工作原理。

一、电路的组成和特点

图 8-1(a) 是由 NPN 型三极管组成的共射接法的基本放大电路。可以看出，输入信号 u_i 加在三极管的基-射之间，而输出信号 u_o 取自三极管的集-射之间，发射极作为输入、输出回路的公共端，所以称为共射极放大电路。

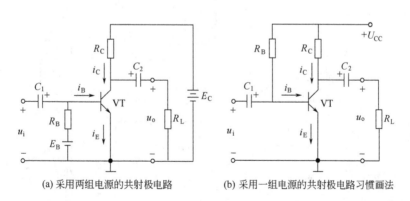

(a) 采用两组电源的共射极电路　　　(b) 采用一组电源的共射极电路习惯画法

图 8-1　共射极基本放大电路

为了保证三极管能工作在放大状态，电路设置了两组电源。电源 E_B 通过电阻 R_B 加在三极管的发射结上，使其获得正向偏置并能提供基极电流。R_B 称为基极偏置电阻，调节 R_B 就可以调整基极电流的大小。基极电流又称偏置电流，提供偏置电流的电路叫偏置电路。在图 8-1 (a) 中，偏置电路由电源 E_B 和电阻 R_B 构成。通常称这种形式的偏置电路为固定偏置电路。

电源 E_C 通过电阻 R_C 加在三极管的集电极与发射极之间，选取 $E_C > E_B$，使三极管的集电结获得反向偏置。R_C 的作用主要是将集电极电流的变化转换成电压的变化，改变 R_C 能改变三极管集-射之间的电压。C_1、C_2 是输入端和输出端的耦合电容，它们的作用是"隔离直流，传递交流"。R_L 是放大器工作的对象，即电路的负载。

在实际电路中，基极回路没有必要设置单独的直流电源，一般是通过 R_B 直接接集电极电源，即两个回路共用一个电源。此外，在画电路时，往往省略电源的图形符号，而用其电位的极性和数值来标识。如 $+U_{CC}$ 表示该点接电源的正极，而电源的负极接地（电路的零电位参考点）。这种画法称作电子电路的习惯画法。图 8-1（b）是采用一组电源供电的共射极电路的习惯画法。

二、电路工作原理

由图 8-1（b）可以看出，由于设置了直流电源，共射放大电路在没有输入信号（$u_i = 0$）时，电路中就已经存在直流电流和直流电压。当输入交流信号时，设 $u_i = U_{im} \sin\omega t (\text{mV})$，由于交流信号的输入，电路中各个电流和电压就要随之发生变化。很明显，输入信号加在三极管的 B-E 之间，此时 B-E 之间的电压就为在原来的直流电压上再叠加一个正弦交流电压，即 $u_{BE} = U_{BE} + u_i$。u_i 产生 i_b，基极电流也是直流与交流的叠加，即 $i_B = I_B + i_b$。

由于三极管的电流放大作用，变化的 i_b 引起变化的 i_c，$i_c = \beta i_b$，三极管的集电极电流为在原来的直流基础上再叠加一个交流，即 $i_C = I_C + i_c$。i_C 的变化通过 R_C 将导致 u_{CE} 的变化，$u_{CE} = U_{CE} + u_{ce}$。由于电容的隔直作用，$u_o = u_{ce}$。

由以上分析可知以下几方面。

① 放大电路在输入交流信号以后，电路中各个物理量（u_{BE}、i_B、i_C、u_{CE}）都是由直流分量（U_{BE}、I_B、I_C、U_{CE}）和交流分量（u_i、i_b、i_c、u_{ce}）叠加而成，因此，交直流共存是放大电路的一个特点，也构成了电子电路分析的一个难点。放大电路工作时各电极电流、电压变化的情况如图 8-2 所示。

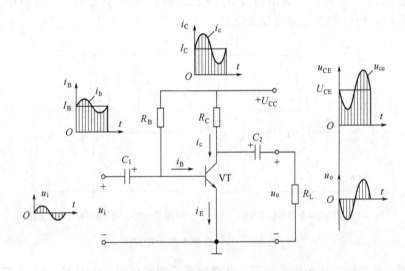

图 8-2　放大电路动态工作电流、电压变化情况

② 当 u_i 增加（或减小）时，i_b 增加（或减小），i_c 增加（或减小），u_{ce}（u_o）减小（或增加），即 u_o 与 u_i 是一种反相关系。

③ 放大电路放大的实质是将直流电源提供的能量转换为交流电能的输出。

第二节　共射极放大电路的静态分析

一、直流通路及静态工作点

放大电路（又称放大器）中无交流信号输入（$u_i = 0$）时的工作状态称为静态。静态时，电路中的电流和电压均为直流。静态值的计算可以在直流通路中进行。只考虑直流电源作用而认为交流信号为零的电路称为放大电路的直流通路，如图 8-3 所示。

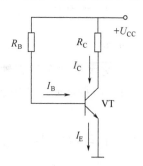

图 8-3　共射极放大电路的直流通路

由于需要求的 I_B、U_{BE} 和 I_C、U_{CE} 是输入及输出特性曲线上一个确定的点，故静态值又称静态工作点。

二、静态工作点的估算

估算静态工作点实际上就是近似计算 I_B、U_{BE}、I_C、U_{CE} 这四个直流量。静态工作点是否合适，决定了三极管是否能够起放大作用，对放大器的质量影响很大。

（一）电路估算法

估算法是由直流通路直接计算静态工作点的方法。应用 KVL 有 $U_{CC} = I_B R_B + U_{BE}$，则

$$I_B = \frac{U_{CC} - U_{BE}}{R_B} \tag{8-1}$$

式（8-1）中似乎有两个未知量，但 U_{BE} 是三极管的发射结导通压降，可视为一个常量，对于硅管按 $0.6 \sim 0.7\mathrm{V}$ 估算，锗管按 $0.2 \sim 0.3\mathrm{V}$ 估算。当电路的直流电源 U_{CC} 远远大于 U_{BE} 时，也可以忽略 U_{BE}，按 $I_B \approx \dfrac{U_{CC}}{R_B}$ 近似估算。

由三极管的电流放大作用知

$$I_C = \beta I_B \tag{8-2}$$

由集电极回路得

$$U_{CE} = U_{CC} - I_C R_C \tag{8-3}$$

（二）图解法

图解法是利用三极管特性曲线和放大器的直流通路来确定静态工作点的一种作图方法。图解法求静态工作点可按以下步骤进行。

（1）找出准确的三极管输出特性曲线　三极管的输出特性曲线是三极管本身固有特性的反映，不同三极管的特性曲线都有所不同。设某三极管的输出特性曲线如图 8-4 所示。

（2）作直流负载线　三极管输出回路的电压方程 $U_{CE} = U_{CC} - I_C R_C$ 是一个以 I_C 为自变

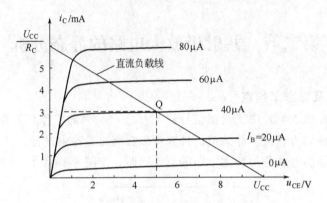

图 8-4 用图解法确定放大电路的静态工作点

量、U_{CE} 为函数的直线方程。这条直线交水平轴和垂直轴于两点，即当 $I_C = 0$ 时，$U_{CE} = U_{CC}$；当 $U_{CE} = 0$ 时，$I_C = U_{CC}/R_C$。在输出特性曲线图中连接这两点构成的直线，就是放大电路的直流负载线。

（3）由直流通路计算基极电流 I_B　$I_B = \dfrac{U_{CC} - U_{BE}}{R_B}$，由 I_B 确定其对应的一条输出特性曲线。

（4）作静态工作点 Q　由两个方程（两条曲线）联立求解（曲线相交）确定一个点 (U_{CE}, I_C)。I_B 对应的那条输出特性曲线与直流负载线的交点就是静态工作点 Q，因为三极管在电路中的工作情况既要符合其输出特性曲线，又必须满足其输出回路电压方程 $U_{CE} = U_{CC} - I_C R_C$。

（5）由静态工作点 Q 点的坐标值确定 I_C 和 U_{CE}　I_B 已经由第（3）步算出，由图中的 Q 点查对应的纵坐标得 I_C，查对应的横坐标得 U_{CE}。用图解法求静态工作点时不需要知道 β 值，这是因为输出特性本身已反映了 β 值的大小。

【例 8-1】　在图 8-5(a) 所示的电路中，电源和电阻参数已经标出，三极管为 NPN 型硅管，$\beta = 37.5$，其特性曲线如图 8-5(b) 所示。求静态工作点。

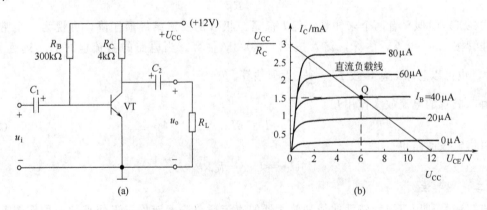

图 8-5　例 8-1 图

解　（1）电路估算法

$$I_B = \frac{U_{CC} - U_{BE}}{R_B} = \frac{12\text{V} - 0.7\text{V}}{300\Omega} \approx 0.04\text{mA} = 40\mu\text{A}$$

$$I_C = \beta I_B = 37.5 \times 0.04 = 1.5 \text{mA}$$
$$U_{CE} = U_{CC} - I_C R_C = 12 - 1.5 \times 4 = 6\text{V}$$

（2）图解法

三极管特性曲线如图 8-5（b）所示。列直流负载线方程 $U_{CE} = U_{CC} - I_C R_C$，则

$$U_{CE} = 12 - 4 I_C$$

当 $I_C = 0$ 时，$U_{CE} = 12\text{V}$；当 $U_{CE} = 0$ 时，$I_C = 3\text{mA}$，在图 8-5 中作出这两个点，并连成直流负载线。

$$I_B = \frac{U_{CC} - U_{BE}}{R_B} = \frac{12\text{V} - 0.7\text{V}}{300\text{k}\Omega} \approx 0.04\text{mA} = 40\mu\text{A}$$

则 $40\mu\text{A}$ 对应的输出特性曲线与直流负载线的交点就是静态工作点 Q。由 Q 点的坐标值查出

$$I_C = 1.5\text{mA}, \ U_{CE} = 6\text{V}$$

第三节 共射极放大电路的动态分析

放大电路的动态是指放大电路输入交流信号以后的工作状态。此时，放大电路中电流和电压都是交流量与直流量的叠加。

一、放大电路的交流通路

电路中交流信号传递的路径称为交流通路，它是电路动态分析的依据。

在交流电路中，电容器的容抗很小，同时，理想的直流电源内阻为零，所以，可以视电路中的电容和直流电源为短路，这样处理以后的电路就是放大电路的交流通路，如图 8-6 所示。

二、动态分析的电路指标

放大电路的动态分析关注的是交流信号的传递情况，动态分析的电路指标主要包括电压放大倍数、输入电阻、输出电阻等。反映放大电路动态特征的示意如图 8-7 所示。

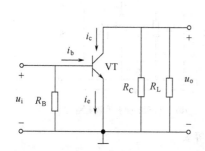

图 8-6 共射放大电路的交流通路

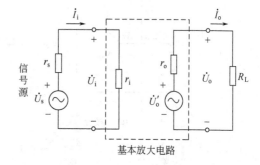

图 8-7 放大电路的结构框图

1. 电压放大倍数 $\dot{A}$

放大器的基本功能是将输入信号不失真地进行放大，其放大能力用电压放大倍数表示，它是输出电压与输入电压的比值，设输入电压是正弦交流量，那么输出电压也应是正弦交流量，若用相量表示正弦量，则

$$\dot{A} = \frac{\dot{U}_o}{\dot{U}_i} \qquad (8\text{-}4)$$

2. 输入电阻 r_i

放大器对信号源来讲相当于一个负载，这个等效的负载电阻称为放大电路的输入电阻 r_i，由图 8-7 可定义为

$$r_i = \frac{\dot{U}_i}{\dot{I}_i} \qquad (8\text{-}5)$$

一般情况下，r_i 的值越大越好。因为 r_i 越大，对信号源来说负载越轻，即 i_i 越小，u_i 越大，信号源的利用率越高。

3. 输出电阻 r_o

将负载移去，放大器的输出端可视为一个有源二端网络。由戴维南定理可知，该网络可以用一个理想电压源 u_o' 和内阻 r_o 串联的组合来表示，该电压源的内阻就是放大电路的输出电阻 r_o。

一般情况下，r_o 的数值越小，放大器的输出电压受负载的影响越小，放大器的带负载能力越强。

三、放大电路的微变等效电路

由三极管的特性曲线可以看出三极管是一个非线性元件，通常不能用计算线性电路的方法来计算含有非线性元件的电路。但是，当输入是微小的变化信号时，它引起的三极管各极电压、电流的变化只在静态工作点附近的小范围内进行，三极管的特性曲线可以近似地看做直线。此时，三极管可以用一个等效的线性模型来代替，这样，求解线性电路的分析方法就能用来分析放大电路了。

（一）三极管的微变等效电路模型

如果将三极管在共射接法下的电路理解为一个二端口网络，则信号输入后引起三极管的电流、电压的变化情况如图 8-8(a) 所示。

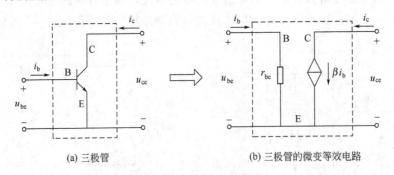

(a) 三极管　　　　　　　　　(b) 三极管的微变等效电路

图 8-8　三极管的等效

先看三极管输入端的情况，变化的 u_{be} 将产生一个变化的 i_b，在 u_{be} 很小时，可以认为三极管的 B、E 之间相当于一个线性电阻，这个电阻被称作是三极管共射接法的输入电阻 r_{be}，显然，r_{be} 的大小与静态工作点的位置有关。

常见低频小功率三极管的输入电阻可以用下式估算，即

$$r_{be} = 300 + (1+\beta)\frac{26(\text{mV})}{I_{EQ}(\text{mA})}(\Omega) \qquad (8\text{-}6)$$

再看三极管的输出端。根据三极管的放大原理，i_b 控制 i_c，并且有 $i_c = \beta i_b$，即集电极电流受控于基极电流。因此，三极管的 C、E 之间可看作是一个受控电流源，方向为与 i_b 同指向或同离开发射极。由三极管的输出特性可知，i_c 接近恒流源，故它的内阻极大。

这样处理后的电路如图 8-8(b) 所示，把这一电路称为三极管的微变等效电路模型。

（二）放大电路的微变等效电路

画出图 8-9(a) 所示的共射极基本放大电路的交流通路，将其中的三极管用微变等效电路代替，就得到了放大电路的微变等效电路，如图 8-9(b) 所示，其中的电压电流参考方向都是交流量。

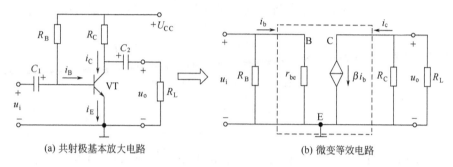

(a) 共射极基本放大电路　　　　　　(b) 微变等效电路

图 8-9　共射极基本放大电路的微变等效电路

（三）动态指标的计算

1. 电压放大倍数 A_u

由图 8-9(b) 可列出输入电压与基极电流的有效值关系为

$$U_i = I_b r_{be}$$

输出电压与集电极电流的有效值关系为

$$U_o = -I_c(R_C /\!/ R_L)$$

令 $R_L' = R_C /\!/ R_L$，R_L' 称为放大器的交流等效负载电阻，则

$$U_o = -I_c R_L' = -\beta I_b R_L'$$

共射极基本放大电路的电压放大倍数为

$$A_u = \frac{U_o}{U_i} = \frac{-\beta I_b R_L'}{I_b r_{be}}$$

$$A_u = -\beta \frac{R_L'}{r_{be}} \tag{8-7}$$

当放大电路的输出端开路（未接 R_L）时

$$A_u' = -\beta \frac{R_C}{r_{be}}$$

不难理解，放大器带负载以后其放大倍数要下降。前面的推导过程都是以有效值为依据进行的，式(8-7) 中的负号反映了输出电压 u_o 与输入电压 u_i 相位相反。

2. 输入电阻 r_i

由图 8-9(b) 中的输入端可以看出共射极放大电路的输入电阻为

$$r_i = \frac{u_i}{i_i} = R_B /\!/ r_{be} \tag{8-8}$$

在共射极放大电路中，通常有 $R_B \gg r_{be}$，故

$$r_i \approx r_{be}$$

3. 输出电阻 r_o

在图 8-9(b) 中，移去负载 R_L 后，输出端是受控电流源与 R_C 的并联，故共射极放大电路的输出电阻为

$$r_o = R_C \tag{8-9}$$

【例 8-2】 电路如图 8-9(a) 所示，其中 $U_{CC} = 12V$，$R_C = 4k\Omega$，$R_B = 300k\Omega$，$\beta = 37.5$，$R_L = 4k\Omega$。求：(1)电路在负载状态下的电压放大倍数；(2)负载开路时的电压放大倍数；(3)输入电阻；(4)输出电阻。

解 (1) 由于放大电路的动态分析是建立在静态基础上的，故先估算静态值。

$$I_B = \frac{U_{CC} - U_{BE}}{R_B} = \frac{12 - 0.7}{300} \approx 0.04mA = 40\mu A$$

$$I_C = \beta I_B = 37.5 \times 0.04 = 1.5mA$$

$$I_{EQ} \approx I_C = 1.5mA$$

由式(8-6) 得

$$r_{be} = 300\Omega + (1+\beta)\frac{26mV}{I_{EQ}mA} = 300 + (1+37.5) \times \frac{26}{1.5} \approx 967\Omega = 0.967k\Omega \approx 1k\Omega$$

$$R_L' = R_C /\!/ R_L = 4k\Omega /\!/ 4k\Omega = 2k\Omega$$

则带负载时的交流电压放大倍数为

$$A_u = -\beta\frac{R_L'}{r_{be}} = -37.5 \times \frac{2}{1} = -75$$

(2) 当放大电路的输出端开路时，$R_L' = R_C$，则

$$A_u' = -\beta\frac{R_C}{r_{be}} = -37.5 \times \frac{4}{1} = -150$$

电路输出端带负载时，交流电压放大倍数将会减小，如果在输入端加入同样的交流信号，输出端带负载时获得的输出电压较小，空载时获得的输出电压较大。

(3) 输入电阻

$$r_i = R_B /\!/ r_{be} = 300k\Omega /\!/ 0.967k\Omega \approx r_{be} = 0.967k\Omega$$

(4) 输出电阻

$$r_o = R_C = 4k\Omega$$

通过本例的结果可以看出，共射放大电路的电压放大倍数虽然较大，但输入电阻较小，输出电阻较大，这是共射极放大电路的不足之处。

四、放大电路的非线性失真

放大电路除了希望有足够的放大倍数以外，还要求输出信号的波形尽可能与输入信号一致，利用图解法可以了解放大电路在放大过程中电压、电流的变化情况。

三极管的输出特性曲线如图 8-10 所示。当放大电路的输入端加入交流信号电压时，将会引起基极电流的变化，这就是基极电流的交流分量，设该交流分量为 $i_b = 20\sin\omega t(\mu A)$；电路的基极静态电流 $I_B = 40\mu A$，则实际流入基极的电流（交流与直流的叠加）将在 $40\mu A$ 的基础上上下波动 $20\mu A$。

随着基极电流在 $20 \sim 60\mu A$ 之间变化，电路的工作点以静态工作点为中心沿直流负载线（不带负载时）在 $Q_1 \sim Q_2$ 之间往返移动。$Q_1 \sim Q_2$ 之间的纵坐标对应了集电极电流的变化

情况，如图 8-10 中的 i_C；$Q_1 \sim Q_2$ 之间的横坐标对应了 u_{CE} 的变化情况，如图 8-10 中的 u_{CE}；u_{CE} 的交流分量就是输出交流电压，如图中的 u_o 所示。直流负载线的倾斜方向，决定了 u_{CE} 和 i_C 波形的倒相关系。

在图 8-10 中，静态工作点 Q 基本上设置在直流负载线的中间，电路可以对较大的输入交流信号进行不失真的放大。如果静态工作点设置得过高或过低，就可能造成输出信号的波形不能很好地重现输入信号波形的形状，也就是说电路产生了失真。

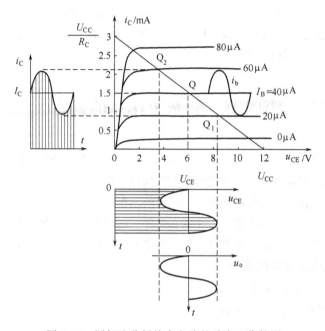

图 8-10　图解法分析放大电路的动态工作情况

1. 截止失真

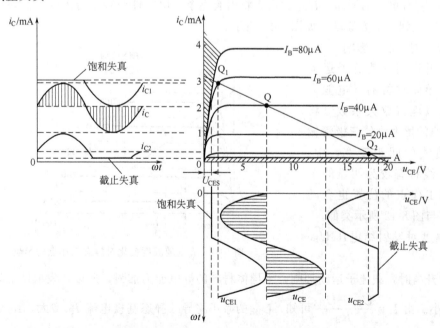

图 8-11　静态工作点对波形失真的影响

当静态工作点设置得太低，接近截止区时，如图 8-11 中的 Q_2 点，这时在输入信号的负半周期，i_B、i_C 的变化将进入管子的截止区，使 i_C 的负半周和 u_{CE} 的正半周的波形产生了畸变，出现了 u_o 波形的顶部被削的情况。这种失真称为截止失真。

2. 饱和失真

当静态工作点设置得太高，接近饱和区时，如图 8-11 中的 Q_1 点，这时在输入信号的正半周期，i_B、i_C 的变化将进入管子的饱和区，使 i_C 的正半周和 u_{CE} 的负半周的波形产生了畸变，出现了 u_o 波形的底部被削的情况。这种失真称为饱和失真。

综上所述，在进行放大电路的设计时，为了避免出现截止失真或饱和失真，应尽量将静态工作点设计在直流负载线的中部。

第四节　静态工作点的稳定

从以上的讨论中知道，放大电路必须设置静态工作点，才能保证放大器能对信号进行放大；其次，静态工作点的位置必须合适，才能避免在放大过程中可能产生的非线性失真。静态工作点是由放大电路的偏置电路和三极管的参数共同决定的。由于三极管的参数容易受到温度的影响而发生变化，所以温度的变化会影响静态工作点。此外，电源电压的变化、电路中其他元件参数的变化等也会影响静态工作点，但影响静态工作点的主要因素还是温度的变化。

一、温度对静态工作点的影响

温度变化时，三极管的参数 I_{CBO}（I_{CEO}）、β 和 U_{BE} 都要发生变化，这些参数的变化将直接影响静态工作点的位置发生移动。

1. 温度对 I_{CBO}（I_{CEO}）的影响

温度升高时，I_{CBO} 将明显增加，特别是锗管的变化更为明显。随着 I_{CBO} 的增加，$I_{CEO} = (1+\beta)I_{CBO}$ 将有更大的增加。I_{CEO} 的增大将引起整个输出特性曲线平行上移，静态工作点的位置也会随之朝左上方移动，如图 8-12 所示。

2. 温度对 β 值的影响

温度升高时，载流子运动加剧，半导体材料的导电能力加强，所以电流放大系数 β 将增大。β 值的增大将使三极管输出特性曲线的间距变宽，中、上部的曲线将有较为明显的上移，静态工作点的位置也会随之上移，与图 8-12 所示类似。

3. 温度对发射结电压 U_{BE} 的影响

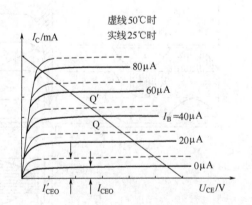

图 8-12　I_{CBO} 随温度变化对静态工作点的影响

温度升高时，载流子运动加剧，半导体材料的导电能力加强，所以，发射结的导通压降 U_{BE} 将减小。由 $I_B = \dfrac{U_{CC}-U_{BE}}{R_B}$ 可知，U_{BE} 的减小将导致静态基极电流 I_B 增大，I_C 也随之增大，静态工作点的位置也会随之上移。由于锗管的 U_{BE} 比硅管小，可以不考虑温度对 U_{BE} 的影响，而硅管的 U_{BE} 随温度变化对静态工作点的影响比较明显。

二、静态工作点稳定的放大电路

（一）电路结构与静态工作点的计算

当温度变化时，要使静态电流 I_C 基本不变以稳定静态工作点，常采用图 8-13（a）所示的分压偏置式放大电路。其中 R_{B1} 和 R_{B2} 构成偏置电路。

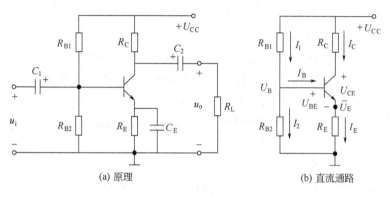

(a) 原理　　　　　　(b) 直流通路

图 8-13　分压偏置式放大电路

由图 8-13（b）所示的直流通路可列电流方程为

$$I_1 = I_B + I_2$$

在电路设计上选择适当的元件的参数，使

$$I_2 \gg I_B$$

则

$$I_1 \approx I_2 = \frac{U_{CC}}{R_{B1} + R_{B2}}$$

基极电位

$$U_B \approx \frac{R_{B2}}{R_{B1} + R_{B2}} U_{CC}$$

上式表明，基极电位 U_B 只由电源电压和电路中的电阻参数来决定，而与三极管参数基本无关，当温度变化时，三极管参数的变化不会影响基极电位，U_B 基本上是固定的。

此电路的另一个特点是引入了发射极电阻 R_E。它可以起到牵制 I_C 随温度而变化的作用。由图 8-13（b）可列电压方程为

$$U_{BE} = U_B - U_E = U_B - I_E R_E$$

则

$$I_C \approx I_E = \frac{U_B - U_{BE}}{R_E}$$

如果取 $U_B \gg U_{BE}$，则上式变为

$$I_C \approx \frac{U_B}{R_E}$$

上式表明 I_C 基本上只与 U_B 和 R_E 有关。所以当温度变化时，对 I_C 基本没有影响。由于 I_C 是稳定的，三极管的 U_{CE} 也是稳定的。所以分压式偏置放大电路的静态工作点是稳定的。

由图 8-13（b）所示的直流通路，可列集电极回路电压方程，得

$$U_{CE} \approx U_{CC} - I_C(R_C + R_E) \tag{8-10}$$

$$I_B = \frac{I_C}{\beta} \tag{8-11}$$

（二）R_E 的作用与静态工作点稳定的过程

以上的分析表明，引入 R_E 后，静态电流 $I_C(I_E)$ 基本上不随温度而变化，也就是说静态工作点基本上稳定下来了。R_E 在这里起了关键性的作用，即通过它把温度变化引起的集电极静态电流 I_C 的变化引回到输入端，自动调节基极静态电流 I_B 的大小，以减小温度变化对 I_C 的影响。R_E 的这种调整作用称为反馈，其过程可以表示为

$$T(\text{℃})\uparrow \rightarrow I_C\uparrow \rightarrow I_E\uparrow \rightarrow U_E(=I_E R_E)\uparrow \rightarrow U_{BE}\downarrow \rightarrow I_B\downarrow \rightarrow$$

$$I_C\downarrow \longleftarrow$$

同时，静态工作点的稳定是在满足 $I_1\gg I_B$ 和 $U_B\gg U_{BE}$ 两个条件下获得的。I_1 和 U_B 越大，静态工作点稳定性越好。但是，I_1 和 U_B 也不能太大，否则可能会导致能量的损耗以及静态工作点的位置不合适。一般情况下，可按以下计算办法考虑。

硅管：$I_1=(5\sim10)I_B$，$U_B=3\sim5\text{V}$

锗管：$I_1=(10\sim20)I_B$，$U_B=1\sim3\text{V}$

（三）动态参数的计算

由于 R_E 两端并联了电容 C_E，故分压偏置式放大电路的微变等效电路与固定偏置放大电路的微变等效电路基本相同，如图 8-14 所示。

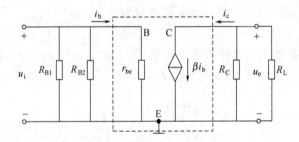

图 8-14　分压偏置式放大电路的微变等效电路

1. 电压放大倍数 A_u

由图 8-14 可以看出输入电压与基极电流的有效值关系仍为

$$U_i=I_b r_{be}$$

输出电压与基极电流的有效值关系为

$$U_o=-I_c R'_L=-\beta I_b R'_L$$

则分压偏置式放大电路的电压放大倍数为

$$A_u=\frac{U_o}{U_i}=\frac{-\beta I_b R'_L}{I_b r_{be}}$$

$$A_u=-\beta\frac{R'_L}{r_{be}} \tag{8-12}$$

当放大电路的输出端开路（未接 R_L）时

$$A'_u=-\beta\frac{R_C}{r_{be}}$$

2. 输入电阻 r_i

由图 8-14 中的输入端可以看出分压偏置式放大电路的输入电阻为

$$r_i=\frac{u_i}{i_i}=R_{B1}\;/\!/\;R_{B2}\;/\!/\;r_{be} \tag{8-13}$$

3. 输出电阻 r_o

由图 8-14 中的输出端可以看出分压偏置式放大电路的输出电阻为

$$r_o = R_C \tag{8-14}$$

（四）射极旁路电容的作用

图 8-13（a）中的电容 C_E 称为射极旁路电容，其作用是使 R_E 交流短路，所以在图 8-14 所示的微变等效电路中没有 R_E，电路的交流放大倍数不会因 R_E 而降低。如果电路中不设 C_E，则微变等效电路变为图 8-15 所示。

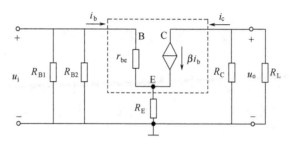

图 8-15　不设 C_E 时的微变等效电路

由图 8-15 可以进行如下计算。

$$U_i = I_b r_{be} + (I_b + \beta I_b) R_E = I_b r_{be} + I_b (1+\beta) R_E$$

$$U_o = -I_c (R_C /\!/ R_L) = -I_c R'_L = -\beta I_b R'_L$$

电压放大倍数变为

$$A_u = \frac{U_o}{U_i} = \frac{-\beta I_b R'_L}{I_b r_{be} + I_b (1+\beta) R_E} = \frac{-\beta R'_L}{r_{be} + (1+\beta) R_E} \tag{8-15}$$

与带射极旁路电容时的交流电压放大倍数 $A_u = -\beta \dfrac{R'_L}{r_{be}}$ 相比，分母上增加了 $(1+\beta) R_E$，所以不设 C_E 时，A_u 会大幅度下降。

【例 8-3】　电路如图 8-13（a）所示，已知 $U_{CC} = 12\text{V}$，$R_C = 2\text{k}\Omega$，$R_{B1} = 20\text{k}\Omega$，$R_{B2} = 10\text{k}\Omega$，$R_E = 2\text{k}\Omega$，$\beta = 37.5$，$R_L = 2\text{k}\Omega$。求：（1）静态工作点；（2）电压放大倍数；（3）输入电阻和输出电阻。

解　（1）估算静态工作点

基极电位 $\qquad\qquad U_B \approx \dfrac{R_{B2}}{R_{B1} + R_{B2}} U_{CC} = \dfrac{10}{20+10} \times 12 = 4\text{V}$

集电极电流 $\qquad\qquad I_C \approx I_E = \dfrac{U_B - U_{BE}}{R_E} = \dfrac{4 - 0.7}{2} = 1.65\text{mA}$

则 $\qquad\qquad U_{CE} \approx U_{CC} - I_C (R_C + R_E) = 12 - 1.65 \times (2+2) = 5.4\text{V}$

基极电流 $\qquad\qquad I_B = \dfrac{I_C}{\beta} = \dfrac{1.65}{37.5} = 0.044\text{mA}$

（2）求电压放大倍数

$$r_{be} = 300\Omega + (1+\beta) \frac{26\text{mV}}{I_{EQ}\text{mA}} = 300 + (1+37.5) \times \frac{26}{1.65} \approx 907\Omega = 0.907\text{k}\Omega$$

$$R'_L = R_C /\!/ R_L = 2\text{k}\Omega /\!/ 2\text{k}\Omega = 1\text{k}\Omega$$

则交流电压放大倍数

$$A_u = -\beta \frac{R'_L}{r_{be}} = -37.5 \times \frac{1000}{907} = -41$$

（3）求输入电阻和输出电阻

输入电阻 $\qquad r_i = R_{B1} /\!/ R_{B2} /\!/ r_{be} = 20 /\!/ 10 /\!/ 0.907 = 0.8 k\Omega$

输出电阻 $\qquad r_o = R_C = 2 k\Omega$

分压偏置式放大电路仍然属于共射极放大电路，所以仍然具有输入电阻较小、输出电阻较大的缺点。

第五节 射极输出器

射极输出器的电路如图 8-16（a）所示，其交流通路如图 8-16（b）所示。从交流通路可以看出，集电极是输入和输出的公共端，因此它是一个共集电极电路，由于输出取自发射极，所以称为射极输出器。

一、静态工作点的计算

射极输出器的直流电路如图 8-17 所示。

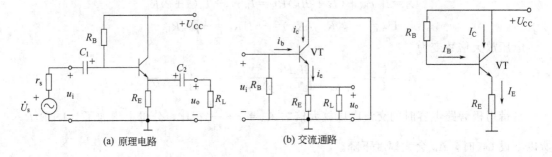

(a) 原理电路   (b) 交流通路

图 8-16 射极输出器   图 8-17 射极输出器的直流通路

由基极回路列方程得

$$U_{CC} = I_B R_B + U_{BE} + I_E R_E = I_B R_B + U_{BE} + (1+\beta) I_B R_E$$

整理得

$$I_B = \frac{U_{CC} - U_{BE}}{R_B + (1+\beta) R_E} \tag{8-16}$$

集电极电流 $\qquad\qquad\qquad I_C = \beta I_B \tag{8-17}$

由集电极回路列方程得

$$U_{CE} = U_{CC} - I_E R_E \approx U_{CC} - I_C R_E \tag{8-18}$$

二、动态分析和电路特点

由图 8-16 画出射极输出器的微变等效电路如图 8-18 所示。

（一）电压放大倍数

由图 8-18 中的输入测得

$$U_i = I_b r_{be} + I_e (R_E /\!/ R_L) = I_b r_{be} + (1+\beta) I_b (R_E /\!/ R_L)$$

由图 8-18 中的输出测得

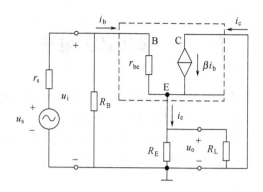

图 8-18 射极输出器的微变等效电路

$$U_o = I_e(R_E /\!/ R_L) = (1+\beta)I_b(R_E /\!/ R_L)$$

电压放大倍数

$$A_u = \frac{U_o}{U_i} = \frac{(1+\beta)I_b(R_E /\!/ R_L)}{I_b r_{be} + (1+\beta)I_b(R_E /\!/ R_L)} = \frac{(1+\beta)(R_E /\!/ R_L)}{r_{be} + (1+\beta)(R_E /\!/ R_L)} \qquad (8\text{-}19)$$

令 $R_E /\!/ R_L = R_L'$，R_L' 称作交流等效负载电阻，故

$$A_u = \frac{U_o}{U_i} = \frac{(1+\beta)(R_E /\!/ R_L)}{r_{be} + (1+\beta)(R_E /\!/ R_L)} = \frac{(1+\beta)R_L'}{r_{be} + (1+\beta)R_L'}$$

由上式可以看出：射极输出器的交流电压放大倍数略小于 1，但接近于 1。在一般情况下，$r_{be} \ll (1+\beta)R_L'$，所以 $A_u \approx 1$，即输出电压近似等于输入电压，且输出电压与输入电压同相，所以射极输出器又称射极跟随器。

（二）输入电阻和输出电阻

由射极输出器的微变等效电路可以推出

$$r_i = \frac{U_i}{I_i} = R_B /\!/ [r_{be} + (1+\beta)(R_E /\!/ R_L)] \qquad (8\text{-}20)$$

$$r_o = R_E /\!/ \frac{R_S' + r_{be}}{1+\beta} \qquad (8\text{-}21)$$

其中，$R_S' = R_S /\!/ R_B$，是前级信号源内阻与基极偏置电阻的并联值。

由式（8-20）可以看出，R_B 通常为几百千欧，三极管的 β 值一般为几十到上百，则 $(1+\beta)(R_E /\!/ R_L)$ 也会很大，所以，射极输出器的输入电阻很高。

式（8-21）的推导过程比较复杂，这里略去。从结果可以看出，由于前级信号源内阻 R_S 一般很小，$R_S' = R_S /\!/ R_B$ 也很小，r_{be} 仅为 1000Ω 左右的电阻，则 $\frac{R_S' + r_{be}}{1+\beta}$ 较小，与 R_E 并联后的电阻只能进一步变小，所以，射级输出器的输出电阻很低。

（三）射级输出器的特点

电压放大倍数小于 1 而接近于 1，输出电压与输入电压近似相等，所以，射级输出器不能用于信号放大。

但射级输出器具有输入电阻高和输出电阻低的独特优点，对前级来说相当于较轻的负载，对后级来说相当于内阻较小的信号源，所以，射级输出器常用作多级放大器的输入级和输出级。射级输出器还常被用于多级放大器的中间级，以隔离前后级的相互影响，这时称为缓冲级，利用输入电阻大、输出电阻小的特点，在电路中起阻抗变换的作用。

第六节　多级放大电路

在电子线路中，为了使微弱的信号放大到足够大以推动负载工作，经常需要将多个单级放大电路连接起来，组成多级放大电路以提高电压放大倍数。

多级放大电路的基本组成如图 8-19 所示。输入级和中间级主要起电压放大作用，习惯上称为前置放大级，末前级和输出级的作用是使电路获得足够的功率推动负载，习惯上称为功率放大级。

图 8-19　多级放大电路的基本组成

一、级间耦合方式

多级放大电路中级与级之间的连接方式称为级间耦合方式。多级放大电路对级间耦合方式的基本要求主要有以下三点。

① 保证各级电路具有合适的静态工作点。

② 不引起信号失真。

③ 尽量减少信号在耦合电路上的损失。

常用的级间耦合方式有阻容耦合、直接耦合和变压器耦合三种。

（一）阻容耦合

图 8-20 所示为两级阻容耦合放大电路。图中以 VT_1 和 VT_2 为核心的两级电路之间，

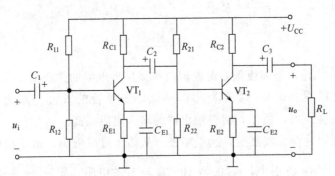

图 8-20　两级阻容耦合放大电路

是通过电阻 R_{C1} 和电容 C_2 相连接的。所以叫阻容耦合放大电路。耦合电容 C_2 的作用，一方面是将前级三极管的集电极交流电压通过电容 C_2 送到后级三极管的输入端（基极），另一方面，前级的集电极直流电流因 C_2 的隔直作用，不能流入后级。这样，前后两级的静态工作点互不影响，仅由它们的偏置电路决定，而交流信号又能顺利传送。C_2 具有隔直通交的作用，故称为耦合电容或隔直电容。实际上，C_1、C_3 也是输入端和输出端的耦合电容。只要耦合电容的容量足够大，便可以认为它上面的交流压降为零，即保证信号无衰减地进行传递。

（二）直接耦合

直接耦合是将前级电路的输出信号不经过其他元件直接送到后级电路的输入端，将图 8-20 中的电容 C_2 用短路线代替，VT_1 的集电极直接与 VT_2 的基极相连，就是直接耦合方式。

因为直接耦合电路中，前级电路的集电极直流电位等于后级电路的基极直流电位，所以直接耦合电路中前后级的静态工作点相互影响，这是直接耦合电路的缺点。因此在电路设计时，必须采取一定的措施，以保证既能有效地传递交流，又要使各级有合适的静态工作点。但是，直接耦合电路中去掉了不易集成制造的电容元件，所以直接耦合方式在集成电路中有广泛的应用。

（三）变压器耦合

图 8-21 所示为变压器耦合放大电路。变压器 T_1 的初级绕组接在前级的集电极，作前级的负载。次级绕组上感应的交流电压送到 VT_2 的基极，作为后级的输入信号。因次级绕组直流短路，所以，R_{21} 和 R_{22} 仍然可以为 VT_2 提供分压偏置。

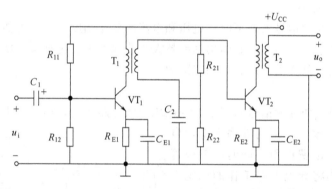

图 8-21　变压器耦合放大电路

由于变压器不能传递直流，因此变压器耦合放大电路的各级静态工作点也是相互独立、互不影响的。变压器耦合方式的一个特点是它在传递信号的同时能起到变换阻抗的作用，使前后级信号源内阻与负载的阻抗达到最佳匹配，传输效果最好。

二、电路分析计算

下面以图 8-20 所示的阻容耦合电路为例，介绍多级放大电路的分析计算。

1. 阻容耦合多级放大电路的静态分析

在阻容耦合多级放大电路中，由于各级静态工作点互不影响、相互独立，所以，各级的静态工作点可以按单级放大电路的计算方法分别计算。

2. 多级放大电路的动态分析

由多级放大电路的组成结构不难推导出多级放大电路的交流电压放大倍数 A_u 为

$$\dot{A}_u = \dot{A}_{u1} \times \dot{A}_{u2} \times \cdots \times \dot{A}_{un} \tag{8-22}$$

需要指出的是，在计算每一级电压放大倍数时，要把后一级的输入电阻作为它的负载电阻。

多级放大电路的输入电阻等于第一级的输入电阻；多级放大电路的输出电阻等于最后一级的输出电阻。

第七节　功率放大电路

放大电路的输出总要带一定的实际负载工作，如扬声器发声、继电器动作、电机运转等。要推动这些实际负载，就要求电路能够输出一定的功率。

一、功率放大的一般问题及解决措施

功率放大电路通常是多级放大电路的末级或末前级，其输入信号是已经通过电压放大以后的大信号，同时又要求放大器具有足够的带负载能力，所以，功率放大电路结构形式的设计通常需要考虑以下几个问题。

1. 要具有足够大的输出功率

功率放大电路既要求输出足够大的电压，又要求输出足够大的电流，也就是输出足够大的功率。也就是说三极管在极限运用状态下工作，能够向负载提供最大的输出功率。

2. 非线性失真要小

当三极管工作在大信号状态下时，电压和电流的变化幅度较大，可能超出其特性曲线的线性范围，容易产生非线性失真。输出功率越大，非线性失真越严重。所以，功率放大器要考虑使非线性失真限制在负载所容许的范围内。

3. 效率要高

功率放大电路工作在大信号状态下，与电压放大电路相比，信号放大的效率问题显得比较突出。如果功率放大电路的效率太低，电源能量利用率低，浪费严重；同时，三极管的管耗增大，发热将导致电路工作的稳定性变差。所以，在电路结构的设计上也应该考虑提高效率的问题。

二、互补对称式功率放大电路

功率放大电路的结构形式很多，下面以互补对称式功率放大电路为例介绍功率放大电路的工作原理和分析方法。

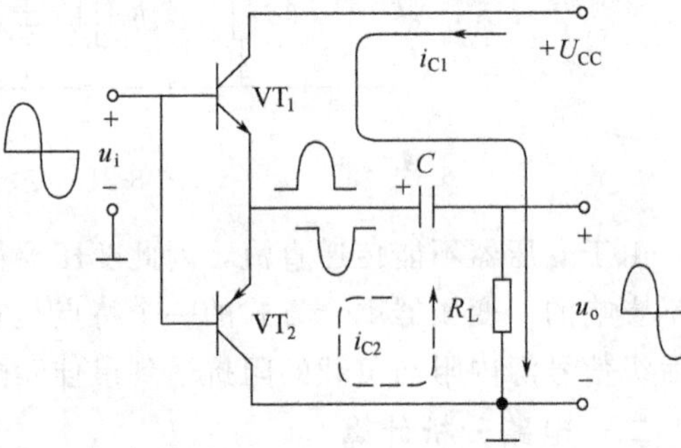

图 8-22　互补对称式功率放大电路

（一）电路结构

图 8-22 所示是互补对称式功率放大电路的一种结构形式。其输出通过电容 C 与负载 R_L 相耦合，也称 OTL 功率放大电路。图中 VT_1 是 NPN 管，VT_2 是 PNP 管，两管的特性曲线要求基本相同。两管的基极连接在一起作为电路的输入端，两管的发射极连接在一起作为电路的输出端。由此可知，它是两个极性不同的射极输出器（共集电路）的组合。

（二）工作原理

图 8-22 所示电路中没有设置静态工作点，即电路中无静态电流 I_{C1} 和 I_{C2}，根据需要可以设置很小的静态电流。由于功率放大器的输入信号 u_i 是经过电压放大以后的大信号，因此可以认为输入一过零，三极管即刻导通，跨越死区电压所需时间极小。

当 u_i 为正半周时，VT_1 的发射结为正向偏置，VT_2 的发射结为反向偏置，VT_1 导通，

VT$_2$ 截止，直流电源 U_{CC} 通过 VT$_1$ 对电容 C 充电，充电电流 i_{C1} 自上而下流过负载电阻 R_L，形成输出电压的正半周。

当 u_i 为负半周时，VT$_1$ 的发射结为反向偏置，VT$_2$ 的发射结为正向偏置，VT$_2$ 导通，VT$_1$ 截止，已充电的电容 C 通过 VT$_2$ 向负载放电，放电电流 i_{C2} 自下而上流过负载电阻 R_L，形成输出电压的负半周。

由此可见，VT$_1$、VT$_2$ 在输入信号的作用下交替导通，互补工作，方向相反的 i_{C1}、i_{C2} 在 R_L 上合成得到一个与 u_i 近似相等的 u_o。由于射极输出器的电流放大作用，因而在负载 R_L 上能获得较大的输出功率。

（三）电路特点

图 8-22 所示电路中没有基极偏流，不需为静态工作消耗电能，所以电路的效率较高，适合作功率放大。两只三极管分别对输入信号的正、负半周进行放大，扩大了电路的动态范围。

图 8-22 所示电路虽然具有效率较高的优点，但输出波形并不能很好地反映输入的变化。由于没有直流偏置，因此只有当输入信号的瞬时值超过三极管的基-射极导通压降 U_{BE}（硅管 0.5V，锗管 0.1V）时，三极管才能导通。出现了输入在过零的附近输出为零的现象，这种现象称为交越失真。其波形变化情况如图 8-23 所示。

消除交越失真的方法是给 VT$_1$ 和 VT$_2$ 提供一个较小的基极偏压，在无交流信号输入时，使两只三极管处于微导通

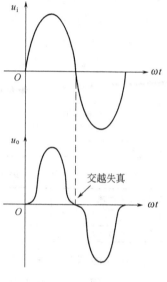

图 8-23　交越失真

状态，当输入电压略有变化，其变化量与直流基极偏压叠加，三极管将直接进入导通状态，输入信号被放大输出。为了不降低功率放大电路的效率，基极偏压不可加得过高。

实验与训练项目五　常用电子仪器的使用

一、实验目的

1. 了解直流稳压电源、低频信号发生器、毫伏表和示波器的基本技术性能。

2. 掌握上述四种电子仪器的使用方法。

3. 掌握上述四种电子仪器在使用时的注意事项。

二、原理说明

在电子技术实验过程中，测试相关的电参数以及分析电子电路的静态和动态的工作情况时，基本上都要用到直流稳压电源、低频信号发生器、毫伏表、示波器和万用电表这些电子仪器，它们在电路连接过程中的作用框图如图 8-24 所示。

三、实训所需主要仪器和元器件

直流稳压电源、低频信号发生器、示波器、毫伏表和万用电表等。

四、实验内容和技术要求

1. 将各电子仪器调整到正确的初始状态，经检查后，接通所用电子仪器的电源。

2. 用毫伏表和万用电表测量低频信号发生器输出的不同频率、不同幅值（有效值）的正弦波电压信号。

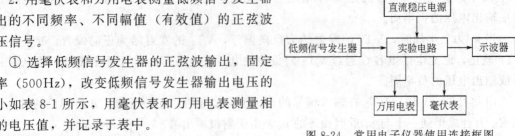

图 8-24　常用电子仪器使用连接框图

① 选择低频信号发生器的正弦波输出，固定频率（500Hz），改变低频信号发生器输出电压的大小如表 8-1 所示，用毫伏表和万用电表测量相应的电压值，并记录于表中。

② 选择低频信号发生器的正弦波输出，固定低频信号发生器的电压输出不变（5V），改变低频信号发生器频率的大小如表 8-2 所示，用毫伏表和万用电表测量相应的电压值，并记录于表中。

表 8-1　固定频率（500Hz）时相应的电压测量值

信号发生器电压输出值	5V	1V	0.5V	100mV	10mV
毫伏表读数					
万用电表读数					

表 8-2　固定电压（5V）时相应的电压测量值

信号发生器的输出频率	50Hz	100Hz	1kHz	5kHz	10kHz	100kHz
毫伏表读数						
万用电表读数						

3. 用示波器观察低频信号发生器的输出波形。

① 按示波器的"使用方法"先调整好各旋钮。

② 调节低频信号发生器，输出正弦波，使其频率为 1kHz，输出电压值为表 8-3 所示，用示波器观察其波形，使波形图像清晰、稳定。记录此时垂直衰减开关（VOLTS/DIV）和水平扫描速度开关（TIME/DIV）的位置值，根据波形估算幅度和频率。

表 8-3　固定频率（1kHz）电压波形记录

信号发生器电压输出值		5mV	100mV	300mV	1V	5V
示波器	VOLTS/DIV					
	TIME/DIV					

③ 输出正弦波并保持低频信号发生器的输出电压值为 5V 不变，改变输出电压的频率如表 8-4 所示，调节示波器的有关旋钮，使波形图像清晰、稳定。记录此时垂直衰减开关（VOLTS/DIV）和水平扫描速度开关（TIME/DIV）的位置值，根据波形估算幅度和频率。

④ 输出三角波，调整其频率 1kHz，峰-峰值为 10V，用示波器观察其波形。

⑤ 输出方波，调整其频率 1kHz，峰-峰值为 10V，用示波器观察其波形。并在观察过程中，调节波形的占空比。

表 8-4　固定电压（5V）电压波形记录

信号发生器的输出频率		50Hz	1kHz	5kHz	100kHz
示波器	VOLTS/DIV				
	TIME/DIV				

4. 调节直流稳压电源的电压输出，用万用表测量其电压值，记录于表 8-5 中。

表 8-5 用万用电表测量直流稳压电源输出电压记录

稳压电源输出电压	6 V	9 V	12 V	24 V
万用电表量程选择				
万用电表读数				

五、预习要求

1. 预习本次实验所用的电子仪器的使用说明及注意事项等有关资料。

2. 示波器显示波形的原理。

六、分析报告要求

1. 整理实验数据，将记录数据填入规定的表格之中。

2. 总结用毫伏表和万用表测量交流电压所适应的范围。

3. 说明用示波器观察波形时，为了达到以下要求，应调整哪些旋钮？

① 波形清晰且亮度适中；

② 波形在显示屏中央且大小适中；

③ 波形稳定。

实验与训练项目六 固定偏置共射单管放大电路

一、实验目的

1. 了解固定偏置共射单管放大电路的工作原理。

2. 掌握静态工作点的计算方法和测试方法，了解静态工作点对输出波形失真的影响，了解调整电路参数消除波形失真的方法。

3. 掌握放大器电压放大倍数的测试方法，了解放大器带负载能力的意义。

4. 理解放大器的输入电阻和输出电阻的概念。

二、原理说明

由三极管构成的低频放大电路有共发射极、共基极和共集电极三种组态。常见的电路组态是共发射极放大电路。要使放大电路能正常工作，必须为电路设置合适的静态工作点，静态工作点是指当输入交流信号为零时电路中的直流电流和电压。静态工作点选择的合适与否直接影响放大电路能否对信号进行不失真的放大。静态工作点选得太高有可能产生饱和失真，静态工作点选得过低有可能产生截止失真。所以测量和调试静态工作点是基本放大电路实验的重要内容。

放大电路的主要任务是对微弱的信号电压进行放大，因此电压放大倍数是衡量放大电路放大能力的重要参数。影响电压放大倍数的因素很多，放大器本身的结构和参数、电路的静态工作点以及所带负载的大小都能影响到电压放大倍数。

放大器的输入电阻和输出电阻是反映放大器动态性能的重要指标。输入电阻的大小反映的是放大器对信号源的影响程度，而输出电阻的大小反映的是放大器带负载能力的强弱。

图 8-25 所示电路是一种固定偏置的共射极放大电路。在此电路中，改变基极电阻 R_B

（$R_{b1} + R_{b2}$）就能改变基极电流 I_B，从而也就能改变 I_C 和 U_{CE}，故静态工作点的调整可以通过改变基极电阻 R_B 来实现。该电路的一个缺陷是温度改变会引起电路静态工作点的变化，电路不能稳定地工作。电路参数如下：

 电阻：$R_{b1} = 20\text{k}\Omega$，$R_C = 5.1\text{k}\Omega$，$R_L = 5.1\text{k}\Omega$；电位器：$R_{b2} = 2.2\text{M}\Omega$。

 电容：$C_1 = C_2 = 10\mu\text{F}/25\text{V}$；

 三极管 VT：9013；

 直流电源：$+U_{CC} = +12\text{V}$。

三、实验所需主要仪器

直流稳压电源、低频信号发生器、示波器、毫伏表和万用电表等。

四、实验内容和技术要求

1. 在实验装置上按图 8-25 安装元器件和连线，接通电源 $U_{CC} = +12\text{V}$。

2. 测量静态工作点。调节 R_{b2}，使得 $U_{Rc} = 5.1\text{V}$ 左右，断开 K_1，用万用电表的欧姆挡测量此时的 R_B（$R_{b1} + R_{b2}$）。按表 8-6 的要求测量并计算静态电压与电流。

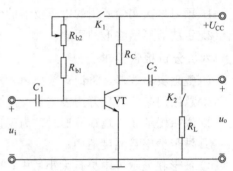

图 8-25　固定偏置共发射极放大电路

表 8-6　测量静态工作点

实 际 测 量 值				间 接 计 算 值	
U_{Rc}/V	U_{BE}/V	U_{CE}/V	$R_B/\text{k}\Omega$	I_C/mA	$I_B/\mu\text{A}$

3. 测量电压放大倍数。在以上调整的静态工作点的前提下，调节低频信号发生器，使其输出频率为 1kHz，大小为 5mV 的信号，并将其加入到放大器的输入端，用示波器同时观察输入、输出的波形。在输出波形已放大且不失真的情况下，按表 8-7 的要求测量并计算有关参数。

4. 动态分析。

① 在测量电压放大倍数后，用示波器观察输入、输出波形，比较其相位关系。

② 保持信号源频率不变，逐渐加大输入电压幅度，观察不失真的最大输入电压值，用毫伏表测量此时的输出电压。并填表 8-8。

表 8-7　测量电压放大倍数

测 试 条 件			实 际 测 量 值			计 算 值
f/Hz	U_i/mV	$R_L/\text{k}\Omega$	U_i/mV	U_o/mV	$A_u = U_o/U_i$	$A_u = -\beta\dfrac{R_L'}{r_{be}}$
1000	5	∞				
1000	5	5.1				

表 8-8　改变 U_i 时的 U_o

实 际 测 量 值		实 测 计 算	估 算
U_i/mV	U_o/mV	$A_u = U_o/U_i$	A_u

5. 观察波形失真。保持输入信号（频率为 1kHz，大小为 5mV）不变，增大或减小基极电阻（调节电位器 R_{b2}），用示波器观察输出波形的变化，做好记录，并分析产生这种情况的原因。

五、预习要求

1. 复习共发射极放大电路的工作原理以及电路分析方法。

2. 了解静态工作点的设置对放大电路动态工作的影响。

3. 画出电路的直流通路和交流通路，推导静态工作点和电压放大倍数的计算公式，理解其意义。

六、分析报告要求

1. 整理实验数据，分析实验结果，说明该实验电路的静态工作点主要由哪些元件的参数来决定。

2. 由静态工作点的计算公式计算出电路的静态工作点，与实验测量的静态工作点进行比较，说明误差的原因。

3. 由微变等效电路法计算出电路的电压放大倍数，并与测量的电压放大倍数进行比较。

4. 记录并观察波形，分析失真的情况。

5. 实验过程中出现的问题及解决方法。

6. 根据带负载和不带负载情况下电压放大倍数的变化，说明输出电阻的物理意义。

本章小结与学习指导

1. 放大电路是用来放大微弱信号的。负载上能获得被放大的电压或电流，其原因是直流电源提供的能量被转换为负载上获得的能量。放大器的实质是能量的转换。

2. 放大电路是交直流共存的电路。直流是基础（为三极管设置合适的直流偏置，即要保证三极管的发射结正偏，集电结反偏），交流是目的（对交流信号进行放大）。电路的分析也要分为静态（直流）分析和动态（交流）分析。静态分析是要求解电路的静态工作点，而动态分析的目的是要获得放大器的动态性能指标（如电压放大倍数、输入电阻、输出电阻等）。

3. 双极型三极管在电路中有共发射极、共集电极和共基极三种组态，对应的三种放大电路的用途各不相同。

4. 放大电路的分析方法有图解法和微变等效电路分析法。通常使用图解法是求电路的静态工作点或分析电路是否会产生非线性失真，而微变等效电路分析法是求解电路的电压放大倍数、输入电阻和输出电阻。

5. 静态工作点的稳定是放大电路中的一个重要问题。影响放大电路静态工作点的主要因素是温度变化，克服温度变化对静态工作点影响主要依靠电路自身，分压式偏置稳定电路就是其中一种。

思考题与习题

8-1 为什么共射极基本放大电路的输出电压与输入电压相位相反？

8-2 画出由 PNP 型三极管构成的共射极基本放大电路，标明外加电源极性和各极电流的方向。

8-3 用示波器观察共射极基本放大电路的输出波形时，波形出现了平顶现象，问（1）这是什么失真？（2）如何调整 R_B 的大小才能消除失真？为什么？

8-4 静态工作点不稳定对放大电路的工作有何影响？

8-5 分压偏置式放大电路为什么能够稳定静态工作点？

8-6 射极输出器的特点是什么？有哪些应用？

8-7 多级放大电路的耦合方式有哪些？各有什么特点？

8-8 功率放大电路的作用是什么？对功率放大电路通常有哪些要求？

8-9 互补对称式功率放大电路有哪些特点？

8-10 三极管放大电路如题 8-10 图所示，已知 $U_{CC}=12V$，$R_B=240k\Omega$，$R_C=3k\Omega$，$\beta=40$，估算静态工作点。

8-11 三极管放大电路如题 8-10 图所示，$U_{CC}=12V$，$\beta=50$，如果要求 $U_{CE}=6V$，$I_C=2mA$，求 R_B 和 R_C 应为多少？

8-12 三极管放大电路如题 8-10 图所示，已知 $U_{CC}=12V$，$R_B=240k\Omega$，$R_C=3k\Omega$，$R_L=6k\Omega$，$\beta=40$，求（1）带负载和空载两种情况下的电压放大倍数；（2）输入电阻和输出电阻。

8-13 以低频小功率硅三极管为核心构成的放大电路如题 8-13 图所示，已知 $U_{CC}=12V$，$R_{B1}=15k\Omega$，$R_{B2}=5k\Omega$，$R_C=5k\Omega$，$R_E=2.3k\Omega$，$R_L=5k\Omega$，$\beta=50$。（1）估算静态工作点；（2）计算电压放大倍数；（3）计算输入电阻和输出电阻。

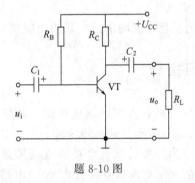
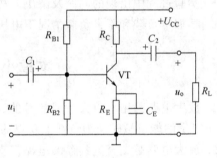

题 8-10 图　　　　　　　　　　题 8-13 图

8-14 两级阻容耦合放大电路如题 8-14 图所示，电路参数分别为 $R_{B1}=100k\Omega$，$R_{E1}=5k\Omega$，$R_{21}=15k\Omega$，$R_{22}=5k\Omega$，$R_{C2}=2k\Omega$，$R_{E2}=1k\Omega$，$R_L=2k\Omega$，$U_{CC}=12V$，两只三极管的电流放大系数 $\beta_1=\beta_2=50$。求（1）各级静态工作点；（2）总电压放大倍数、输入电阻和输出电阻。

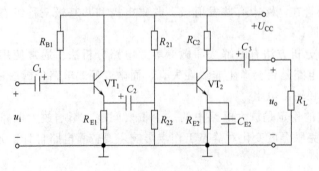

题 8-14 图

8-15 选择题（每题只有一个正确答案）

① 在题 8-15 图（a）所示电路中，输出电压的波形出现了图（b）所示的失真，这是

A. 截止失真；　　　　B. 饱和失真；　　　　C. 交越失真；　　　　D. 线性失真。

② 上题中，若要消除这种失真，正确的方法是

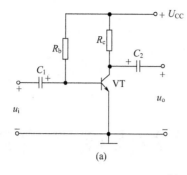 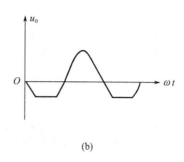

（a）　　　　　　　　　　　　　（b）

题 8-15 图

A. 增大 R_b；　　　B. 减小 R_b；　　　C. 增大 R_c；　　　D. 减小 R_c。

③ 电压放大倍数近似等于 1，输入电阻很大，输出电阻很小的放大电路是

 A. 共发射极放大电路；　　　　　　　B. 共基极放大电路；

 C. 共集电极放大电路；　　　　　　　D. 不能确定。

④ 负反馈能改善放大器的许多方面的性能，下列哪种情形不是

 A. 提高了放大倍数；　　　　　　　　B. 提高了放大倍数的稳定性；

 C. 减小了非线性失真；　　　　　　　D. 改变了输入电阻和输出电阻。

⑤ 下列哪条结论不适合基本放大电路

 A. 静态工作点不设置不行；

 B. 静态工作点不设置不影响放大器的正常工作；

 C. 静态工作点设置得不合适不行；

 D. 静态工作点不稳定不行。

⑥ 互补对称功率放大电路实际上采用的是共集电极电路形式，这是为了

 A. 提高电压放大倍数；　　　　　　　B. 增大不失真输出电压；

 C. 提高带负载能力；　　　　　　　　D. 消除交越失真。

⑦ 功率放大电路的效率是指

 A. 输出功率与三极管所消耗的功率之比；

 B. 输出功率与电源提供的平均功率之比；

 C. 三极管所消耗的功率与电源提供的平均功率之比；

 D. 不能确定。

⑧ 在分压式偏置稳定电路中，设置 R_e 的作用是为了稳定静态电流 I_E。为了既能稳定静态工作点，又不至于降低电路的电压放大倍数

 A. R_e 应该尽量取大一些；　　　　　B. R_e 应该尽量取小一些；

 C. R_e 的两端并联上一个电容；　　　D. 取消 R_e。

第九章　集成运算放大器及应用

采用半导体制造工艺，把具有某种功能的电路中的元件，如电阻、小电容、二极管、三极管以及它们之间的连线都集中制作在一小块硅片上，这样一种器件就叫做集成电路（Integrated Circuits）。与分立元件电路相比，集成电路具有体积小、质量轻、价格低和性能可靠等特点。因而它逐渐取代了分立元件电路而被广泛应用于各个领域。按处理的信号不同划分，集成电路分为模拟集成电路和数字集成电路两大类。模拟集成电路种类较多，有集成的运算放大器（简称运放）、功率放大器、稳压器等。其中，集成运算放大器是模拟集成电路中应用最广泛的一种。本章将重点介绍集成运算放大器的组成、特点及基本应用，同时，还将对电子电路中一种提高品质的重要手段——负反馈进行讨论。

第一节　集成运算放大器简介

一、集成运算放大器的基本结构

集成运算放大器是一种集成化的半导体功能器件，它实质上是一个具有很高放大倍数的、直接耦合的多级放大电路。集成运算放大器的内部电路结构如图 9-1 所示，它由输入级、中间放大级、功率输出级和偏置电路四部分组成。

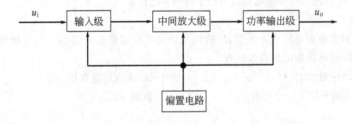

图 9-1　集成运放的内部电路框图

集成运算放大器的图形符号如图 9-2 所示。它有两个输入端，用"＋"和"－"表示，分别代表同相输入端和反相输入端；一个对地输出端，还有两个外接直流电源的端口 $+U_{CC}$ 和 $-U_{EE}$，分别接入正、负电源。当信号 u_+ 从同相输入端输入时，输出 u_o 与 u_+ 同相；当信号 u_- 从反相输入端输入时，输出 u_o 与 u_- 反相，它们之间满足如下公式，即

$$u_o = A_{uo}(u_+ - u_-) \tag{9-1}$$

式中，A_{uo} 为运算放大器的开环电压放大倍数。

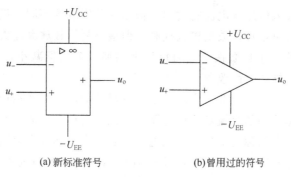

(a)新标准符号　　　　　　(b)曾用过的符号

图 9-2　运算放大器的图形符号

二、理想运算放大器及特点

在集成运算放大器的分析中，大多数情况下可以将集成运算放大器看成是一个理想的运算放大器。所谓理想运算放大器，就是将集成运算放大器的各项技术指标理想化后的电路模型。

一个理想运算放大器应该具有以下特点：

① 输入电压为零时，输出电压恒为零；

② 输入电阻 $r_{id} \rightarrow \infty$；

③ 输出电阻 $r_{od} = 0$；

④ 开环电压放大倍数 $A_{uo} \rightarrow \infty$；

⑤ 频带宽度 BW 应从 $0 \sim \infty$。

显然，实际的运算放大器是不可能达到这些标准的。但集成运算放大器的输入电阻可达几百千欧到几兆欧，输出电阻可控制在几百欧以内，开环放大倍数可达几万到几十万。因此，把集成运算放大器视为理想运算放大器在实际运用和进行电路分析时，不会产生太大偏差。

工作在线性区的理想运算放大器符合以下两个结论。

(1) 同相输入端和反相输入端的电位相等（"虚短"）　由式(9-1)可知，$u_i = u_+ - u_- = \dfrac{u_o}{A_{uo}}$，在线性工作区，$A_{uo} \rightarrow \infty$，而 u_o 是有限的，所以 $u_+ - u_- \approx 0$，即

$$u_+ \approx u_- \tag{9-2}$$

由于两个输入端的电位相等，分析计算时可以视为两个输入端之间短路，称为"虚短"。

(2) 同相输入端和反相输入端的输入电流等于零（"虚断"）　由于理想运算放大器的输入电阻 $r_{id} \rightarrow \infty$，所以，由同相输入端和反相输入端流入集成运算放大器的电流为零，即

$$i_+ = i_- \approx 0 \tag{9-3}$$

由于集成运算放大器的两个输入端流入的电流为零，分析计算时可以将两个输入端视为断开，称为"虚断"。

利用"虚短"和"虚断"的概念来分析实际运放电路，将使电子线路的分析和计算变得十分便利。

第二节　放大电路中的负反馈

一、反馈的基本概念

所谓反馈，就是把放大器的输出量（电压或电流）的一部分或全部通过一定的电路引回

到输入端，从而影响输入电压或电流的过程。根据这种影响的不同，反馈又分为正反馈和负反馈。正反馈使得输入量增加，放大倍数提高，但最终将导致放大器失去放大作用，但在振荡电路中需引入正反馈产生自激振荡；而负反馈则使得输入量减小，以牺牲放大倍数为代价，换来放大器各种性能的全面改善。

负反馈在电子电路中的应用非常广泛。上一章讨论的静态工作点稳定电路属于直流负反馈；而射极输出器则是典型的交流负反馈电路，它能改善放大器的动态性能。

含有负反馈的放大电路称为负反馈放大电路。它是由基本放大电路与反馈网络构成的一个闭环系统。图 9-3 所示是负反馈放大电路的方框图，它说明的过程正好是反馈控制系统（或称自动调节系统）的工作原理。反馈网络从输出量 X_o 取出一部分或全部送回输入端，这就是反馈量 X_f。它与输入量 X_i 进行比较，使得净输入量 $X_i' = X_i - X_f$ 减小，从而使得引入负反馈以后系统的输出趋于基本稳定。

二、负反馈的类型及其判别方法

判断反馈的首要问题是反馈的极性，即是正反馈还是负反馈。一般采用瞬时极性法：即在放大器的输入端加一假定对地瞬时极性为正的输入信号，该信号通过放大电路、反馈回路后送回输入端成为反馈信号，若反馈信号的作用是增强放大器的净输入，则为正反馈；若反馈信号的作用是削弱放大器的净输入，则为负反馈。

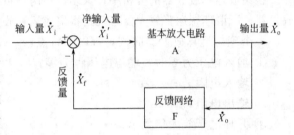

图 9-3 负反馈放大电路的方框图

从图 9-3 可以看出，反馈量取自输出量，这个输出量既可以是电压，也可以是电流，即反馈量是与其中的一个物理量成正比，这是反馈的输出取样方式。反馈量取自输出电压的是电压反馈；反馈量取自输出电流的是电流反馈。

反馈量送回输入回路后，有一个反馈量与输入量的比较方式问题。若反馈量与输入量是以电压的形式相加减，则说明反馈量与输入量二者是串联关系，称为串联反馈；若反馈量与输入量是以电流的形式相加减，则说明反馈量与输入量二者是并联关系，称为并联反馈。

综合以上因素，负反馈可以分为四种组态，即电压串联负反馈、电压并联负反馈、电流串联负反馈和电流并联负反馈。

【例 9-1】 由集成运算放大器构成的放大电路如图 9-4 所示，试判断其反馈性质和反馈方式。

解 按图 9-3 所示负反馈放大器的方框图可知，该电路的基本放大器是一个运算放大器，由 R_1、R_2 构成的分压器是电路的反馈网络。

（1）用瞬时极性法判断反馈极性 电路的输入信号 $\dot{U}_i$ 加在运算放大器的同相输入端与地之间。假设在某一时刻，运放的同相输入端有一个正的增加量，那么在它的输出端 $\dot{U}_o$ 也会有一个被放大了的正的增加量。反馈网络的 R_1、R_2 对 $\dot{U}_o$ 分压，R_1 上的电压 $\dot{U}_f$ 跟随 $\dot{U}_o$ 出现正的增加量。从输入回路的作用来看，$\dot{U}_f$ 抵消了 $\dot{U}_d$（假定 $\dot{U}_i$ 不变）的一部分，$\dot{U}_d = \dot{U}_i - \dot{U}_f$，即 $\dot{U}_f$ 使运算放大器的净输入 $\dot{U}_d$ 减小，整个放大器的放大倍数减小，所以该反馈放大器的反馈为负反馈。

（2）判断反馈方式（组态）　按照前面介绍的方法，反馈量 $\dot{X}_f$ 取自哪个输出量（$\dot{U}_o$ 或 $\dot{I}_o$）是它的输出取样方式。

本例中，反馈量 $\dot{U}_f \approx \dot{U}_o \cdot \dfrac{R_1}{R_1+R_2}$，即 $\dot{U}_f \propto \dot{U}_o$，是电压反馈。

实际上，判断输出取样是电压反馈还是电流反馈，可以将输出端对地短路，即使输出电压为 0，若反馈消失，为电压反馈；反之则为电流反馈。

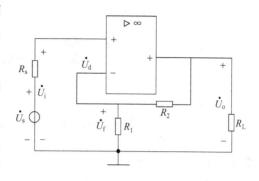

图 9-4　例 9-1 的电路

然后再看输入回路，若反馈量与输入量是以电压的形式比较的，则属串联组合。因此本例为串联反馈。

根据以上分析可知，图 9-4 所示的电路是电压串联负反馈。

同样的方法也可以用来分析由分立元件构成的负反馈放大器，如射极输出器就是一个典型的电压串联负反馈电路。

【例 9-2】　判断图 9-5 所示电路的反馈性质和反馈方式。

解　该电路的基本放大器是 VT_1 和 VT_2 为主构成的两级放大器，R_f、C_f 的串联电路为反馈电路，它将电路的输出级与输入级联系起来。

先看反馈极性，假定在某一时刻，VT_1 的基极电位瞬时值升高（⊕），则 VT_1 的集电极电位（即 VT_2 的基极电位）瞬时值降低（⊖），VT_2 的射极电位跟随其基极电位变化，其瞬时值也下降（⊖），这样将使 R_f、C_f 支路上的电压增加，I_f 增加，I_i 一定时，净输入 I_b 减小，所以它是负反馈。

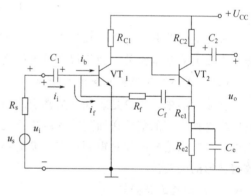

图 9-5　例 9-2 的电路

其次判断反馈取样方式。用对输出端短路的方法判断。令 $\dot{U}_o = 0$ 后，反馈不会消失，所以是电流反馈。

最后判断反馈比较方式。在输入回路，反馈量与输入量比较是以电流的形式进行的，属于并联组合，是并联反馈。

所以，图 9-5 所示的电路是电流并联负反馈。

事实上，图 9-5 中 R_f、C_f 形成的电流并联负反馈是放大器中的级间反馈。该电路还存在局部（本级）反馈：R_{e1} 构成 VT_2 这一级的电流串联负反馈，还有 R_{e1} 与 R_{e2} 共同构成的直流电流串联负反馈。读者可自行分析。

三、负反馈对放大器性能的影响

放大器引入负反馈以后，放大倍数下降，但获得了放大器性能的全面改善。

（一）提高了放大倍数的稳定性

由图 9-3 所示的负反馈放大电路的方框图可以得到反馈放大器的放大倍数 $\dot{A}_F$ 的表达式。

$$\dot{A}_F = \frac{\dot{X}_o}{\dot{X}_i} = \frac{\dot{X}_o}{\dot{X}_d + \dot{X}_f} = \frac{\dfrac{\dot{X}_o}{\dot{X}_d}}{\dfrac{\dot{X}_d}{\dot{X}_d} + \dfrac{\dot{X}_o \dot{X}_f}{\dot{X}_d \dot{X}_o}} = \frac{\dot{A}}{1 + \dot{A}\dot{F}} \tag{9-4}$$

式中，$\dot{A} = \dfrac{\dot{X}_o}{\dot{X}_d}$ 为基本放大电路的放大倍数；$\dot{F} = \dfrac{\dot{X}_f}{\dot{X}_o}$ 为反馈网络的反馈系数；$\dot{A}_F$ 表示反馈放大器的放大倍数。$\dot{X}_i$、$\dot{X}_d$、$\dot{X}_o$、$\dot{X}_f$ 既可以为电压形式，也可以是电流形式。

由式(9-4) 可以看出，引入负反馈以后，放大器的放大倍数是基本放大器放大倍数的 $\dfrac{1}{1 + \dot{A}\dot{F}}$。理论推导证明，放大倍数的稳定性却提高了 $(1 + \dot{A}\dot{F})$ 倍。

实际上，电压负反馈的目的是要稳定放大器的输出电压，而电流反馈的目的则是要稳定放大器的输出电流，使得放大器尽量不受温度变化、电源电压波动以及负载改变的影响。

当 $|1 + \dot{A}\dot{F}| \gg 1$ 时，式(9-4) 可以写成

$$\dot{A}_F = \frac{\dot{A}}{1 + \dot{A}\dot{F}} \approx \frac{\dot{A}}{\dot{A}\dot{F}} = \frac{1}{\dot{F}} \tag{9-5}$$

式(9-5) 说明，当 $|1 + \dot{A}\dot{F}| \gg 1$ 时，即在深度负反馈情况下，负反馈放大器的放大倍数与基本放大器基本无关，而仅仅由反馈网络来决定。

（二）减小非线性失真和抑制干扰

在放大器中，无论是非线性失真引起的波形畸变，还是干扰引起的失真，在引入负反馈后要将这种失真的信号送回到输入端进行比较，使净输入信号发生某种程度的失真，经过放大以后，输出信号的失真得到一定程度的补偿。从本质上讲，负反馈是利用失真了的波形来改善波形的失真。

（三）扩展通频带

通频带是指能正常通过放大器的信号的频率范围，它是放大器的重要特性。引入负反馈以后，放大倍数下降，但通过放大器的信号的频率在高、低两端都有扩展，即通频带变宽了。

（四）改变输入电阻和输出电阻

输入电阻和输出电阻是放大器动态性能的重要指标。电压负反馈使输出电阻减小，而电流负反馈使输出电阻增大；串联负反馈使输入电阻增大，而并联负反馈使输入电阻减小。

四、负反馈放大电路的分析方法

集成运算放大器具有非常高的放大倍数，由它组成的负反馈放大器，大多数情况下都工作在深度负反馈状态。这时可按式(9-5) 进行负反馈放大器的近似估算。

【例 9-3】 由集成运算构成的负反馈放大电路如图 9-4 所示，试近似计算它的放大倍数。

解 由例 9-1 的分析可知该电路是一电压串联负反馈放大器，其反馈系数为

$$\dot{F} = \frac{\dot{U}_f}{\dot{U}_o} = \frac{R_1}{R_1 + R_2}$$

容易满足 $|1 + \dot{A}\dot{F}| \gg 1$，所以

$$\dot{A}_F \approx \frac{1}{\dot{F}} = \frac{R_1 + R_2}{R_1} = 1 + \frac{R_2}{R_1}$$

由此可见，在深度负反馈条件下，负反馈放大器的放大倍数与集成运算放大器（基本放大器）无关，只与反馈网络的参数有关。

第三节　集成运算放大器的线性应用

由于集成运算放大器的开环电压放大倍数非常大，只要输入一个较小的输入电压就会使输出达到饱和状态。为了使输出能够反映输入的变化，最常用的方法是在电路中引入负反馈，以减小其净输入电压，保证输出电压不超过线性范围。所以集成运算放大器的线性应用就是集成运算放大器工作在深度负反馈中的各种应用。集成运算放大器的线性应用较广，本节仅介绍其在信号运算方面的几种应用。

一、比例运算电路

实现输出信号与输入信号成比例变化，称为比例运算。实现比例运算的电路称为比例器，有反相比例器和同相比例器两种类型。

（一）反相比例器

电路如图 9-6 所示。由于同相输入端接地，即 $u_+ = 0$，根据"虚短"的概念，得 $u_- = u_+ = 0$，通常称 N 点为"虚地"。由此可得

$$i_1 = \frac{u_i}{R_1}$$

$$i_f = -\frac{u_o}{R_F}$$

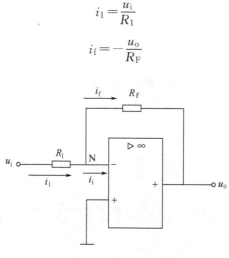

图 9-6　反相比例器

由"虚断"概念可知 $i_i = 0$，所以

$$i_1 = i_f$$

$$\frac{u_i}{R_1} = -\frac{u_o}{R_F}$$

所以
$$u_o = -\frac{R_F}{R_1}u_i \tag{9-6}$$

可见，输出电压 u_o 与输入电压 u_i 成比例关系，比例系数为 $\frac{R_F}{R_1}$，负号说明 u_o 与 u_i 反相。

当 $R_F = R_1$ 时，比例系数为 -1，这时的反相比例器是一个反相器。

（二）同相比例器

电路如图9-7所示。根据"虚短"和"虚断"的概念有 $u_+ = u_-$，$i_i = 0$，u_- 是 u_o 在 R_F 和 R_1 串联电路中 R_1 上的分压，即

$$u_- = u_i = \frac{R_1}{R_1 + R_F}u_o$$

所以
$$u_o = \left(1 + \frac{R_F}{R_1}\right)u_i \tag{9-7}$$

可以看出，u_o 与 u_i 成比例关系，且 u_o 与 u_i 同相，故称图9-7所示电路为同相比例器。当 R_1 支路断开时，电路如图9-8所示，将 $R_1 \rightarrow \infty$ 代入式(9-7)，可以推导出 $u_o = u_i$，该电路称为电压跟随器。

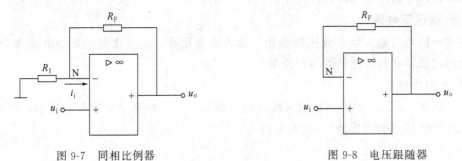

图9-7　同相比例器　　　　　　图9-8　电压跟随器

二、求和运算电路

（一）反相加法电路

图9-9所示是有三个输入电压的反相加法电路。因同相输入端接地，所以反相输入端电位为"虚地"，即 $u_- = 0$。因为"虚短"，故 $i_i = 0$，所以有

$$i_1 + i_2 + i_3 = i_f$$

$$\frac{u_{i1}}{R_1} + \frac{u_{i2}}{R_2} + \frac{u_{i3}}{R_3} = -\frac{u_o}{R_F}$$

则
$$u_0 = -\left(\frac{R_F}{R_1}u_{i1} + \frac{R_F}{R_2}u_{i2} + \frac{R_F}{R_3}u_{i3}\right)$$

令 $R_1 = R_2 = R_3 = R_F$，得

$$u_o = -(u_{i1} + u_{i2} + u_{i3}) \tag{9-8}$$

即实现输出电压等于三个输入电压之和的运算，负号表示输出电压与输入电压反相。

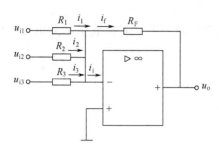

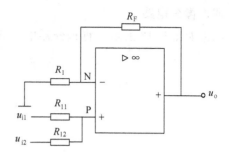

图 9-9 反相加法电路   图 9-10 同相加法电路

（二）同相加法电路

电路如图 9-10 所示。根据"虚短"概念，$u_+ = u_-$。利用分压定理可得 $u_- = \dfrac{R_1}{R_1 + R_F} u_o$，所以有

$$u_o = \left(1 + \frac{R_F}{R_1}\right)u_- = \left(1 + \frac{R_F}{R_1}\right)u_+$$

利用叠加原理可求同相输入端的电位为

$$u_+ = \frac{R_{12}}{R_{11} + R_{12}} u_{i1} + \frac{R_{11}}{R_{11} + R_{12}} u_{i2}$$

代入上式，可得

$$u_o = \left(1 + \frac{R_F}{R_1}\right)\left(\frac{R_{12}}{R_{11} + R_{12}} u_{i1} + \frac{R_{11}}{R_{11} + R_{12}} u_{i2}\right)$$

令 $R_1 = R_F = R_{11} = R_{12}$，得

$$u_o = u_{i1} + u_{i2} \tag{9-9}$$

即实现了输出电压等于两个输入电压之和的运算。

三、积分电路

电路如图 9-11 所示。根据"虚短"和"虚断"的概念，有 $u_- = 0$，$i_i = 0$，得

$$i_R = i_C$$

$$i_R = \frac{u_i}{R}, i_C = C\frac{du_C}{dt} = -C\frac{du_o}{dt}$$

$$\frac{u_i}{R} = -C\frac{du_o}{dt}$$

所以

$$u_o = -\frac{1}{RC}\int u_i \, dt \tag{9-10}$$

可见，输出信号与输入信号之间成积分关系。

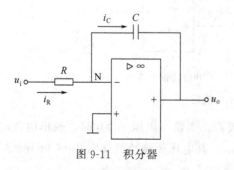

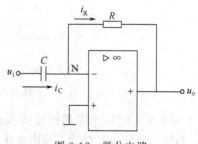

图 9-11 积分器   图 9-12 微分电路

四、微分电路

电路如图 9-12 所示。将积分器中的 R 和 C 位置对调一下，就构成了微分电路。由图可得

$$i_C = i_R$$

$$i_C = C\frac{du_C}{dt} = C\frac{du_i}{dt}, \ i_R = -\frac{u_o}{R}$$

$$C\frac{du_i}{dt} = -\frac{u_o}{R}$$

所以
$$u_o = -RC\frac{du_i}{dt} \tag{9-11}$$

可见，输出信号与输入信号之间成微分关系。

*第四节　集成运算放大器的非线性应用

集成运算放大器的非线性应用是指集成运算放大器工作在无反馈（或称开环）或正反馈的状态。此时，只要在它的输入端之间加一个很小的电压，其输出电压就会超出线性范围，达到正向饱和电压 $+U_{om}$ 或负向饱和电压 $-U_{om}$，输出电压与输入电压之间不是线性关系。其特征如下。

当 $u_+ > u_-$ 时，$u_o = +U_{om}$；

当 $u_+ < u_-$ 时，$u_o = -U_{om}$。

电压比较器是集成运算放大器非线性应用比较典型的电路。

比较器是对输入信号进行鉴别与比较的电路，在测量、控制、报警、模数转换以及波形产生方面有着广泛的应用。其原理是将输入的电压信号与一个参考电压比较，根据 u_+ 与 u_- 的大小，输出一个相应的饱和电压（$+U_{om}$ 或 $-U_{om}$）。

一、过零电压比较器

参考电压为零的比较器称为过零电压比较器，电路构成如图 9-13 所示。根据输入方式的不同又可分为反相输入式和同相输入式两种。

对于如图 9-13（a）的反相输入式过零比较器，当输入电压 $u_i > 0$ 时，表明 $u_+ < u_-$，输出电压 $u_o = -U_{om}$；当输入电压 $u_i < 0$ 时，表明 $u_+ > u_-$，输出电压 $u_o = +U_{om}$。其电压传输特性如图 9-14（a）所示。

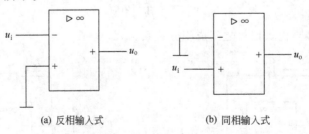

(a) 反相输入式　　　　　　　(b) 同相输入式

图 9-13　过零电压比较器

对于如图 9-13（b）所示的同相输入式过零比较器，当输入电压 $u_i > 0$ 时，输出电压 $u_o = +U_{om}$；当输入电压 $u_i < 0$ 时，输出电压 $u_o = -U_{om}$。其电压传输特性如图 9-14（b）所示。

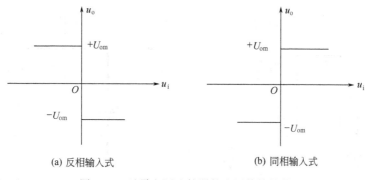

(a) 反相输入式　　　　　　　　　　(b) 同相输入式

图 9-14　过零电压比较器的电压传输特性

二、单限电压比较器

单限电压比较器的参考电压是一个固定电压，所以它又被称作电平检测器，可用于检测输入信号电压是否大于或小于某一特定值。根据输入方式，它也分为反相输入式和同相输入式，图 9-15(a)所示是反相输入式单限电压比较器的电路。图中的 U_R 是一个固定的参考电压。

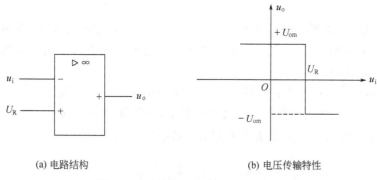

(a) 电路结构　　　　　　　　　　(b) 电压传输特性

图 9-15　反相输入式单限电压比较器

当输入电压 $u_i > U_R$ 时，输出电压 $u_o = -U_{om}$；当输入电压 $u_i < U_R$ 时，输出电压 $u_o = +U_{om}$。其电压传输特性如图 9-15 (b)所示。在传输特性上输出电压发生转换时的输入电压称为门限电压 U_{TH}，单限电压比较器只有一个门限电压，其值可以为正，也可以为负。

三、施密特触发器

施密特触发器实质上是一种滞回电压比较器。其特点是当输入电压 u_i 逐渐增大以及逐渐减小时，两种情况下的门限电压不相等，传输特性呈现出"滞回"曲线的形状，采用反相输入方式的施密特触发器电路如图 9-16 (a) 所示。R_f、R_2 将 u_o 的一部分反馈至同相输入端，用瞬时极性法可以判断它是正反馈。为了使电路的输出电压等于某个特定值，电路采用了双向稳压管 VZ 构成的限幅电路，稳压管的稳压值 $|U_Z| < |U_{om}|$，VZ 的正向导通电压为 U_D，所以输出电压 $u_o = \pm(U_Z + U_D)$。电路的工作原理如下。

当 u_i 由小逐渐增大过程中，$u_- = u_i < u_+$，输出应为正向饱和状态，由于限幅电路的作用，$u_o = +(U_Z + U_D)$。此时，同相输入端的电位为

$$u'_+ = \frac{R_2}{R_2 + R_f}(U_Z + U_D) = U^+_{TH}$$

当 u_i 增大使 $u_- > u'_+$ 时，输出由正向饱和状态变为负向饱和状态。$u_o = -(U_Z + U_D)$。此时，同相输入端的电位变为

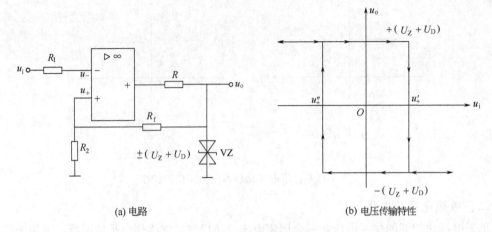

(a) 电路   (b) 电压传输特性

图 9-16　滞回电压比较器

$$u''_+ = -\frac{R_2}{R_2 + R_f}(U_Z + U_D) = U^-_{TH}$$

以后在 u_i 由大逐渐减小的过程上，只要 $u_- = u_i > u''_+$，输出仍为负向饱和状态。

只有当 u_i 减小到使 $u_- < u''_+$ 时，输出才由负向饱和状态变为正向饱和状态。其电压传输特性如图 9-16（b）所示。

由电压传输特性可以看出：u_i 由小到大，输出由正到负的变化过程中，其门限电压是 u'_+，而 u_i 由大到小，输出由负到正的变化过程中，其门限电压是 u''_+。令 u'_+ 为上门限电压 U^+_{TH}，u''_+ 为下门限电压 U^-_{TH}，两者之差称为回差电压 ΔU_{TH}，即

$$\Delta U_{TH} = U^+_{TH} - U^-_{TH} = 2\frac{R_2}{R_2 + R_f}(U_Z + U_D)$$

利用施密特触发器可以将一个不规则的输入波形变换成矩形波输出，如图 9-17 所示。

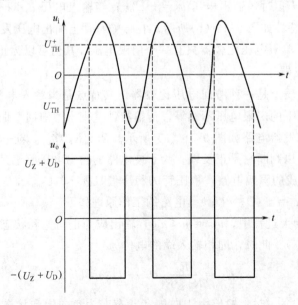

图 9-17　施密特触发器的波形变换作用

实验与训练项目七　集成运算放大器的线性运用

一、实验目的

1. 熟悉集成运算放大器线性应用电路的结构特点、工作原理和使用方法。

2. 掌握基本运算电路的调试和实验方法，验证理论分析的正确性。

3. 进一步学习正确使用示波器 DC、AC 输入方式观察波形的方法，重点掌握积分器输入、输出波形的测量和描绘方法。

二、原理说明

集成运算放大器实质上是一个高放大倍数、高输入阻抗的直接耦合多级放大器。如果在其输出与输入之间引入负反馈，则可实现输出与输入之间的放大（比例运算）、求和、积分和微分等模拟运算，这就是所谓的集成运算放大器的线性运用。外接不同的反馈网络和输入网络时就构成不同的运算电路。本次实训重点研究由 LM324 构成的比例运算电路、反相求和电路和积分运算电路。

图 9-18 是集成运算放大器的电路符号，图 9-19 是集成运放 LM324 的外引线图，它的内部有 4 个独立的并可以认为是理想的运算放大器，其引线端子功能如下：1、7、8、14 端分别为输出端；2、6、9、13 端分别为反相输入端；3、5、10、12 端分别为同相输入端；4、11 端分别为正、负电源端。

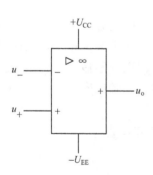

图 9-18　集成运算放大器的电路符号

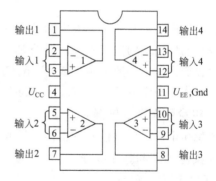

图 9-19　集成运放 LM324 外引线图

1. 反相比例运算电路

反相比例运算电路如图 9-20 所示，在深度负反馈条件下，输出与输入的关系为

$$u_o = -\frac{R_f}{R_1}u_i$$

其中

$$R_2 = \frac{R_1 R_f}{R_1 + R_f}$$

2. 反相求和运算电路

反相求和运算电路如图 9-21 所示，在深度负反馈条件下，输出与输入的关系为

$$u_o = -\left(\frac{R_f}{R_1}u_{i1} + \frac{R_f}{R_1}u_{i2}\right)$$

其中

$$R_3 = R_1 // R_2 // R_f$$

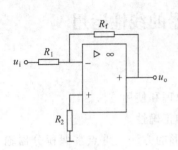

图 9-20　集成运放构成的
反相比例运算电路

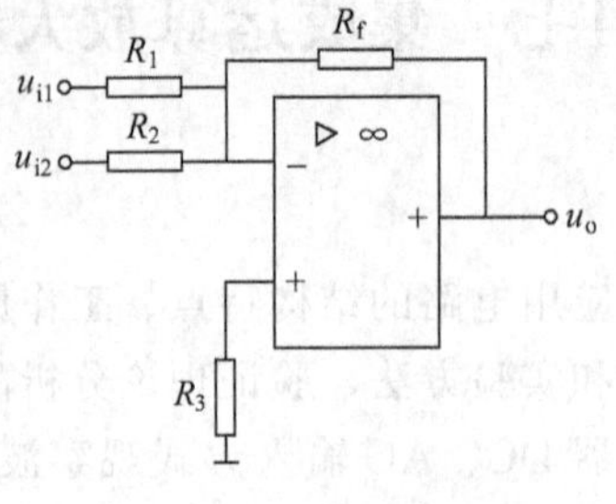

图 9-21　集成运放构成的
反相求和运算电路

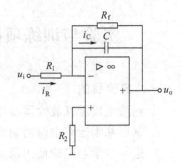

图 9-22　集成运放构成
的积分运算电路

3. 积分运算电路

积分运算电路如图 9-22 所示，输出信号与输入信号成积分关系。根据"虚短"和"虚断"概念，输出与输入的关系为

$$u_o = -\frac{1}{RC} \int u_i \, dt$$

当输入信号是直流电压 U_I 或阶跃电压时，电容将近似为恒流充电，输出电压与时间成近似的线性关系。此时

$$u_o \approx -\frac{U_I}{RC} t$$

实际电路中，通常在积分电容两端并联反馈电阻 R_f，用作直流负反馈，目的是减小集成运算放大器输出端的直流漂移。但是 R_f 的加入将对电容 C 产生分流作用，从而导致积分误差。为克服误差，一般须满足 $R_f C \gg R_1 C$。C 太小，会加剧积分漂移，但 C 增大，电容漏电也随之增大。通常取 $R_f > 10R_1$、$C < 1\mu F$（涤纶电容或聚苯乙烯电容）。

三、实验所需主要仪器

直流稳压电源、低频信号发生器、示波器、毫伏表和万用电表等。

四、实验内容和技术要求

1. 测试反相比例运算

按图 9-20 搭建电路，取 $R_1 = 10k\Omega$，$R_f = 50k\Omega$，$R_2 = 8.3k\Omega$。该放大器的闭环电压放大倍数 $|A_{uf}| = 5$。在该放大器的输入端加入 $f = 1kHz$ 的正弦波，有效值如表 9-1 数据所示，用毫伏表分别测量输入、输出电压值，并用示波器观察其波形。

表 9-1

u_i/V	0.1	0.5	1	1.5	2
u_o/V					

2. 测试积分运算

按图 9-22 搭建电路，取 $R_1 = 10k\Omega$，$R_f = 100k\Omega$，$R_2 = 9k\Omega$，$C = 0.01\mu F$。在输入端加入 $f = 500Hz$、幅值为 1V 的正方波，用双踪示波器同时观察 u_i 和 u_o 的波形并作记录。

3. 电源要求。$+U_{CC}=+12V$，$-U_{EE}=-12V$，地端接系统的公共端。

五、预习要求

1. 复习集成运算放大器的结构、工作原理、参数以及使用方法。

2. 复习集成运算放大器线性应用的相关内容，了解各种应用的原理以及输出与输入关系公式的推导。

六、分析报告要求

1. 画出实际实验电路，标注出电路元器件的参数。

2. 整理实验数据，分析实验结果，说明电路的特点、性能和主要用途。

3. 分析实验过程中出现的问题，总结解决问题的方法。

本章小结与学习指导

1. 集成电路是利用半导体工艺将三极管、二极管、电阻等电子元器件构成的电路集中制作在半导体基片上并封装在一个管壳内的具有一定功能的半导体器件，而集成运算放大器的内部则是一个具有高放大倍数、高输入电阻、低输出电阻的直接耦合多级放大电路。要了解集成运算放大器的管脚排列与功能，熟悉其基本参数的意义和使用方法。

2. 负反馈是电子线路中用于改善放大器性能的一种重要手段。按照反馈取样方式和在输入端所进行的信号比较，有电压串联负反馈、电流串联负反馈、电压并联负反馈、电流并联负反馈。电压负反馈使输出电压趋于稳定，电流负反馈使输出电流趋于稳定；串联负反馈使输入电阻增加，并联负反馈使输入电阻减小。

3. 集成运算放大器的线性应用是其工作在深度负反馈状态，这时电路有两个特点：

① 反相输入端和同相输入端的电位近似相等（虚短）；

② 反相输入端和同相输入端输入的电流都近似为零（虚断）。

利用这两个基本点和电路分析的方法，可以很方便地求得许多基本运算电路输出电压与输入电压的关系，如比例运算、加法运算、积分运算、微分运算等。

4. 集成运算放大器的非线性应用是其工作在开环或正反馈状态，这时电路也有两个特点：

① 反相输入端和同相输入端的电位只要不同，其输出电压就趋向正向饱和电压 $+U_{OM}$ 或负向饱和电压 $-U_{OM}$，即

$$u_+ > u_-,\ u_o = +U_{OM}$$

$$u_+ < u_-,\ u_o = -U_{OM}$$

② 反相输入端和同相输入端输入的电流都近似为零（虚断）。

利用这两个基本点和电路分析的方法，可以很方便地进行像比较器之类电路的分析。

思考题与习题

9-1　什么是理想运算放大器？理想运算放大器工作在线性区和非线性区时各有什么特点？

9-2　由运算放大器构成的负反馈放大器如题 9-2 图所示，试判断反馈的极性和类型。

9-3　由分立元件构成的负反馈放大器如题 9-3 图所示，试判断反馈的极性和类型。

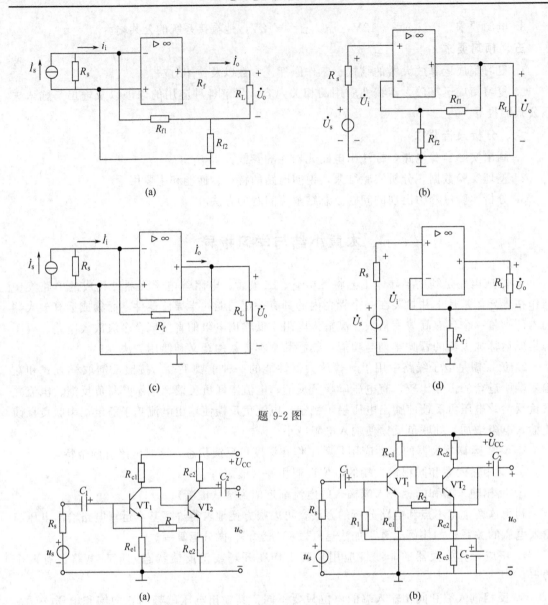

题 9-2 图

题 9-3 图

9-4 在题 9-2 图(c)所示电路中，设放大器工作在深度负反馈状态，试计算放大器的放大倍数 A_F。

9-5 理想运算放大器的电路如题 9-5 图所示。$R_1 = 10\text{k}\Omega$，闭环电压放大倍数 $A_u = -100$，试求 R_f 的值。

9-6 电路如题 9-6 图所示。$R_f = 10\text{k}\Omega$，要求该电路完成 $u_o = -2u_{i1} - 5u_{i2}$ 的运算，试确定 R_1、R_2 的值。

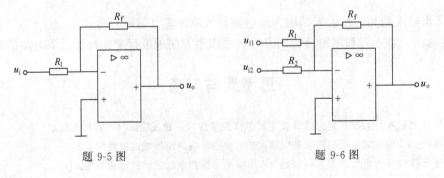

题 9-5 图   题 9-6 图

9-7　画出题 9-7 图所示电路的电压传输特性 $u_o = f(u_i)$。

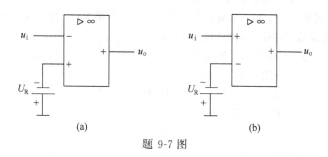

(a) 　　　　　　　　　　 (b)

题 9-7 图

9-8　由集成运算放大器构成的施密特触发器如题 9-8 图所示，稳压管 VZ 的 $U_D = 0.7V$，$U_Z = 4.3V$，$R_1 = 2k\Omega$，$R_2 = 2k\Omega$，$R_f = 8k\Omega$，$R = 100\Omega$。试画出该电路的电压传输特性以及在给定输入波形作用下的输出波形。

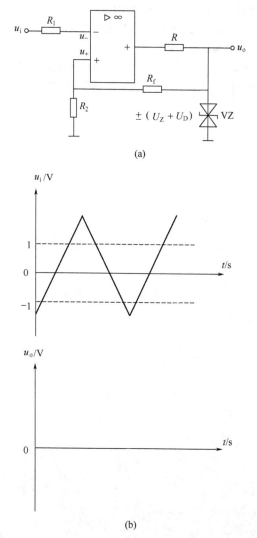

(a)

(b)

题 9-8 图

9-9 选择题（每题只有一个正确答案）

① 不属于理想集成运算放大器基本特征的是

    A. 输入电阻很大；   B. 输出电阻很大；   C. 放大倍数很大；   D. 共模抑制比很大。

② 下列电路不是集成运算放大器线性应用的电路是

    A. 比例运算电路；   B. 积分运算电路；   C. 比较器；   D. 微分运算电路。

③ 集成运算放大器线性应用的基本特征是电路工作在

    A. 开环状态；   B. 正反馈状态；   C. 负反馈状态；   D. 不能确定。

④ 集成运算放大器线性应用分析时的两个依据是

    A. $u_+ \approx u_- = 0$，$i_+ \approx i_-$；   B. $u_+ \approx u_-$，$i_+ \approx i_- = 0$；

    C. $u_+ \approx u_- = 0$，$i_+ \approx i_- = 0$；   D. $u_+ \approx u_-$，$i_+ \approx i_-$。

⑤ 能使放大电路的输入电阻增加、输出电阻减小的负反馈是

    A. 电压串联负反馈；B. 电流串联负反馈；C. 电压并联负反馈；D. 电流并联负反馈。

⑥ 能使放大电路的输出电流稳定、输入电阻减小的负反馈是

    A. 电压串联负反馈；B. 电流串联负反馈；C. 电压并联负反馈；D. 电流并联负反馈。

⑦ 为了稳定放大电路的静态工作点，应该引入的反馈

    A. 是交流负反馈；   B. 是直流负反馈；   C. 是交直流负反馈；D. 不需要。

⑧ 共集电极放大电路（射极输出器）是典型的

    A. 电压并联负反馈电路；   B. 电压串联负反馈电路；

    C. 电流串联负反馈电路；   D. 电流并联负反馈电路。

第十章 直流稳压电源

在生产、科研和日常生活中，除广泛使用交流电外，在某些场合，例如电解、电镀、蓄电池充电、直流电动机供电、同步电机励磁等，都需要直流电源。为了获得直流电，除了利用直流发电机外，在大多情况下，广泛利用各种半导体直流稳压电源。

一般直流电源由电源变压器、整流电路、滤波电路和稳压电路四部分组成，其原理框图及各部分输出波形如图 10-1 所示。

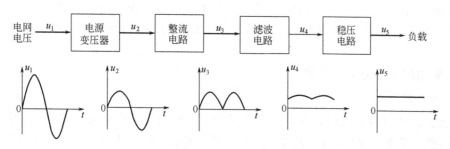

图 10-1　直流电源的原理框图

电源变压器将电网交流电压 u_1 变为所需数值交流电压 u_2，通过整流电路将交流电压 u_2 变成单向脉动的直流电压 u_3，再通过滤波电路滤除单向脉动电压 u_3 中的谐波分量，从而获得比较平滑的直流电压 u_4；而稳压电路的作用是保证当电网电压波动或负载电流发生变化时其输出直流电压基本稳定。

第一节　单相半波整流电路

把交流电转换成直流电的过程叫整流，实现整流功能的电路称为整流电路。按交流电的相数不同，整流可分为单相整流和三相整流；按整流输出的波形不同而分为半波整流和全波整流。

一、电路结构和工作原理

（一）电路组成

图 10-2（a）所示是单相半波整流电路，它由电源变压器 T，二极管 VD 和负载 R_L 组成。

（二）工作原理

设变压器次级电压 u_2 的正弦波形如图 10-2（b）所示。在 u_2 的正半周，设 a 端为正，b

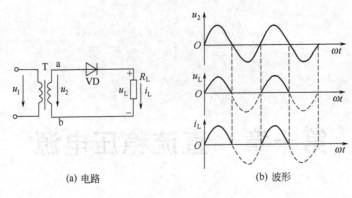

(a) 电路　　　　　　　(b) 波形

图 10-2　半波整流电路

端为负，则二极管在正向电压作用下导通，电流由 a 经 VD、R_L 到 b。因二极管正向压降很小，可以忽略，负载电压 $u_L \approx u_2$；在 u_2 的负半周时，a 端为负，b 端为正，二极管在反向电压作用下截止，负载中的电流 $i_L \approx 0$，负载两端的电压 $u_L \approx 0$。可见，在交流电压的一个周期内，R_L 上只在半个周期内有单方向的电流。若不考虑二极管正向压降，则 u_2、u_L、i_L 的波形如图 10-2（b）所示。负载中电流的方向不变，但大小在变化，这种直流叫脉动直流。这种整流电路输入一个周期的正弦波，而输出只保留了它的一半，故称为半波整流电路。

二、输出电压和电流的计算

1. 输出直流电压 U_L

因整流后，负载 R_L 上得到的是半个正弦波，即脉动直流电压 u_L。设 $u_2 = \sqrt{2}U_2 \sin\omega t$，$U_2$ 是变压器次级电压的有效值，则负载 R_L 上的直流电压 U_L，即 u_L 的平均值为

$$U_L = \frac{1}{2\pi}\int_0^\pi \sqrt{2}U_2 \sin\omega t\, \mathrm{d}(\omega t)$$

$$= \frac{\sqrt{2}}{\pi}U_2 = 0.45U_2$$

负载两端电压的平均值（输出直流电压）U_L 与变压器次级电压有效值 U_2 的关系是

$$U_L = 0.45U_2 \tag{10-1}$$

2. 输出直流电流 I_L

流过负载的电流是

$$I_L = \frac{U_L}{R_L} = 0.45\frac{U_2}{R_L} \tag{10-2}$$

3. 二极管两端的电压和电流

二极管导通时，由图 10-2（a）可知，正向电流 I_D 等于负载电流，即

$$I_D = I_L = 0.45\frac{U_2}{R_L} \tag{10-3}$$

二极管截止时，承受的最大反向电压是变压器次级电压的最大值，即

$$U_{RM} = \sqrt{2}U_2 \tag{10-4}$$

162

I_D 和 U_{RM} 是选择整流二极管的主要依据。二极管的最大整流电流和反向耐压值应分别大于上述两式的数值。

单相半波整流电路结构简单，但电源利用率低，输出电压脉动大，直流电压小，故广泛应用的是单相桥式整流电路，它是一种全波整流电路。

第二节　单相桥式整流电路

一、电路结构和工作原理

（一）电路组成

图 10-3（a）所示是单相桥式整流电路。它是由电源变压器 T 和四个接成电桥形式的二极管 $VD_1 \sim VD_4$ 及负载 R_L 组成。

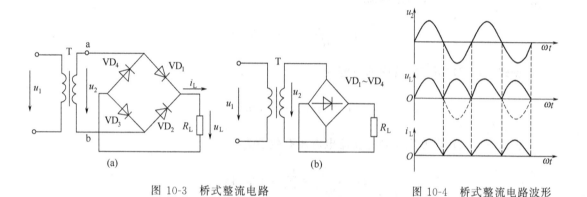

图 10-3　桥式整流电路　　　　　　　图 10-4　桥式整流电路波形

（二）工作原理

在 u_2 的正半周期，设 a 端为正，b 端为负，二极管 VD_1 和 VD_3 在正向电压作用下导通，VD_2 和 VD_4 在反向电压作用下截止，电流由 a 端出发，经 VD_1、R_L、VD_3 流向 b 端，负载 R_L 上得到一个半波电流和半波电压；在 u_2 的负半周期，a 端为负，b 端为正，二极管 VD_2 和 VD_4 导通，VD_1 和 VD_3 截止，电流由 b 端出发，经 VD_2、R_L、VD_4 流向 a 端，负载 R_L 上得到另一个与正半周期同方向的半波电流和半波电压。u_2、u_L 和 i_L 的波形如图 10-4所示。由波形图可以看出，在输入交流电 u_2 的一个周期内，VD_1、VD_3 和 VD_2、VD_4 轮流导通，在负载上得到一个单一方向的全波脉动电压 u_L 和电流 i_L。它的脉动程度比半波整流时要小，而且电源利用率高。图 10-3（b）是桥式整流的简化画法，其中二极管的方向代表整流后电流的方向。

二、输出电压和电流的计算

1. 输出直流电压 U_L 和输出直流电流 I_L

桥式整流的实质是全波整流。若忽略二极管的管压降，负载电压和电流都为半波整流的两倍，即

$$U_L = 0.9 U_2 \tag{10-5}$$

$$I_L = 0.9 \frac{U_2}{R_L} \tag{10-6}$$

2. 二极管上的电压和电流

桥式整流时，在交流电一个周期内，每两个二极管只工作半个周期，因此，二极管中的电流是负载电流的一半，即

$$I_D = \frac{1}{2}I_L = 0.45\frac{U_2}{R_L} \qquad (10\text{-}7)$$

由于二极管导通后正向电阻很小，因此，桥式整流电路中 VD_1、VD_3 导通后，因 VD_2、VD_4 是并联，承受反向电压的最大值是 u_2 的峰值，即

$$U_{RM} = \sqrt{2}U_2 \qquad (10\text{-}8)$$

同理，式（10-8）对 VD_1、VD_3 亦成立。

【例 10-1】 有一桥式整流电路，电源电压为 220V，要求输出直流电压是 12V，负载电阻是 480Ω，试选择二极管的型号。

解 由式（10-6）得负载电流为

$$I_L = \frac{U_L}{R_L} = \frac{12}{480} = 25\text{mA}$$

根据式（10-7）得二极管中的电流为

$$I_D = \frac{1}{2}I_L = 12.5\text{mA}$$

根据式（10-5）得变压器副边交流电电压有效值为

$$U_2 = \frac{U_L}{0.9} = \frac{12}{0.9} = 13.33\text{V}$$

根据式（10-8）得二极管承受反向电压的最大值为

$$U_{RM} = \sqrt{2}U_2 = \sqrt{2} \times 13.33 = 18.85\text{V}$$

可选用耐压是 25V，正向电流 0.1A 以上的整流二极管。

第三节 滤 波 电 路

整流电路输出的是直流脉动电压或电流，其中含有交流成分。把脉动直流电变成较为平稳的直流电的过程称为滤波，设置滤波电路的目的，就是要把脉动电压中的交流成分滤除掉。通常的滤波电路由电容、电感等元件组成。

一、电容滤波电路

图 10-5 是带有电容滤波的单相半波整流电路，滤波电容与负载并联，通常采用电容量较大的电解电容器。

电容滤波的原理是利用电容的充放电作用，改善输出直流电压的脉动程度。在图 10-5 所示电路中，在 u_2 从零开始的上升过程中，VD 导通，流经 VD 的电流分两路：一路流经负载 R_L；一路给电容 C 充电。忽略二极管的电阻，则充电速度很快，到达 u_2 的峰值时 $u_C = u_2$。此后 u_2 按正弦规律下降，而 u_C 瞬间不能突变，因此，VD 截止，C 通过 R_L 放电，

使 u_C 逐渐下降，直到下个周期 $u_2 > u_C$ 时，VD 再次导通，C 再次被充电。重复上述过程。输出电压的波形如图 10-6 所示。图（a）为整流电路波形，图（b）为经电容滤波后的波形。

显然，C 放电越缓慢，滤波效果越好，即 C、R_L 越大，U_L 的波形就越平坦。所以，电容滤波只适合于负载电流较小的情况。

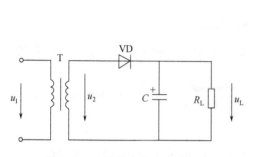

图 10-5 半波整流电容滤波电路

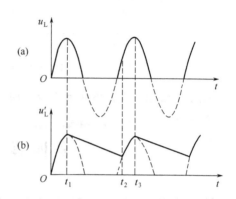

图 10-6 半波整流电容滤波波形

图 10-7 所示为桥式整流后接滤波电容的电路和输出电压波形，由于在 u_2 的一个周期内电容充放电两次，输出就更加平滑了。

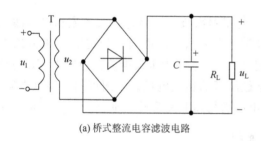

(a) 桥式整流电容滤波电路

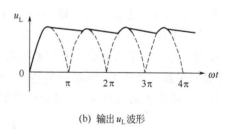

(b) 输出 u_L 波形

图 10-7 桥式整流电容滤波电路和波形

半波整流电容滤波电路的输出电压与交流电电压有效值的关系为

$$U_L \approx U_2 \tag{10-9}$$

桥式整流电容滤波电路，在满足 $R_L C \geqslant (3 \sim 5)\dfrac{T}{2}$ 的条件下（其中 T 为电源电压 u_1 的周期），其输出电压与交流电电压有效值的关系为

$$U_L \approx 1.2 U_2 \tag{10-10}$$

二、电感滤波电路

图 10-8（a）是带电感滤波的单相桥式整流电路。滤波电感与负载串联，整流电路输出的脉动直流电通过电感线圈时，将产生自感电动势，阻碍线圈中电流的变化。当通过电感线圈流向负载的脉动电流随 u_2 上升而增加时，线圈的自感电动势就阻碍其增加；当电流随 u_2 下降而减小时，线圈的自感电动势又阻碍其减小。于是，负载电流的脉动幅度减小，负载电压就比较平稳，其波形如图 10-8（b）所示。负载电流和电感量越大，则自感现象越强，滤

波效果就越好，所以，电感滤波适用于负载电流较大的场合。此外，负载电流大时，电感线圈中的直流电阻也会产生直流压降，所以输出电压比 $0.9U_2$ 有所下降。

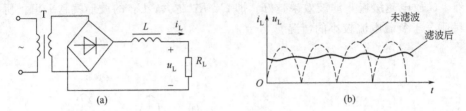

图 10-8　桥式整流电感滤波电路

如果要求输出的直流电压和电流更加平稳，则可采用复式滤波电路，这里就不介绍了。

第四节　稳 压 电 路

实际工作中，经整流滤波后已经变得比较平稳的直流电压，常常受电网电压的波动或负载改变的影响而变化，必须采取稳压措施，以保证负载两端的电压基本不变。具有稳压功能的电路称稳压电路。下面介绍几种常用的稳压电路。

一、硅稳压管稳压电路

（一）电路的构成

图 10-9 所示为硅稳压管并联型稳压电路。变压器次级电压经过桥式整流和电容滤波得到直流输入电压 U_i，再经过电阻 R 限流和稳压管 VZ 稳压，得到一稳定的直流输出电压 U_o。R 的作用主要是限制稳压管中的电流不超过 I_{ZM}，故称为限流电阻。稳压管 VZ 与负载 R_L 是并联关系，负载 R_L 两端的电压 U_o 就是稳压管的稳定电压。由图可知，限流电阻 R、稳压管 VZ 以及负载电阻 R_L 三者中的电流、电压满足如下关系式，即

$$U_i = U_R + U_o$$

$$I = I_Z + I_L$$

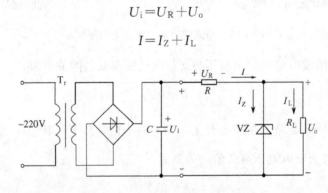

图 10-9　硅稳压管并联型稳压电路

（二）稳压原理

引起输出电压不稳定的原因是电网电压的波动和负载电流的变化。下面分析在这两种情况下稳压电路的工作原理。

设负载电阻 R_L 不变，当电网电压升高时，U_i 上升，输出电压 U_o 也随之上升，由于 $U_o = U_Z$，因此稳压管两端电压也跟着上升，由稳压管的特性可知，此时流过稳压管的电流

I_Z 将急剧增加，使得流过电阻 R 的电流 I 增大，R 上的压降增大，从而抵消了 U_i 的增加对 U_o 的影响，使输出电压 U_o 基本保持不变。其稳压过程可描述为：

$$电网电压升高 \rightarrow U_i \uparrow \rightarrow U_o \uparrow \rightarrow I_Z \uparrow \rightarrow I \uparrow \rightarrow U_R \uparrow \rightarrow$$
$$U_o \downarrow \underline{\qquad\qquad\qquad\qquad}$$

相反，如果电网电压下降，各电量的变化趋势与上述刚好相反，U_o 仍然基本稳定。

当电网电压保持不变，减小 R_L 使 I_L 增大时，电阻 R 上的压降增大，输出电压 U_o 下降，使稳压管两端电压下降，电流 I_Z 立即减小，如果 I_L 的增加量和 I_Z 的减少量基本相等，则 I 基本不变，输出电压 U_o 也基本不变，上述过程可描述为：

$$R_L 减小 \rightarrow I_L \uparrow \rightarrow I \uparrow \rightarrow U_R \uparrow \rightarrow U_o \downarrow \rightarrow I_Z \downarrow \rightarrow U_R \downarrow \rightarrow$$
$$U_o \uparrow \underline{\qquad\qquad\qquad\qquad}$$

如果负载电流 I_L 下降，各电量的变化趋势与上述相反，U_o 仍然基本稳定。

二、串联型稳压电路

硅稳压管稳压电路存在两方面的问题：一是稳压值决定于稳压管的稳定电压 U_Z，不能随意调节；二是负载电流的变化范围受到稳压管的最大稳定电流 I_{ZM} 的限制。所以这种稳压电路只适宜于电压固定、负载电流较小的场合。若输出电流较大时，要实现输出电压可调，且稳定性能好，可采用串联型稳压电路。

（一）电路构成

串联型稳压电路如图 10-10 所示。图中 R_1、R_w 和 R_2 组成取样电路，并将取样信号引至三极管 VT_2 基极；稳压管电压 U_Z 作为基准电压，串联在 VT_2 的发射极上；R_3 是配合稳压管 VZ 工作的限流电阻；三极管 VT_2 和集电极电阻 R_4（也是 VT_1 基极偏置电阻）组成比较放大电路；VT_1 为调整管，整流滤波后的输出电压为 U_i，VT_1 的 U_{CE1} 与输出电压 U_o 是串联关系，即输出电压 $U_o = U_i - U_{CE1}$，所以称该电路为串联型稳压电路。

对照图 10-10，串联型稳压电路的组成框图如图 10-11 所示，它主要由取样电路、基准电压、比较放大和调整器件四部分组成。

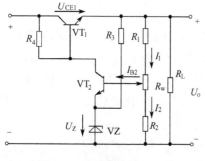

图 10-10 串联型稳压电路

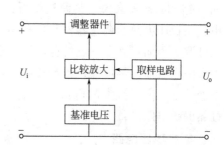

图 10-11 串联型稳压电路的组成框图

（二）输出电压的调节

调节电位器 R_w 的滑动触头的位置就可以改变输出电压 U_o 的大小。如果电路设计时满足 $I_2 \gg I_{B2}$，则 $I_1 \approx I_2$，这样

$$U_{B2} \approx \frac{R_2 + R'_w}{R_1 + R_2 + R_w} U_o$$

由于
$$U_{B2} = U_Z + U_{BE2} \approx U_Z$$

这样
$$U_Z + U_{BE2} \approx U_Z \approx \frac{R_2 + R'_w}{R_1 + R_2 + R_w} U_o$$

$$U_o = \frac{R_1 + R_2 + R_w}{R_2 + R'_w}(U_Z + U_{BE2}) \approx \frac{R_1 + R_2 + R_w}{R_2 + R'_w} U_Z$$

当滑动触头位于最上端时，$R'_w = R_w$，这时输出电压最小，即

$$U_{omin} \approx \frac{R_1 + R_2 + R_w}{R_2 + R_w} U_Z \tag{10-11}$$

当滑动触头位于最下端时，$R'_w = 0$，这时输出电压最大值为

$$U_{omax} \approx \frac{R_1 + R_2 + R_w}{R_2} U_Z \tag{10-12}$$

（三）稳压原理

当电网电压或负载电阻 R_L 变化时，输出电压相应发生变化，其变化量 ΔU_o 经 R_1、R_2 和 R_w 分压取样后，送至 VT_2 基极并与基准电压 U_Z 比较，得到差值电压 ΔU_{BE2}，经 VT_2 放大后去控制调整管 VT_1，使 VT_1 的管压降 U_{CE1} 发生相应的变化，从而使输出电压 U_o 基本保持不变。稳压过程可表示如下。

设电网电压升高（或 R_L 增大）使 U_o 增加，则

$$U_o \uparrow \to U_{B2} \uparrow \to U_{BE2} \uparrow \to I_{B2} \uparrow \to I_{C2} \uparrow \to U_{B1} \downarrow \to U_{BE1} \downarrow \to U_{CE1} \uparrow$$
$$U_o \downarrow \longleftarrow$$

同理，当电网电压下降（或 R_L 减小）时，各电量变化趋势与上述过程相反，但结果仍将使 U_o 基本保持不变。

必须注意，U_{CE1} 应维持一定值（一般在 3～5V 之间），使 VT_1 处于放大状态，否则，若 VT_1 进入饱和状态就会失去其调整作用。

串联型稳压电路的调整器件与负载串联，直接参与电压的调整，各项指标较易提高且输出电压可调，因而得到了广泛的应用。由于调整器件与负载串联，因此，在过载时器件会因流过太大的电流而发热烧毁；更严重的是，当输出端短路时，整流滤波的输出电压将直接加在调整器件上，产生很大的电流，可能将器件烧毁。因此，串联型稳压电路一般都设有过流、过热保护电路。

三、集成稳压电路

随着半导体集成电路技术的迅猛发展，采用串联型稳压电路基本原理集成了过压、过流、过热等保护电路，具有较大功率输出、稳定性能好的集成稳压器已应运而生，它具有体积小，可靠性高，使用灵活，价格低廉等优点，因此得到广泛的应用。

根据输出电压是否可调，集成稳压器分固定式和可调式两种。下面分别介绍这两种常用的三端集成稳压器（简称三端稳压器）。

（一）三端固定输出集成稳压器

1. 型号和结构

所谓三端是指电压输入端、电压输出端和公共接地端。输出有两种电压，W78××系列为三端固定正电压输出的集成稳压器，如 W7805、W7812 等。其中 78 后面的数字代表该稳压器输出的正电压数值，例如，W7805 表示稳压输出为 5V。W79×× 系列为三端固定负电压输出的集成稳压器，W7912 表示输出的电压为－12V。W78×× 和 W79×× 系列的输出电压有 7 挡，分别为 ±5V、±6V、±9V、±12V、±15、±18V、±24V。其产品有金属封装和塑料封装两种，塑料封装的产品外形和外部端子排列如图 10-12 所示。

2. W78××、W79×× 系列集成稳压器的应用电路

图 10-13 是 W78×× 系列集成稳压器输出固定正电压的稳压电路。输入电压（整流滤波后的电压 U_i）接在 1、3 端，2、3 端输出固定的且稳定的直流电压。输入端的 C_i 是在输入线较长时用于旁路高频干扰脉冲，接线不长时可以不用。C_i 一般在 0.1～1μF 之间。输出端的电容 C_o 用来改善暂态响应，使瞬时增减负载电流时不致引起输出电压有较大的波动，削弱电路的高频噪声。根据负载的需要选择不同型号的集成稳压器，如需要 12V 直流电压时，可选用型号 W7812 稳压器。

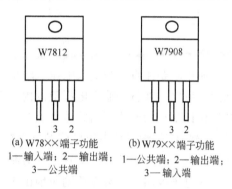

图 10-12　三端稳压器的外形和外部端子排列

此外，还有 W79×× 系列输出固定负电压稳压电路，其工作原理及电路的组成与 W78×× 系列基本相同，如图 10-14 所示。

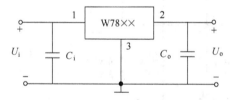

图 10-13　输出固定正电压集成稳压电路

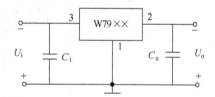

图 10-14　输出固定负电压集成稳压电路

＊（二）三端可调输出的集成稳压器及应用

图 10-15 所示是由三端可调集成稳压器 LM317 构成的输出正电压可以调节的稳压电路。LM317 的输出端 2 和调整端 3 之间的电压是 1.2V，R_1 的阻值一般取 240Ω，R_P 取 6.8kΩ，当忽略稳压器的静态电流 I_Q，电位器 R_P 滑动端处于最下端时

$$U_{omax} = \left(1 + \frac{R_P}{R_1}\right) \times 1.2 = \left(1 + \frac{6.8}{0.24}\right) \times 1.2 = 35.2V$$

电位器 R_P 滑动端处于最上端时

$$U_{omin} = 1.2V$$

因此，该稳压电路输出电压的可调范围是 $1.2V < U_o < 35V$

图 10-15 电路中，电容 C 是为了消除电位器 R_P 上的纹波；二极管的作用是防止输出短路时 C 向集成稳压器内部放电而损坏集成块。

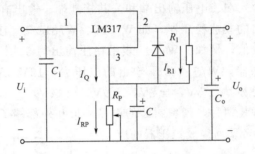

图 10-15 输出正电压可调集成稳压电路

使用时要注意，当输入电压、输出电流一定时，输出电压越小，则三端稳压器的功耗就越大。所以，在整个输出电压范围内，三端稳压器的功耗都不允许大于最大耗散功率，而且必须保证足够的散热器面积。金属封装的器件耗散功率大于塑料封装的器件。

LM337 是输出负电压可调的三端稳压器。

＊（三）输出正、负双路电压的稳压电路

在电子电路中，常需要同时输出正、负电压的双路直流电源。由集成稳压器组成的正、负双路输出的电路形式很多，图 10-16 是由 W7805 和 W7905 集成稳压器组成的同时输出 ±5V 电压的稳压电路。

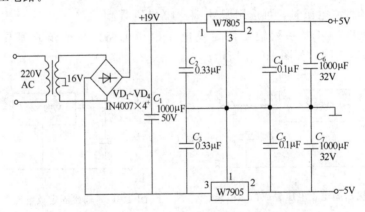

图 10-16 输出正、负双路电压的稳压电路

＊第五节 开关稳压电路简介

一、原理框图

前面介绍的串联型稳压电路的调整管工作在输出特性的放大区，处于负载电流连续通过的工作状态。这种连续导电式电路具有结构简单，输出纹波小，稳压性能好等优点；但它的调整管功耗大，整个电路的效率较低，通常只有 20％～40％，最高也只能达到 50％左右。此外，为了散热，调整管需要安装散热片，使电路体积和质量增加。若能设法让调整管工作在不是饱和导通就是截止的开关状态下，这一问题便能得到较好的解决。这种使调整管工作

在开关状态下的稳压电路称为开关型稳压电路。

开关型稳压电路具有功耗小，效率高，稳压范围宽，体积小，质量轻，安全可靠等特点，故在各种自动化电子装置，尤其是低电压、大电流的场合中获得广泛的应用。例如，电子计算机电源和电视机电源等。

开关型稳压电路主要包括三大部分，即开关电路、滤波电路和取样反馈电路。其原理框图如图 10-17 所示。

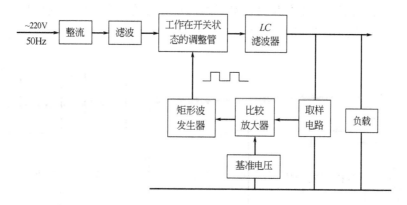

图 10-17 开关型稳压电源原理框图

二、电路原理分析

开关电路如图 10-18 所示，U_I 为经过整流、滤波后的直流电压。矩形波发生器为一开关信号发生器，它为调整管提供控制信号。当它输出高电平时，VT 饱和导通；当它输出低电平时，VT 截止。在 VT 饱和导通时，输入电压 U_I 经 VT 加到负载 R_L 上，A 点对地电压等于 U_I（忽略 VT 的饱和压降）；在 VT 截止时，A 点对地电压为零。用 t_{on} 表示调整管的导通时间，t_{off} 表示调整管的截止时间，则 $t_{on} + t_{off}$ 为调整管的动作周期 T_n（称开关周期，即矩形波发生器的周期）。输出电压的波形 u_A 如图 10-18（b）所示。其中，导通时间 t_{on} 与开关周期 T_n 之比定义为占空比 D，即

$$D = \frac{t_{on}}{t_{on} + t_{off}} = \frac{t_{on}}{T_n} \tag{10-13}$$

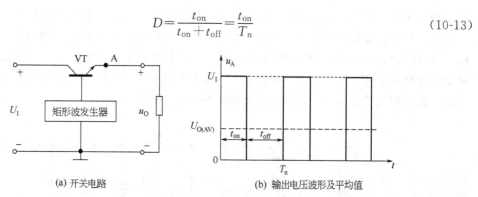

(a) 开关电路　　　　　　　(b) 输出电压波形及平均值

图 10-18 开关电路工作原理

在开关周期 T_n 一定的情况下，调节导通时间 t_{on} 的长短，则可调节输出平均电压 $U_{O(AV)}$ 的大小。电压平均值可表示为

$$U_{O(AV)} \approx DU_I \tag{10-14}$$

由此可见，当 U_I 的值一定时，通过调节占空比，即可调节输出电压 $U_{O(AV)}$。

图 10-19（a）所示为加入滤波环节后的开关电路，为了减少输出电压的纹波，使调整管

输出的断续脉冲电压变成连续的较平滑的直流电压，在开关电路基础上，再加上由电感 L、电容 C 和二极管 VD 组成的续流滤波电路。先分析 u_A 的波形：当 VT 饱和导通时，$u_A = U_I$，此时，二极管 VD 受反向电压而截止，电流从上至下过负载；当 VT 截止时，滤波电感中将产生自感电动势，其方向是右正左负。在此自感电动势的作用下，二极管 VD 导通，使滤波电感中的电流通过 VD 构成通路，因此，R_L 中继续流过电流，这样的二极管通常称为续流二极管。此二极管导通时，如果忽略该管的导通压降，则 A 点电压近似为零。由此可见，在控制信号作用下，工作在开关状态下的调整管使输入直流电压间断地加于 A 点和地之间，u_A 的波形如图 10-19（b）所示。

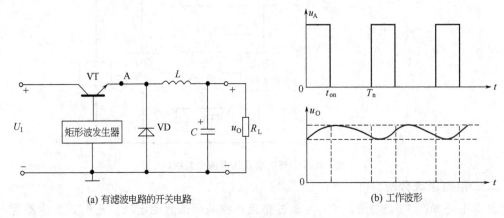

(a) 有滤波电路的开关电路   (b) 工作波形

图 10-19 具有滤波的开关电路原理

u_A 中除直流分量外，还有许多高次谐波分量。由于电感上的直流电阻很小，加上电容 C 对直流分量无分流，所以负载 R_L 上的直流分量接近 u_A 中的直流分量，即 $U_O \approx DU_I$。由于电感对交流分量衰减很大以及电容 C 对交流的旁路作用，使负载 R_L 上的交流分量很小。这样负载上就获得了比较平滑的直流电压。

实际上，交流电网电压时有波动，电源也都存在内阻，因此，开关电路的输出电压 U_O 亦是随整流滤波后的输出电压 U_I 和负载 R_L 的变化而变化的。为了达到稳压的目的，电路中还应有取样、反馈控制环节。图 10-20 所示为闭环控制的开关稳压电路的方框图，它通过 R_1、R_2 构成的分压电路对输出电压的采样、反馈来激励矩形波发生器，从而改变加到开关调整管的脉冲宽度，即改变 U_A 的占空比（频率不变），以调节开关调整管的导通与截止时间比，进而调整输出电压，这是较常见的一种开关型稳压电路。

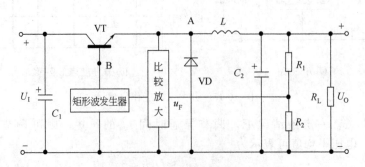

图 10-20 闭环控制的开关稳压电路

电路正常工作且输出电压稳定时，占空比 D 为某一确定的数值；当交流电网电压减小或负载电流增加使 U_O 减小时，取样电压 u_F 随之减小，该电压送到矩形波发生器，使调整管 VT 的导通时间 t_{on} 增加，致使 u_B 的占空比 D 增大，U_O 增大，从而使输出电压基本稳定。反之，当 U_O 增大时，u_F 增加，使 u_B 的占空比减小，U_O 减小，继而使输出电压基本稳定。由以上分析可知，这种开关电路的稳压过程是通过改变 u_B 的脉宽（或占空比）来实现的，因而称为脉宽调制型开关电路。

实验与训练项目八　并联型直流稳压电源的测试

一、实验目的
1. 了解单相桥式整流电路的原理并观察其整流电路的输出波形。
2. 了解滤波电路的功能，比较滤波输出波形与整流输出波形的不同。
3. 了解硅稳压管稳压电路的原理，观察其稳压电路的稳压作用。

二、原理说明
直流稳压电源通常由整流变压器、单相桥式整流电路、滤波电路和稳压环节组成。了解各个环节的作用、原理和电压变化波形是研究直流稳压电源的关键所在。

（1）整流变压器。整流变压器的任务是将市电 220V 的交流电压变换为整流所需要的交流电压值。

（2）单相桥式整流电路。整流是把正弦交流变换成单向脉动电压的过程。整流的输出是一个方向不变、大小改变的脉动电压，其大小用它的平均值来表示。输出电压的平均值 $U_0 = 0.9U_2$，式中 U_2 是变压器副边电压的有效值。

（3）滤波电路。滤波电路的作用是减小整流输出电压的脉动程度，以符合负载的需要。滤波电路的形式很多，本实验采用的是电容滤波电路，它主要用于负载电流较小且变化不大的场合，除此之外，还有电感滤波、电感电容滤波等。

（4）稳压环节。它是直流稳压电源的最后环节，其作用是在交流电源电压波动或负载改变时，稳定输出电压。本实验采用的是硅稳压管稳压电路，它是一种并联型的稳压电路。

整流变压器前面的调压器是为了模拟电网电压的波动而设置的。

直流稳压电源的实验电路如图 10-21 所示。

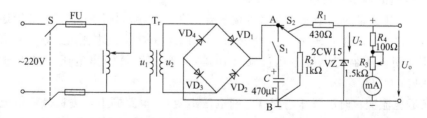

图 10-21　直流稳压电源实验电路

三、实验所需主要仪器
主要仪器：交流调压器，万用电表等。
主要元器件：变压器，整流二极管，稳压二极管，电阻，电容等。

四、实验内容和技术要求

1. 桥式整流输出电压的测量和波形观察

① 按图 10-21 所示电路在实验装置上连接电路，经检查无误后接通电源，用调压器调节使得变压器副边电压为 20V。

② 断开 S_1 和 S_2，将 R_2 为 1KΩ 的电阻接到电路中的 A、B 两端，用示波器观察整流波形，用万用表测量整流输出电压。将测量值记载在表 10-1 中，将观察到的波形记录在图 10-22 所示的坐标系中。

表 10-1　整流输出电压测量记录

理论值/V	测量值/V

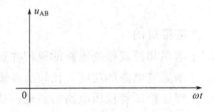

图 10-22　桥式整流输出电压波形记录

③ 把电源电压调整到零，然后再切断电源。

2. 滤波电路输出电压的测量和波形观察

① 电路同图 10-21，仍然用调压器调节使得变压器副边电压为 20V，合上 S_1，用万用电表测量整流滤波输出电压。将测量值记载在表 10-2 中，将观察到的波形记录在图 10-23 所示的坐标系中。

② 把电源电压调整到零，然后再切断电源。

表 10-2　滤波输出电压测量记录

理论值/V	测量值/V

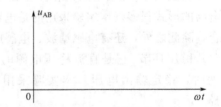

图 10-23　滤波电路输出电压波形记录

3. 稳压电路的调整和稳压效果的测试

（1）电网电压波动时的稳压情况（负载电流不变）。电路同图 10-21，电源接通后将电压调到 220V，去掉 R_2，合上 S_1 和 S_2，将 R_3 调到 1kΩ，并将直流电流表短接，用万用电表测量输出电压。用调压器把电源电压波动 ±10% V，再次测量输出电压。将测量结果记录在表 10-3 中。

（2）负载电流变化时的稳压情况（电网电压不变）。电路同上，去掉直流电流表的短接线，电源电压调到 220V，观察调节 R_3 时的电流值并测量输出电压值。调节 R_3 分别让负载电流最大（R_3 调到最小）和最小（R_3 调到最大），测量对应的输出电压值，将测量结果记录在实验表 10-3 中。

（3）实验完毕后，将电源电压调到零，切断电源。

表 10-3　电网电压波动和负载电流变化时输出电压值

电网电压波动±10％V	输出电压值测量值/V	负载电流(I_L)变化	输出电压值测量值/V
220V		I_L 不变($R_3=1\text{k}\Omega$)	
$220+22=242\text{V}$		I_L 最大时	
$220-22=198\text{V}$		I_L 最小时	

五、预习要求

1. 了解串联型直流稳压电源电路各个环节的作用与工作原理。

2. 了解电源电压波动或负载电阻变化时，稳压环节是怎样稳定输出直流电压的。

六、分析报告要求

1. 画出实际电路图，并标注出整流、滤波、稳压三大环节。

2. 整理实验数据，分析实验结果，画出在 u_2（正弦波）作用下整流、滤波、稳压的电压波形。

3. 说明电容滤波的原理和特性。

4. 说明硅稳压管稳压电路的稳压过程。

本章小结与学习指导

1. 直流电源是电子设备中必不可少的电路部分，本章主要讨论的是输出电压基本稳定的电压源。

2. 一个直流稳压电源通常包含四个部分：变压、整流、滤波和稳压。

变压：通过变压器把单相电网电压（正弦交流）变换成为所需大小的正弦交流电压；

整流：把一个正弦交流电压变换成为大小变化、方向不变的脉动电压；

滤波：尽可能减小脉动电压的脉动程度（即滤去交流，保留直流）；

稳压：尽可能保证在电网电压波动或负载改变时输出电压基本不变（接近一个恒压源）。

3. 了解不同整流电路（单相半波整流、单相桥式整流等）、滤波电路（电容滤波、电感滤波、复式滤波等）、稳压电路（并联型、串联型、集成稳压器等）电压、电流的计算方法与元器件的选择方法。

思考题与习题

10-1　试述直流稳压电源的构成和各部分的作用。

10-2　比较串联型稳压电源和开关稳压电源的优缺点。

10-3　如图 10-3（a）所示的桥式整流电路，试分析下列问题。

（1）在正常情况下它是怎样工作的？

（2）如果 VD_1 的正负极焊接颠倒了，会出现什么问题？

（3）如果 VD_2 已经击穿而短路了，会出现什么问题？

（4）如果负载被短路，会出现什么问题？

10-4　桥式整流电容滤波电路如题 10-4 图所示，用交流电压表量得 $u_2=20\text{V}$，现在用直流电压表测量 R_L

两端的电压，如果出现下列几种情况，试分析哪些是合理的，哪些是出现故障的，并指出原因。

(1) $u_L = 28V$

(2) $u_L = 24V$

(3) $u_L = 18V$

(4) $u_L = 9V$

10-5 题 10-5 图所示为全波整流电路，试分析它的整流原理。

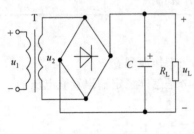 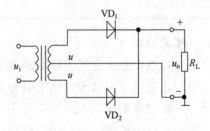

题 10-4 图   题 10-5 图

10-6 在桥式整流电路中，已知输出电压 $U_L = 25V$，负载电流 $I_L = 200mA$，试求

(1) 变压器次级电压；

(2) 二极管中的平均电流；

(3) 二极管承受最大反向电压；

(4) 选用二极管的型号。

10-7 试根据下列要求，选择三端集成稳压器，并画出相应的电路图。

(1) 输出直流电压 $U_L = +12V$，直流负载 R_L 最小值为 10Ω；

(2) 输出直流电压 $U_L = -6V$，最大负载电流为 $300mA$；

(3) 输出正、负两组直流电压，分别为 $+15V$ 和 $-15V$，输出电流范围是 $10 \sim 600mA$。

10-8 选择题（每题只有一个正确答案）

① 单相桥式整流电容滤波（带负载）电路的输出电压与变压器负方电压有效值 U_2 的关系是

 A. $0.45U_2$；   B. $0.9U_2$；   C. $1.2U_2$；   D. $1.4U_2$。

② 滤波电路的目的是

 A. 减小整流后电压的脉动程度；   B. 增大整流后电压的脉动程度；

 C. 稳定输出电压；   D. 减小电源的输出电阻。

③ 单相桥式整流电感滤波输出电压的平均值大约是变压器副边电压有效值的

 A. 0.45 倍；   B. 0.9 倍；   C. 1.2 倍；   D. 1.41 倍。

④ 三端集成稳压器 CW7812 的输出电压是

 A. 7V；   B. 8V；   C. $+12V$；   D. $-12V$。

第十一章　数字电路概貌与逻辑代数

从本章开始介绍数字电子技术的基本内容，作为数字电路的准备知识，如数制与编码、基本逻辑关系及运算、逻辑代数基础以及逻辑函数的化简都是学习数字电路应该掌握的基础知识。

第一节　数字信号与数字电路

一、模拟信号与数字信号

电子线路按处理的信号种类不同分为模拟电路与数字电路。模拟电路处理的模拟信号是指随时间连续变化的电信号，这些信号由模拟某些物理量（例如温度、压力、流量、语音、图像等）的变化转换而来，模拟电路的任务是对模拟信号进行放大、传递和控制。

数字电路处理的数字信号是指随时间不连续变化和突变的电信号，它是一种脉冲信号，这种信号具有脉动和冲击的含义。矩形波脉冲信号是一种典型的数字信号，如图11-1所示。它具有高、低两种电平，是一种二值量信息。在数字电路中常用两种状态的逻辑信号 0 和 1 表示。这种信号可以通过事物的真和假，有和无等实际问题转换而来。数字电路的任务是对数字信号进行运算（算术运算和逻辑运算）、计数、存储、传递和控制。

图 11-1　理想的数字信号——矩形脉冲波

二、数字电路的特点

数字电子技术已经广泛用于通信、自动控制、计算机、测量和众多的家用电器产品中。数字技术能得到迅速发展，得益于数字集成电路的不断研制和应用，使得数字化时代的到来比人们预想的要早得多。

数字电路包含的内容十分广泛，学习时应注意其特点。例如，在数字电路中工作的三极管，主要工作在饱和区和截止区。数字电路研究的对象是电路的输出与输入之间的逻辑关系，因此，分析数字电路的数学基础是逻辑代数，它采用了一整套与模拟电路完全不同的分析方法，在学习过程中应予以注意。

第二节　数制与编码

计数是数字电路的一个重要内容，因此，计数采用什么样的体制和怎么表示数是一个重要问题。

一、二进制数

日常生活中主要采用十进制数。它是用 0、1、2、3、…、9 十个数码按照一定的规律排列起来且按"逢十进一"进行计数的一种计数体制。但在电路中要找出十种能严格区分的状态来是不可能的。因此，数字电路中只采用二进制数，即使采用的是其他进制数也是用二进制数来表示的。

二进制数采用两个数码 0 和 1 来表示，即二进制数的每一位可能出现的数码只有 0 和 1 两个符号。

二进制数的计数规律是"逢二进一"，即 $1+1=10$（读作"壹零"）。二进制数是以 2 为基数的计数体制。例如，4 位二进制数 1001，可以表示成

$$(1011)_2 = 1 \times 2^3 + 0 \times 2^2 + 1 \times 2^1 + 1 \times 2^0 = 8+0+2+1 = (11)_{10}$$

可以看出，不同数位的数码所代表的数值是不相同的。把处在不同数位的数值称作位权，它是以基数 2 为底数的不同数位的乘幂。

一个 n 位二进制数正整数可以表示为

$$(N)_2 = (a_{n-1}a_{n-2}\cdots a_1 a_0)_2 = a_{n-1} \times 2^{n-1} + a_{n-2} \times 2^{n-2} + \cdots + a_1 \times 2^1 + a_0 \times 2^0$$

$$= \sum_{i=0}^{n-1} a_i \times 2^i \tag{11-1}$$

式中，a_i 表示第 i 位的系数，只取 0 或 1 中任意一个数码，2^i 表示第 i 位的权。

二、其他非十进制数

二进制数计数的特点是简单，但在使用过程中经常会遇到位数较长、读写不方便、难以记忆等困难，在实际应用中还使用八进制数和十六进制数等。

（一）八进制数

八进制数用 0、1、2、…、7 八个数码表示，基数是 8，计算规律为"逢八进一"，即 $7+1=10$（表示八进制数 8），各数位的权为 8^i。n 位八进制数的正整数同样可以表示为

$$(N)_8 = (a_{n-1}a_{n-2}\cdots a_1 a_0)_8$$

$$= a_{n-1} \times 8^{n-1} + a_{n-2} \times 8^{n-2} + \cdots + a_1 \times 8^1 + a_0 \times 8^0$$

$$= \sum_{i=0}^{n-1} a_i \times 8^i \tag{11-2}$$

式中，a_i 表示第 i 位的系数，它可以取 0～7 八个数码中的任意一个，8^i 表示第 i 位的权。

（二）十六进制数

十六进制数用 16 个数码表示，除了 0、1、2、…、9 外，还用到英文字母 A、B、C、D、E、F。基数是 16，计数规律为"逢十六进一"，即 F（表示 15）$+1=10$（表示十六进

制数的 16），各数位的权为 16^i。n 位十六进制数的正整数可以表示为

$$(N)_{16} = (a_{n-1}a_{n-2}\cdots a_1 a_0)_{16}$$

$$= a_{n-1} \times 16^{n-1} + a_{n-2} \times 16^{n-2} + \cdots + a_1 \times 16^1 + a_0 \times 16^0$$

$$= \sum_{i=0}^{n-1} a_i \times 16^i \tag{11-3}$$

式中，a_i 表示第 i 位的系数，它可以取 0、1、…、9、A、B、C、D、E、F 十六个数码中的任意一个，16^i 表示第 i 位的权。

不同数制对照见表 11-1。

表 11-1　不同数制对照

十进制数	二进制数	八进制数	十六进制数	十进制数	二进制数	八进制数	十六进制数
0	0000	0	0	14	1110	16	E
1	0001	1	1	15	1111	17	F
2	0010	2	2	16	10000	20	10
3	0011	3	3	17	10001	21	11
4	0100	4	4	18	10010	22	12
5	0101	5	5	19	10011	23	13
6	0110	6	6	20	10100	24	14
7	0111	7	7	32	100000	40	20
8	1000	10	8	64	1000000	100	40
9	1001	11	9	127	1111111	177	7F
10	1010	12	A	128	10000000	200	80
11	1011	13	B	255	11111111	377	FF
12	1100	14	C	256	100000000	400	100
13	1101	15	D				

三、不同进制数之间的转换

（一）二进制数与十进制数之间的转换

二进制数转换成十进制数按位权展开求和即成。例如

$$(110101)_2 = 1 \times 2^5 + 1 \times 2^4 + 0 \times 2^3 + 1 \times 2^2 + 0 \times 2^1 + 1 \times 2^0$$

$$= 32 + 16 + 4 + 1 = (53)_{10}$$

而十进制数转换成二进制数，则分别对整数和小数两个不同部分进行转换。这里只介绍整数部分的转换，其名为"除 2 取余法"，具体方法是用 2 去不断除被转换的十进制数，直到商的结果为 0。每次得到的余数（0 或 1）就是相应的二进制数的各数字位的系数。

例如，要把十进制数 27 转换成二进制数，可按下列步骤进行。

$$2 \underline{|27} \cdots\cdots 余 1 \cdots\cdots 最低位$$
$$2 \underline{|13} \cdots\cdots 余 1$$
$$2 \underline{|6} \cdots\cdots 余 0$$
$$2 \underline{|3} \cdots\cdots 余 1$$
$$2 \underline{|1} \cdots\cdots 余 1 \cdots\cdots 最高位$$
$$0$$

第一次得到的余数是最低位，最后的余数是最高位，因此

$(27)_{10} = (11011)_2$。

十进制数与八进制、十六进制数之间的转换可仿照以上方法进行，在此不再赘述。

（二）二进制数与八进制数、十六进制数之间的转换

二进制数转换成八进制数是将二进制数从低位起每三位分成一组，只要将每一组的二进制数转换成八进制数即可，例如

$$(11,100,110,101,001,000)_2 = (346510)_8$$

二进制数转换成十六进制数将二进制数从低位起每四位分成一组，只要将每一组的二进制数转换成十六进制数即可，例如

$$(1000,1010,1110)_2 = (8AE)_{16}$$

这种转换的原理基于三位二进制数正好是 0～7，而四位二进制数正好是 0～15。用相同的方法，也可以把一个八进制数、十六进制数转换成二进制数。

四、二-十进制编码

数字系统中的信息分为两类：一类是数值，表示方法如前述；另一类是文字符号与控制符号，这一类符号的表示也是用一定位数的二进制数码来表示的，这种特定的二进制数码称为代码。用代码来表示十进制数值、字母、符号或某种特定含义的过程称为编码。这里只介绍用二进制代码表示十进制数的编码，它是用四位二进制代码表示一位十进制数的一种编码，又称作 BCD 码[1]。四位二进制数有 16 种状态，用它来表示一位十进制数只用到其中 10 种，有 6 种不会利用到（称作无效组合）。因此，BCD 码将有不同的表示形式，最常用的是 8421 BCD 码，它用到了四位二进制数从小到大的前 10 种组合，其本身的数值正好是相应的十进制数，也称之为自然二进制编码，其余的还有 2421 码、5421 码和余 3 码等。几种常见的 BCD 码见表 11-2。

表 11-2　几种常见的 BCD 码

D_3	D_2	D_1	D_0	BCD 码对应的十进制数			
				8421 码	2421 码	5421 码	余 3 码
0	0	0	0	0	0	0	
0	0	0	1	1	1	1	
0	0	1	0	2	2	2	
0	0	1	1	3	3	3	0
0	1	0	0	4	4	4	1
0	1	0	1	5			2
0	1	1	0	6			3
0	1	1	1	7			4
1	0	0	0	8		5	5
1	0	0	1	9		6	6
1	0	1	0			7	7
1	0	1	1		5	8	8
1	1	0	0		6	9	9
1	1	0	1		7		
1	1	1	0		8		
1	1	1	1		9		

注：代码中的空位表示无效组合。

人们在使用计算机时，敲入键盘上的字母、符号和数值是向计算机发送数据和指令，每

---

[1]　BCD 码是 Binary-Coded-Decimal 的缩写，即二进制编码的十进制数。

一个键符都可用一串二进制数码来表示，ASCII❶即是其中一种。

第三节 基本逻辑关系及实现

数字电路主要讨论电路输出与输入之间的逻辑关系，这种关系是指条件与结果的一种因果关系，构成某一结果的几个条件进行的是一种称作逻辑运算的特殊运算，与普通代数的算术运算既有相似之处，又存在着本质上的差别。

数字电路的输出和输入，一般都用高、低电平来表示。高、低电平可用逻辑状态 1 和 0 表示，这种 1 和 0 只是表示两种可以区别的不同状态，而没有数值大小的含义。

一、基本逻辑运算

逻辑代数是按照一定规律进行运算的代数，虽然它和普通代数一样，也用字母表示变量，但二者的含义是完全不同的。逻辑代数中变量的取值只有 0 和 1，而没有其他值。

在逻辑代数中，有逻辑与、逻辑或、逻辑非三种基本运算。运算构成变量之间的函数关系，这是一种逻辑函数，描述它的形式可以是函数关系式、语句、表格或一种专门的图形符号。

（一）与逻辑运算

图 11-2 所示是一个表征与逻辑关系的照明电路，两个开关 A、B 串联在回路中控制灯泡 Y。显然，只有 A、B 同时闭合时，灯泡 Y 才亮。A、B 中只要有一个或两个均断开，灯泡 Y 就不亮。如果把这一事件中的开关闭合视为条件，灯泡亮视为结果，可以这样描述这一关系："只有构成某一事件的所有条件全部具备，这一事件才会发生"。这样一种因果关系称作与逻辑关系。若对这一事件中开关与灯泡的状态进行逻辑赋值（假设逻辑状态）：开关闭合，灯泡亮为逻辑 1；开关断开，灯泡不亮为逻辑 0。并把这一事件所有可能发生的情况用表格描述出来，这一能反映逻辑函数所有变量组合关系的表格称作真值表（或称功能表），反映与逻辑关系的真值表见表 11-3。

表中的 A、B、Y 均为逻辑变量，其中，A、B 可视为自变量，Y 可视为因变量，则函数关系可以用以下表达式描述，即

$$Y = A \cdot B \tag{11-4}$$

式中的小圆点"·"表示 A、B 的与运算，或称逻辑相乘。一般情况下，与运算符号"·"可以省略。与运算的逻辑符号如图 11-3 所示。

（二）或逻辑运算

图 11-4 所示是一个表征或逻辑关系的照明线路，和与逻辑关系不同的是开关 A、B 是并联的。显然，开关 A、B 中只要有一个闭合，灯泡 Y 就亮，只有 A、B 同时断开，灯泡 Y 才不亮。按照与逻辑关系中同样的假设，这一关系可以描述为"只要构成某一事件的几个条

---

❶ ASCII 是 American Standard Code for Information Interchange（美国标准信息交换码）的缩写。

表 11-3   与运算真值表

A	B	Y
0	0	0
0	1	0
1	0	0
1	1	1

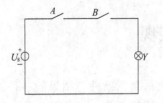

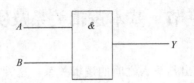

图 11-2   描述与逻辑的电路   图 11-3   与运算逻辑符号

件中至少有一个具备，这一事件就会发生"，这一因果关系称作或逻辑关系。进行和与逻辑同样的逻辑赋值以后，或逻辑关系的真值表见表 11-4。Y 与 A、B 间的函数关系可以描述成

$$Y = A + B \tag{11-5}$$

表中的加号"＋"表示 A、B 的或运算，或称逻辑相加。由表 11-4 可以看出，逻辑相加与算术相加是不同的，这里 $1+1=1$。或运算的逻辑符号如图 11-5 所示。

表 11-4   或运算真值表

A	B	Y
0	0	0
0	1	1
1	0	1
1	1	1

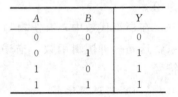

图 11-4   描述或逻辑的电路   图 11-5   或运算逻辑符号

（三）非逻辑运算

图 11-6 所示是一个表示非逻辑关系的电路。由于开关 A 与灯泡 Y 并联，所以，只有在开关 A 断开时灯泡 Y 才亮，即"事件的发生总是与其条件相反"，这样一种因果关系称作非逻辑关系。非逻辑关系的真值表见表 11-5。Y 和 A 的函数关系可以描述成

$$Y = \overline{A} \tag{11-6}$$

式中，字母 A 上方的短划线"－"表示非运算，或称逻辑求反。非运算的逻辑符号如图 11-7 所示。

表 11-5   非运算真值表

A	Y
0	1
1	0

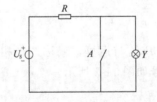

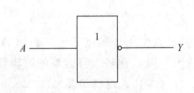

图 11-6   描述非逻辑的电路   图 11-7   非运算逻辑符号

以上讨论的与、或、非三种基本逻辑运算，都可以用电路去实现。实现与、或、非三种基本逻辑运算的电路称为与门电路、或门电路、非门电路，对应的三种运算逻辑符号也可视为三种门电路的逻辑符号。

上述与、或运算可以推广到多个变量的运算，如

$$Y = ABC \cdots$$
$$Y = A + B + C + \cdots$$

二、复合逻辑运算

以上讨论的是与、或、非三种基本逻辑运算,其他的函数关系都是以这三种基本运算构成的复合运算。

(一) 与非逻辑运算

由图 11-8 (a) 所示的逻辑符号图可以看出

$$Y' = AB, \quad Y = \overline{Y'} = \overline{AB}$$

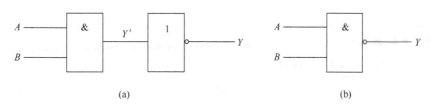

(a)　　　　　　　　　　　(b)

图 11-8　与非运算及逻辑符号

这是一种先与后非的逻辑运算,称作与非逻辑运算。

$$Y = \overline{AB} \tag{11-7}$$

函数的真值表如表 11-6 所示,其逻辑符号如图 11-8 (b) 所示。在以后的讨论中,把实现与非运算的与非门电路独立使用。

表 11-6　与非运算真值表

A	B	Y	A	B	Y
0	0	1	1	0	1
0	1	1	1	1	0

(二) 或非逻辑运算

变量进行的先或后非的运算,称作或非逻辑运算。

$$Y = \overline{A + B} \tag{11-8}$$

函数的真值表如表 11-7 所示,其逻辑符号如图 11-9 所示。实现或非运算的电路称作或非门电路。

表 11-7　或非运算真值表

A	B	Y
0	0	1
0	1	0
1	0	0
1	1	0

图 11-9　或非运算逻辑符号

(三) 与或非逻辑运算

变量 A、B、C、D 进行的先与后或再求反的运算称作与或非运算。

$$Y = \overline{AB + CD} \tag{11-9}$$

函数的真值表如表 11-8 所示,由于有四个变量,变量组合有 16 种,每种变量组合下的函数值是进行与或非运算的结果。与或非运算的逻辑符号如图 11-10 所示。

表 11-8　与或非运算真值表

A	B	C	D	Y
0	0	0	0	1
0	0	0	1	1
0	0	1	0	1
0	0	1	1	0
0	1	0	0	1
0	1	0	1	1
0	1	1	0	1
0	1	1	1	0
1	0	0	0	1
1	0	0	1	1
1	0	1	0	1
1	0	1	1	0
1	1	0	0	0
1	1	0	1	0
1	1	1	0	0
1	1	1	1	0

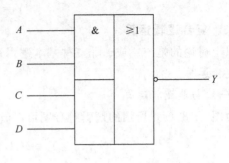

图 11-10　与或非运算逻辑符号

（四）异或逻辑运算

变量 A、B 之间进行下列运算，即

$$Y = \overline{A}B + A\overline{B}$$

称作为异或逻辑运算，可以表示为

$$Y = A \oplus B = \overline{A}B + A\overline{B} \tag{11-10}$$

函数的真值表如表 11-9 所示。可以看出，A、B 相同时，Y 为 0；A、B 相异时，Y 为 1。表示异或运算的逻辑符号如图 11-11 所示。

表 11-9　异或运算真值表

A	B	$\overline{A}B$	$A\overline{B}$	Y
0	0	0	0	0
0	1	1	0	1
1	0	0	1	1
1	1	0	0	0

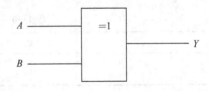

图 11-11　异或运算逻辑符号

第四节　逻辑代数基础

逻辑代数是研究数字电路的数学工具，它为数字电路的分析与设计提供理论基础。而逻辑代数的核心，是逻辑函数的化简问题。

一、逻辑代数的基本定理和公式

（一）基本定理和公式

根据逻辑与、或、非三种基本运算法则，可以推导出一些基本定律，这些定律有些与普通代数有相似之处，有一些则是逻辑代数自身特殊的规律。

1. 变量与常量的关系

$$\begin{cases} A \cdot 1 = A \\ A + 0 = A \end{cases} \tag{11-11}$$

$$\begin{cases} A \cdot 0 = 0 \\ A + 1 = 1 \end{cases} \tag{11-12}$$

$$\begin{cases} A+\overline{A}=1 \\ A\,\overline{A}=0 \end{cases} \tag{11-13}$$

2. 与普通代数相似的定律

$$交换律\begin{cases} AB=BA \\ A+B=B+A \end{cases} \tag{11-14}$$

$$结合律\begin{cases} (AB)C=A(BC) \\ (A+B)+C=A+(B+C) \end{cases} \tag{11-15}$$

$$分配律\begin{cases} A(B+C)=AB+AC \\ A+BC=(A+B)(A+C) \end{cases} \tag{11-16}$$

3. 逻辑代数中的特殊定律

$$同一律\begin{cases} A+A=A \\ AA=A \end{cases} \tag{11-17}$$

$$反演定律\begin{cases} \overline{A+B}=\overline{A}\,\overline{B} \\ \overline{AB}=\overline{A}+\overline{B} \end{cases} \tag{11-18}$$

$$还原律\quad \overline{\overline{A}}=A \tag{11-19}$$

以上定律和公式的正确性，最直接的方法是通过列真值表来证明，若等式两边的函数在变量的各种取值下都相等，则等式成立。

以上等式还可通过逻辑代数的规则，扩大其应用范围。

如 $\overline{A+B}=\overline{A}\,\overline{B}$，则 $\overline{A+B+C}=\overline{A}\,\overline{B+C}=\overline{A}\,\overline{B}\,\overline{C}$。

（二）常用公式

利用基本公式可以推导出一些常用公式，这些公式有助于化简逻辑函数。

常用公式1 $\qquad\qquad\qquad AB+A\overline{B}=A \tag{11-20}$

常用公式2 $\qquad\qquad\qquad A+AB=A \tag{11-21}$

常用公式3 $\qquad\qquad\qquad A+\overline{A}B=A+B \tag{11-22}$

常用公式4 $\qquad\qquad AB+\overline{A}C+BC=AB+\overline{A}C \tag{11-23}$

二、逻辑函数的化简

在数字电路中，往往要根据实际问题进行逻辑设计，根据设计得出的逻辑函数用电路去实现之。因此，只有最简的逻辑函数才能使得电路最简。

一个逻辑函数可以有不同的表达形式，如与-或表达式，或-与表达式，与非-与非表达式、或非-或非表达式以及与-或-非表达式等。选择哪种形式应根据拥有的门电路类型确定。例如

$$\begin{aligned} Y &=AB+\overline{B}C & &\text{与-或表达式} \\ &=(A+\overline{B})(B+C) & &\text{或-与表达式} \\ &=\overline{\overline{AB}\cdot\overline{\overline{B}C}} & &\text{与非-与非表达式} \\ &=\overline{\overline{A+\overline{B}}+\overline{B+C}} & &\text{或非-或非表达式} \\ &=\overline{\overline{AB}+\overline{B}\,\overline{C}} & &\text{与-或-非表达式} \end{aligned}$$

在实际应用中，与-或表达式是比较常见的，同时，它也可以比较容易与其他形式的表达式相互转换。对于一个最简的与-或表达式，首先要求与项（乘积项）的数目最少；其次，

在满足与项最少的条件下，要求每个与项中变量的个数也最少。

化简逻辑函数的方法主要有公式法和卡诺图法。

（一）逻辑函数的公式化简法

公式化简法是运用逻辑代数的基本公式和常用公式对函数化简的一种方法，常用方法有以下几种。

1. 并项法

利用公式 $A+\overline{A}=1$，将两项合并成一项，并且可以消去一个变量，如

$$ABC+A\overline{B}C=AC(B+\overline{B})=AC \cdot 1=AC$$

2. 吸收法

利用公式 $A+AB=A$，消去多余的项，如

$$AB+ABC+AB\overline{D}=AB$$

3. 消去法

利用公式 $A+\overline{A}B=A+B$，消去多余的因子，如

$$AB+\overline{A}BC=AB+C$$

4. 配项法

利用 $A=A(B+\overline{B})$，将它作配项用，然后消去更多的项，如

$$AB+\overline{A}C+BC=AB+\overline{A}C+(A+\overline{A})BC$$
$$=AB+\overline{A}C+ABC+\overline{A}BC$$
$$=(AB+ABC)+(\overline{A}C+\overline{A}BC)$$
$$=AB+\overline{A}C$$

【例 11-1】 化简 $Y=\overline{A}\,\overline{B}+AC+BC+\overline{B}\,\overline{C}\,\overline{D}+B\overline{C}E+\overline{B}CF$

解 $Y=\overline{A}\,\overline{B}+AC+BC+\overline{B}\,\overline{C}\,\overline{D}+B\overline{C}E+\overline{B}CF$

$$=\overline{A+B}+(A+B)C+\overline{B}\,\overline{C}\,\overline{D}+B\overline{C}E+\overline{B}CF$$
$$=\overline{A}\,\overline{B}+C+\overline{B}\,\overline{C}\,\overline{D}+B\overline{C}E+\overline{B}CF$$
$$=\overline{A}\,\overline{B}+C+\overline{B}\,\overline{D}+BE$$

* （二）逻辑函数的卡诺图化简法

用公式法化简逻辑逻辑函数，除了要求对公式的运用熟练掌握以外，还需一定的技巧，且化简的结果是否最简也难以判断，因此需要另找一种方法。20 世纪 50 年代美国工程师 Karnaugh 提出的卡诺图就较好地为逻辑函数的化简提供了便捷。

1. 卡诺图

卡诺图是逻辑变量的最小项的方块图。所谓逻辑变量的最小项，是一种特殊的与项。

设 A、B、C 是三个逻辑变量，由它们可以构成许多不同的与项，但其中的八个特殊与项 $\overline{A}\,\overline{B}\,\overline{C}$、$\overline{A}\,\overline{B}C$、$\overline{A}B\overline{C}$、$\overline{A}BC$、$A\overline{B}\,\overline{C}$、$A\overline{B}C$、$AB\overline{C}$、$ABC$ 具有这样的特点：①每个与项都只有三个因子；②每个变量都是它的一个因子；③每一变量或以原变量（A、B、C）或以反变量（$\overline{A}$、$\overline{B}$、$\overline{C}$）的形式在其中只出现一次。

3 个变量构成的最小项个数是 $2^3=8$。若有 n 个变量，最小项的个数是 2^n。通常对最小项进行编号，其方法是按字母顺序（A、B、C……）选取使最小项函数值为 1 的变量取值所对应的二进制数作为编号。如使 $\overline{A}\,\overline{B}\,\overline{C}$ 为 1 的变量 ABC 取值为 000，则令 $\overline{A}\,\overline{B}\,\overline{C}$ 的编号为 0，记作 m_0，使 $\overline{A}\,\overline{B}C$ 为 1 的变量 ABC 取值为 001，则令 $\overline{A}\,\overline{B}C$ 的编号为 1，记作 m_1，其余

类推。

一个逻辑函数的与-或表达式可以有不同的结果，但它的最小项表达式（特殊的与-或表达式）却是惟一的。因而用卡诺图表示逻辑函数也只有惟一的形式。

卡诺图是最小项按照几何相邻应满足逻辑相邻的原则而拼成的方块图。所谓逻辑相邻是指两个同变量的最小项，只有一个变量互为反变量，其他变量都相同。

二变量（A、B）的卡诺图如图 11-12（a）所示，它有 $2^2 = 4$ 个最小项，因此有四个小方格。

三变量（A、B、C）的卡诺图如图 11-12（b）所示，它有 $2^3 = 8$ 个最小项，因此有八个小方格。

四变量（A、B、C、D）的卡诺图如图 11-12（c）所示，它有 $2^4 = 16$ 个最小项，因此有十六个小方格。

五变量或五变量以上的卡诺图较为复杂，一般很少使用。

图 11-12 所示不同变量的卡诺图中右边的形式是卡诺图中的实用形式，可以把最小项的编号标记在小方格的右下角，其内容可从行、列的变量取值识别出来。卡诺图中的小方格不仅几何位置相邻能满足逻辑相邻，且一行的左右、一列的上下两个方格也逻辑相邻，这种相邻称为循环相邻。

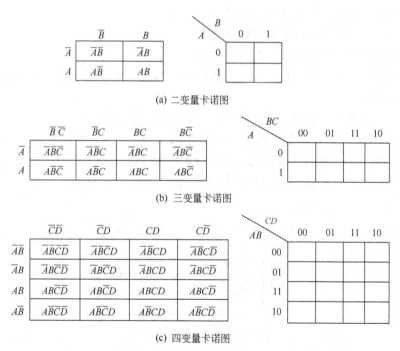

图 11-12　卡诺图

2. 逻辑函数的卡诺图表示法

一个逻辑函数可以转化成最小项表达式，而卡诺图是最小项的方格图，因而可以用卡诺图来表示逻辑函数。其方法是：先将一个逻辑函数展开成最小项表达式，画出其卡诺图，在包含某一最小项的方格中填 1，其余填 0。填上 1 和 0 以后的卡诺图便是该逻辑函数的一种表示形式。

3. 用卡诺图化简逻辑函数

卡诺图中的每个小方格代表着对应的最小项，且相邻（含左右、上下）的两个小方格只有一个变量不同，这样便可以利用 $AB+A\bar{B}=A$，将两项并为一项，并消去一个互非的变量。其方法可以归纳如下：

① 相邻的 2 个最小项可以合并成一项，并且能够消去一个变量；

② 相邻的 4 个最小项可以合并成一项，并且能够消去两个变量；

③ 相邻的 8 个最小项可以合并成一项，并且能够消去三个变量；

……

相邻的 2^n 个最小项可以合并成一项，并且能够消去 n 个变量。

消去的是不同因子，保留的是相同因子。

下面举例说明如何用卡诺图化简逻辑函数，并归纳其步骤。

【例 11-2】 用卡诺图化简逻辑函数

$$Y(A,B,C,D)=\sum(1,5,6,7,11,12,13,15)$$

解 画四变量卡诺图，并用它表示 $Y=\sum(1,5,6,7,11,12,13,15)$。其方法是在包含某最小项的方格处填 1，其余填 0，如图 11-13 所示。

然后按照化简的方法，将函数值为 1 的方格按相邻 2 个、4 个、8 个包围在一起，这一过程称为画包围圈。画包围圈时应注意：

① 包围圈应尽可能大，这样能更多地消去因子；

② 包围圈应尽可能少，以减少与项个数；

③ 同一方格在需要时可以被多次圈，因为 $A+A=A$；

④ 每个包围圈要有新的成分，若一个包围圈中所有的方格都被别的包围圈圈过，则这个包围圈是多余的；

⑤ 先圈大，后圈小，单独方格单独圈，不要遗漏一个方格。

按照以上方法，该逻辑函数可画的包围圈如图 11-13 所示。可以看出 $m_5+m_7+m_{13}+m_{15}$ 的包围圈是多余的，通过取舍，化简以后的逻辑函数为

$$Y(A,B,C,D)=\bar{A}\,\bar{C}D+\bar{A}BC+AB\bar{C}+ACD$$

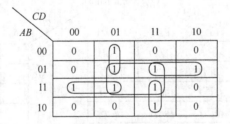

图 11-13　例 11-2 的卡诺图

本章小结与学习指导

1. 数字电路是对不连续变化的矩形脉冲信号（即数字信号）进行存储、传递、运算和处理的电子电路。由于矩形脉冲信号只有高电平和低电平两种状态，电路中的三极管也只是工作在饱和或截止状态，故这种电路的输出与输入的关系可以用专门研究二值量变化的逻辑代数来描述。

2. 数字电路是一种逻辑电路，即电路的输出与输入之间的关系是一种逻辑关系，或者说是一种逻辑函数关系。逻辑代数是研究数字电路的专门数学工具。

3. 数字电路采用的数制是二进制，八进制、十六进制与二进制之间有着特殊的联系。用多位二进制数表示一个确切的数字或一种电路操作（指令）是数字电路中常见的现象，这就是所谓的编码思想。

4. 逻辑代数的基本公式是研究逻辑变量之间运算关系的基本定律。逻辑函数化简的目的是要得到一个最简的电路结构形式。逻辑函数可以利用公式和卡诺图来进行化简。

思考题与习题

11-1　试将下列二进制数转换成相应的十进制数和十六进制数。

(1) 11010101；　　　(2) 10011100；

(3) 11111111；　　　(4) 10000000

11-2　试将下列十进制数转换成相应的二进制数和十六进制数。

(1) 37；　(2) 127；　(3) 65；　(4) 255

11-3　试写出下列十进制数的 8421 BCD 码。

(1) 129；　(2) 587；　(3) 890；　(4) 753

11-4　试写出下列 8421 BCD 码对应的十进制数。

(1) 1001 0010 1000；　　(2) 0100 1001 1000；

(3) 0111 0110；　　(4) 1000 1001 0111 0110

11-5　试通过日常生活中的 1~2 个例子说明与、或、非表示的意义。

11-6　证明下列等式。

(1) $\overline{A\overline{B}+\overline{A}B}=AB+\overline{A}\,\overline{B}$；

(2) $\overline{AB+\overline{A}C}=\overline{A}+\overline{B}\,\overline{C}$；

(3) $AB+BCD+\overline{A}C+\overline{B}C=AB+C$；

(4) $A\overline{B}+BD+DCE+D\overline{A}=A\overline{B}+D$；

(5) $\overline{A}\,\overline{B}+\overline{A}B+A\overline{B}+AB=1$；

(6) $(A+B)(\overline{A}+C)(B+C)=(A+B)(\overline{A}+C)$

11-7　用公式法将下列逻辑函数化简为最简与-或表达式。

(1) $Y=\overline{A}\,\overline{B}\,\overline{C}+A+B+C$；

(2) $Y=(A\oplus B)C+ABC+\overline{A}\,\overline{B}\,\overline{C}$；

(3) $Y=A\overline{B}+B+\overline{A}B$；

(4) $Y=A\overline{B}(C+D)+D+\overline{D}(A+B)(\overline{B}+\overline{C})$；

(5) $Y=(A+B+C)+(\overline{A}+\overline{B}+\overline{C})$；

(6) $Y=A\overline{C}+ABC+AC\overline{D}+CD$

11-8　用卡诺图法将下列逻辑函数化简为最简与-或表达式。

(1) $Y(A,B,C)=\overline{A}\overline{B}+B\overline{C}+AC+\overline{B}C$；

(2) $Y(A,B,C,D)=A\overline{B}CD+A\overline{B}+\overline{A}+A\overline{D}$；

(3) $Y(A,B,C)=\sum m(3,5,6,7)$；

(4) $Y(A,B,C,D)=\sum m(0,1,2,4,8,9,10,11,12,13,14,15)$；

(5) $Y(A,B,C,D)=\sum m(1,4,7,9,12,15)$；

(6) $Y(A,B,C,D)=\sum m(0,2,5,7,8,10,13,15)$

11-9　试用与非门画出实现逻辑函数 $Y=AB+BC+AC$ 的逻辑图。

11-10 试用与非门和非门画出实现逻辑函数 $Y=A\overline{B}+B\overline{C}+\overline{A}C$ 的逻辑图。

11-11 根据下列文字描述建立真值表。

(1) 设 Y 是逻辑变量 A、B、C 的函数,当变量组合中出现奇数个 1 时,$Y=1$,否则 $Y=0$。

(2) 设 Y 是逻辑变量 A、B、C 的函数,当变量组合取值完全一致时,输出为 0,其余情况输出为 1。

11-12 试列出下列函数的真值表。

(1) $Y=\overline{A}\overline{B}C+\overline{A}B\overline{C}+A\overline{B}\overline{C}+ABC$;

(2) $Y=AB+AC$

11-13 选择题(每题只有一个正确答案)

① "构成某一事件的几个条件中只要有一个具备,这一事件就会发生",这样一种因果关系是

　　A. 与逻辑关系;　B. 或逻辑关系;　C. 非逻辑关系;　　　　D. 异或逻辑关系。

② 按正逻辑功能描述为"有 1 出 0,全 0 出 1"的逻辑门电路是

　　A. 与非门;　　　B. 或非门;　　　C. 异或门;　　　　　D. 同或门。

③ 按正逻辑功能描述为"相同出 0,相异出 1"的逻辑门电路是

　　A. 与非门;　　　B. 或非门;　　　C. 异或门;　　　　　D. 同或门。

④ 八位二进制可以用来表示多少种状态

　　A. 8 种;　　　　B. 16 种;　　　　C. 256 种;　　　　　D. 255 种。

⑤ 下面哪项描述是错误的

　　A. 相邻的 2 个最小项可以合并成一项,并且可以消去 1 个变量;

　　B. 相邻的 3 个最小项可以合并成一项,并且可以消去 1 个变量;

　　C. 相邻的 4 个最小项可以合并成一项,并且可以消去 2 个变量;

　　D. 相邻的 8 个最小项可以合并成一项,并且可以消去 3 个变量。

⑥ BCD 码是一种用四位二进制数来表示一位十进制数的编码,不正确的描述是

　　A. 它有 10 种有效状态,6 种无效状态;

　　B. BCD 码分有权码和无权码两种;

　　C. 余 3 码是一种有权码;

　　D. 8421BCD 码是一种自然二进制编码。

⑦ 逻辑表达式 $A+BC=$

　　A. $A+B$;　　　B. $A+C$;　　　C. $(A+B)(A+C)$;　D. $B+C$。

⑧ 以下表达式中符合逻辑运算法则的是

　　A. $FF=F^2$;　　B. $1+1=10$;　　C. $W+W=2W$;　　　D. $A+1=1$。

第十二章　逻辑门电路及组合逻辑电路

门电路(Gate)是数字电路的基本逻辑单元,它是实现各种逻辑运算的电路。按逻辑功能分类有与门、或门、非门、与非门、或非门、异或门、与或非门等。早期的门电路主要由分立元件的二极管、三极管构成,如二极管与门、或门,三极管非门以及由它们复合而成的与非门、或非门等。随着数字集成电路的发展,人们已很少使用分立元件门电路了,所以本章只介绍集成逻辑门电路。

由门电路可以组成不同类型的组合逻辑电路,它们可以完成较复杂的逻辑功能,在数字系统中它们充当功能器件的作用。

第一节　TTL 集成与非门电路

以双极型三极管为基本元件,集成在一块硅片上,并具有一定的逻辑功能的电路称为双极型数字集成电路。TTL 电路是其中的一种,由于它的输入端和输出端的结构形式都采用了三极管,所以称之为晶体管-晶体管逻辑电路(Transistor-Transistor Logic),简称 TTL 电路,由于它的开关速度较高,是目前使用较多的一种电路。TTL 是一个电路系列,这里只介绍 TTL 与非门。

一、电路组成与逻辑功能分析

图 12-1 所示是典型的 TTL 与非门原理电路。电路由三部分构成:多发射三极管 VT_1 和

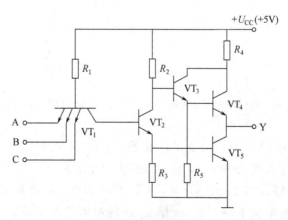

图 12-1　TTL 与非门

电阻 R_1 组成输入级；VT_2 和 R_2、R_3 组成中间放大级；VT_3、VT_4、VT_5 和 R_4、R_5 组成输出级，其中，VT_3 与 VT_4 组成的复合管作为 VT_5 的有源负载，以提高电路的带负载能力。

当输入端至少有一个接低电平（+0.3V）时，对应于输入端接低电平的发射结导通，VT_1 处于深度饱和状态，VT_2 的基极电位很小，只有 0.4V 左右，VT_2、VT_5 截止。电源 $+U_{CC}$ 通过 R_2 向 VT_3、VT_4 提供电流，VT_3、VT_4 导通。减去 R_2 上的压降和 VT_3、VT_4 两个发射结上的电压，输出为高电平，大约在 3.6V 左右。

当输入端全接高电平（+3.6V）时，电源 $+U_{CC}$ 通过 R_1 和 VT_1 的集电结向 VT_2、VT_5 提供基极电流，VT_2、VT_5 饱和。输出为低电平，即 VT_5 的饱和压降 $U_{CES} = 0.3V$。此时，VT_1 的基极电位为 2.1V，VT_1 的集电结正偏，发射结反偏，称之为倒置放大状态。由于 VT_2 饱和，VT_3 的基极电位只有 1V 左右，只能使 VT_3 处于微导通，而 VT_4 处于截止状态。

通过以上分析，该电路实现了与非门的逻辑功能：“输入有低、输出为高；输入全高，输出为低”（简称为有 0 出 1，全 1 出 0）。TTL 与非门的工作状态见表 12-1。

表 12-1　TTL 与非门工作状态

输　入	VT_1	VT_2	VT_3	VT_4	VT_5	输　出
至少有一个为低电平（+0.3V）	深度饱和	截止	微饱和	放大	截止	高电平（+3.6V）
全为高电平（+3.6V）	倒置放大	饱和	微导通	截止	饱和	低电平（+0.3V）

二、电压传输特性

与非门输出电压与输入电压的关系称作电压传输特性，它表示输入由低电平变到高电平时输出电平相应的变化情况，图 12-2 是 TTL 与非门电压传输特性的测试电路。输入端 A 接至可调电压，B、C、D 端接 $+U_{CC}$（相当于接高电平）。改变 A 端的电压，并分别测出 u_I 和 u_O，就可得到图 12-3 所示的电压传输特性曲线。

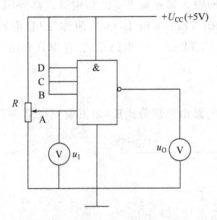

图 12-2　TTL 与非门电压传输特性测试电路

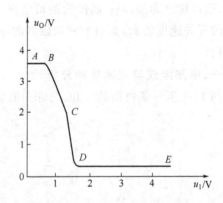

图 12-3　TTL 与非门的电压传输特性曲线

当 u_I 较低（小于 0.6V）时，由于 VT_1 饱和，VT_2 和 VT_5 截止，输出为高电平（大约为 3.5V 左右），对应于曲线的 AB 段，这一段称为截止区。

当 u_I 大于 0.6V 以后，VT_2 开始导通，VT_5 仍然截止。随着 u_I 的增加，VT_2 的基极电位增加，VT_2 的集电极电位下降，故 u_O 随 u_I 的增加而线性下降，一直维持到 u_I 增大到 1.3V 左右，对应于曲线的 BC 段，这一段称为线性区。

当 u_I 增大到 1.3V 以后，再稍增加一点儿，VT_5 也将由原来的截止状态向饱和状态变化，故 u_I 大于 1.3V 以后，u_O 将急剧下降，对应于曲线的 CD 段，这一段称为转折区。转折区对应的 u_I 范围较小。

u_I 大约大于 1.4V 以后，VT_2、VT_5 同时饱和，输出为低电平（大约为 0.3V 左右），对应于曲线的 DE 段，这一段称为饱和区。

研究 TTL 与非门的电压传输特性曲线，主要是了解 u_I 变化时 u_O 的变化趋势，这是使用 TTL 与非门（或其他功能的 TTL 电路）应该注意的电气特性方面的问题。

从电压传输特性曲线可以看到，当输入低电平 u_I 超过正常的低电平 0.3V 而增大，输出高电平并不立刻降低；当输入高电平 u_I 低于正常的高电平 3.5V 而减小，输出低电平并不立刻升高。这就是说，TTL 与非门允许输入电平有一个波动范围，以防止电路工作过程中外界的干扰电压。

三、TTL 与非门的参数和使用注意事项

（一）TTL 与非门的参数

TTL 与非门的参数是与非门工作过程的一些技术指标。对使用者来说，应该了解这些参数的意义及测试方法，并能根据测试结果判断器件性能的好坏。

（1）输出高电平 U_{OH}　它是指一个或一个以上输入端为低电平时的输出电压值。

（2）输出低电平 U_{OL}　它是指所有输入端均为高电平时的输出电压值。

（3）开门电平 U_{ON}　使输出电压为标准低电平 U_{SL}（约为 0.4V）的最小输入高电平值。

（4）关门电平 U_{OFF}　使输出电压为标准高电平 U_{SH}（约为 2.4V）的最大输入低电平值。

（5）扇出系数 N_O　它是指与非门输出端最多能接同类与非门的个数。

（6）平均传输延迟时间 t_{pd}　它是表示开关速度的一个参数。一般可以理解为从输入变化（从低到高或从高到低）时算起到输出有变化（从高到低或从低到高）所需的时间。

TTL 与非门的主要参数可查阅有关 TTL 电路手册。

典型的 TTL 与非门产品 74LS20（4 输入 2 与非门）的端子排列如图 12-4 所示。

（二）TTL 与非门使用注意事项

在 TTL 与非门使用过程中，若有多余或暂时

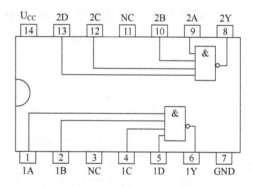

图 12-4　74LS20 端子排列图

不用的输入端，其处理的原则应保证其逻辑状态为高电平。一般方法有：①剪断悬空或直接悬空；②与其他已用输入端并联使用；③将其接电源 $+U_{CC}$。电路的安装应尽量避免干扰信号的侵入，确保电路稳定工作。

第二节　MOS 集成逻辑门电路

目前，MOS 器件在数字电路中已得到广泛应用。它的开关速度虽比 TTL 门电路低，但由于制造工艺简单、体积小、集成度高，因此特别适用于制造大规模集成电路。MOS 电路

的另一个特点是输入阻抗高（可达 $10^{10}\,\Omega$ 以上），即直流负载很小，几乎不取用前级信号电流，因此有很高的扇出能力。

MOS 集成电路有三种型式，即由 N 沟道增强型 MOS 管构成的 NMOS 电路，由 P 沟道增强型 MOS 管构成的 PMOS 电路以及兼有 N 沟道和 P 沟道的互补 MOS 电路（简称为 CMOS 电路）。PMOS 电路的原理与 NMOS 电路的原理完全相同，只是电源极性相反而已。

一、电路结构与工作原理

（一）NMOS 门电路

1. NMOS 反相器（非门）

电路如图 12-5 所示。VT_1 为工作管，其栅极为电路的输入端，漏极为电路的输出端。栅极与漏极连接在一起的 VT_2 管，总是饱和导通的，由于电源 $+U_{DD}$ 通过它连接负载，故 VT_2 称为 VT_1 的负载管。

当 $u_I = U_{IL} < U_{TH1}$（VT_1 管的开启电压）时，VT_1 管截止，VT_2 导通，故 $u_O = U_{DD} - U_{TH2} = U_{OH}$，输出为高电平。

当 $u_I = U_{IH} > U_{TH1}$ 时，VT_1 管导通，VT_2 管亦导通，这时

$$u_O = U_{DD}\frac{R_{ON1}}{R_{ON1} + R_{ON2}}$$

其中，R_{ON1}、R_{ON2} 分别为 VT_1、VT_2 管导通时漏-源之间的电阻，称为导通电阻。要求 $R_{ON1} \ll R_{ON2}$，这样 $u_O = U_{DD}\dfrac{R_{ON1}}{R_{ON1} + R_{ON2}} = U_{OL}$ 较小，输出为低电平。

2. NMOS 与非门

电路如图 12-6 所示。电路由 N 沟道增强型的 MOS 管构成，VT_1 和 VT_2 串联作为工作管，其两个栅极 A、B 作为电路的输入端，负载管 VT_3 仍然总是导通的，Y 是电路的输出端。

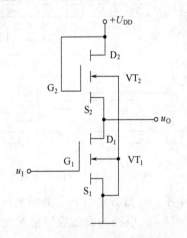

图 12-5　NMOS 反相器

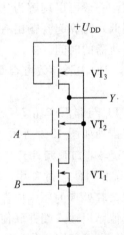

图 12-6　NMOS 与非门

在该电路中，只有当 A、B 都为高电平时，VT_1、VT_2 管才能同时导通，输出 Y 为低电平；A、B 中只要有一个为低电平，相应的 MOS 管截止，输出为高电平（$U_{OH} = U_{DD} - U_{TH3}$）。正好符合"输入全高、输出为低；输入有低，输出为高"的与非逻辑功能，即

$$Y = \overline{AB}$$

由于这种电路的输出低电平取决于各个 MOS 管的导通电阻的分压值 $U_{OL} =$

$U_{DD}\dfrac{R_{ON1}+R_{ON2}}{R_{ON1}+R_{ON2}+R_{ON3}}$，因此，工作管数目增加，其输出低电平值也会抬高，故 NMOS 与非门的输入端数目不能太多，一般不宜超过三个。在 MOS 门电路中，大多数电路是由工作管并联构成的或非门，它不会因输入端数目的增加（工作管数目增加）而影响输出低电平的数值。

（二）CMOS 门电路

1. CMOS 反相器（非门）

电路如图 12-7 所示。工作管 VT_1 为 NMOS 管，负载管 VT_2 为 PMOS 管。一般要求 $U_{DD}\geqslant U_{TN}+|U_{TP}|$，其中，$U_{TN}$ 是 NMOS 管的开启电压，U_{TP} 是 PMOS 管的开启电压。一般 $U_{TN}=|U_{TP}|$，且 $g_{m1}=g_{m2}$ 比较大，$R_{ON1}=R_{ON2}$ 比较小。

当 u_I 为低电平时，VT_1 截止，VT_2 导通，输出 u_O 为高电平，即 $U_{OH}\approx+U_{DD}$。当 u_I 为高电平时，VT_1 导通，VT_2 截止，输出 u_O 为低电平，即 $U_{OL}\approx0$。u_O 与 u_I 为反相关系。

该电路无论在输入是高电平还是低电平时，VT_1 和 VT_2 中总是一个导通另一个截止，互补工作，静态电流近似为零，故静态功耗极小。这一特点贯穿在所有的 CMOS 的电路中。

2. CMOS 或非门

电路如图 12-8 所示。两个 NMOS 管 VT_{N1}、VT_{N2} 并联，两个 PMOS 管 VT_{P1}、VT_{P2} 串联，且 VT_{N1} 与 VT_{P1}、VT_{N2} 与 VT_{P2} 的栅极连接在一起（A、B 端）作为电路的输入端，Y 为电路的输出端。NMOS 与 PMOS 管成对出现，互补工作。

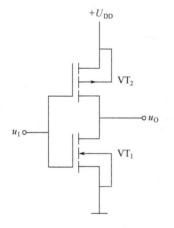

图 12-7　CMOS 反相器

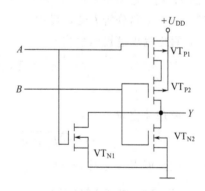

图 12-8　CMOS 或非门

当 A、B 中至少有一个为高电平时，对应的 NMOS 管导通，PMOS 管截止，输出 Y 为低电平；只有 A、B 全为低电平时，全部 NMOS 管截止，全部 PMOS 管导通，输出才为高电平。输出与输入是或非逻辑关系，即

$$Y=\overline{A+B}$$

当要用 CMOS 电路实现与非关系时，只要使其 NMOS 管串联、PMOS 管并联即可。

二、MOS 门电路使用注意事项

（1）避免静电损坏　MOS 器件的输入电阻大（$10^{10}\,\Omega$ 以上）、输入电容小（$1\sim2$pF），在使用过程中，如果一些容量较大的带电体与其接触，MOS 管的栅极电容将通过静电感应产生电荷，由于栅极-衬底之间的电容很小，即使感应少量电荷也将在栅-衬间产生较高的感应电压，使其栅极绝缘层击穿而造成永久性破坏。因此，在使用 MOS 器件时应该使所有与

MOS 电路直接接触的工具、测试设备可靠接地。在存放、安装和使用过程中，应尽量避免栅极悬空。

（2）多余或暂时不用的输入端的处理　MOS 输入电阻很高，易受外界干扰信号的影响，所以，MOS 电路的多余或暂时不用的输入端不能悬空。只能按功能的要求接地或接电源或与其他输入端并联使用。

第三节　组合逻辑电路的分析与设计方法

组合逻辑电路是数字电路中的重要组成部分，其逻辑功能特点是：任一时刻的稳态输出只决定于该时刻各个输入信号的组合，而与输入信号作用之前电路的状态无关。组合逻辑电路由门电路组成，它不包含记忆元件，也不存在反馈电路。

一、组合逻辑电路的分析方法

在数字电路中，绝大部分电路图都是由逻辑符号连接起来的逻辑图，它实际上也是逻辑函数的一种表示方式。所谓组合逻辑电路的分析，就是根据给定的逻辑图，找出输出与输入之间的逻辑关系，写出它的函数表达式，从而得出它的逻辑功能。其步骤大致如下。

① 根据给定的逻辑图，逐级写出逻辑函数式，最后得到输出与输入的逻辑函数式。

② 整理逻辑函数并化简。

③ 列真值表或直接对函数表达式进行功能分析。

【例 12-1】 逻辑电路如图 12-9 所示，试分析其逻辑功能。

解　为了电路分析方便，设中间变量 Y_1、Y_2 如图 12-9 所示。

（1）写出输出逻辑函数式

$$Y_1 = \overline{AB}, \quad Y_2 = \overline{A\overline{B}}$$
$$Y = Y_1 Y_2 = \overline{\overline{AB} \ \overline{A\overline{B}}}$$

（2）整理并化简

$$Y = \overline{\overline{AB} \ \overline{A\overline{B}}} = (A+B)(\overline{A}+B) = AB + \overline{A}\,\overline{B}$$

（3）列真值表（见表 12-2）

表 12-2　例 12-1 的真值表

A	B	Y
0	0	1
0	1	0
1	0	0
1	1	1

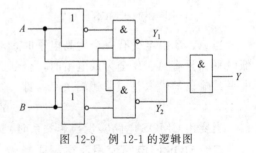

图 12-9　例 12-1 的逻辑图

（4）功能分析

由真值表可以看出，A、B 相同（同为 0 或同为 1），输出为 1；A、B 相异，输出为 0，它的功能与异或门正好相反。通常把这一功能的门电路称作同或门。

实际上，$Y = \overline{\overline{AB} \ \overline{A\overline{B}}} = \overline{AB} + A\overline{B} = \overline{A \oplus B}$。

二、组合逻辑电路的设计方法

组合逻辑电路的设计是根据实际的逻辑问题，即条件和结果都只是两种可能的事件，通过逻辑赋值、列真值表、写逻辑函数式、画逻辑图一系列工作得到满足实际要求的逻辑电路的过程。其步骤大致如下。

① 分析实际问题，找出条件（输入变量）和结果（输出函数），用字母表示它们。然后进行逻辑赋值，即分别用逻辑 1 和逻辑 0 表示其中的一种状态。

② 根据实际问题和逻辑赋值规定列真值表。

③ 根据真值表写出逻辑函数并化简，并且转换成适当形式的表达式，如手头只有与非门，应转换成与非-与非表达式。

④ 根据最简的逻辑函数式，画出相应的逻辑图。

在实际设计中，上述步骤并不是固定不变的程序，可根据具体情况灵活应用。

【例 12-2】 在计算机和数字系统中往往要进行算术运算，而加法运算是算术运算中最基本的运算。加法器中某一位的运算电路称为全加器，全加器是完成两个一位二进制数和相邻低位的进位数相加的电路，试设计一位全加器。

解 （1）分析实际问题，确定逻辑变量，进行逻辑赋值

该问题虽然是数值运算问题，但二进制数只有 0 和 1 两个数码，因此可以归属为逻辑问题。设某一位的两个加数分别为 A_i 和 B_i，设来自相邻低位的进位数为 C_{i-1}，以上三个变量为输入变量；输出变量有两个，一个为 A_i、B_i、C_{i-1} 相加得到该位的和（本位和），用 S_i 表示；另一个为 A_i、B_i、C_{i-1} 相加得到的进位数 C_i。设数值 0 为逻辑 0，数值 1 为逻辑 1。

（2）根据实际问题列真值表

该问题是数值运算，根据二进制数运算法则：$0+0=0$，$0+1=1+0=1$，$1+1=10$ 可列出真值表如表 12-3 所示。

表 12-3 例 12-2 的真值表

A_i	B_i	C_{i-1}	S_i	C_i
0	0	0	0	0
0	0	1	1	0
0	1	0	1	0
0	1	1	0	1
1	0	0	1	0
1	0	1	0	1
1	1	0	0	1
1	1	1	1	1

（3）根据真值表写逻辑函数式并化简

由真值表写逻辑函数的方法是，找出使函数值为 1 的变量的与项相加即可。

$$S_i = \overline{A_i}\,\overline{B_i}C_{i-1} + \overline{A_i}B_i\overline{C_{i-1}} + A_i\,\overline{B_i}\,\overline{C_i} + A_iB_iC_{i-1}$$
$$= (\overline{A_i}\,\overline{B_i} + A_iB_i)C_{i-1} + (\overline{A_i}B_i + A_i\overline{B_i})\overline{C_{i-1}}$$
$$= (\overline{A_i \oplus B_i})C_{i-1} + (A_i \oplus B_i)\overline{C_{i-1}} = A_i \oplus B_i \oplus C_{i-1}$$

$$C_i = \overline{A_i}B_iC_{i-1} + A_i\,\overline{B_i}C_{i-1} + AB_i\,\overline{C_i} + A_iB_iC_{i-1}$$
$$= (\overline{A_i}B_i + A_i\overline{B_i})C_{i-1} + A_iB_i$$
$$= (A_i \oplus B_i)C_{i-1} + A_iB_i$$

(4) 根据逻辑函数画出相应的逻辑图（见图 12-10）

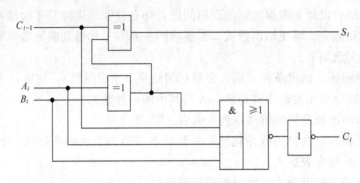

图 12-10　全加器逻辑图

【例 12-3】 比较器是控制设备中经常采用的电路。大小比较器是用来比较两数大小的电路，试设计一个一位二进制数的大小比较器。

解 （1）分析实际问题，确定逻辑变量，进行逻辑赋值

该问题的输入变量只有两个，即两个一位二进制数，设它们为 A、B，并设定逻辑赋值与其数值相同。输出变量要体现三种情况，即 $A>B$、$A<B$ 和 $A=B$。可以设定三个输出变量，也可以设定两个输出变量，用它们的三种组合来表示以上三种情况。设输出为 X、Y，并用 $XY=10$ 表示 $A>B$，$XY=01$ 表示 $A<B$，$XY=11$ 表示 $A=B$。

（2）根据实际问题列真值表（见表 12-4）

（3）由真值表写逻辑函数式并化简

$$X=\overline{A}\,\overline{B}+A\,\overline{B}+AB=\overline{B}+AB=A+\overline{B}$$
$$Y=\overline{A}\,\overline{B}+\overline{A}B+AB=\overline{A}+AB=\overline{A}+B$$

（4）画出实现 X、Y 的逻辑图（见图 12-11）

表 12-4　例 12-3 的真值表

A	B	X	Y
0	0	1	1
0	1	0	1
1	0	1	0
1	1	1	1

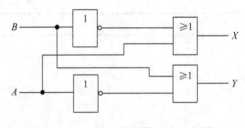

图 12-11　一位二进制数大小比较器

第四节　集成组合逻辑部件

组合逻辑电路中有很多具有某种特定功能的能完成某一特定任务的电路，如译码器、编码器、加法器、数据选择器、数据分配器和数值比较器等。如果用一些门电路来搭建它们，则电路显得较为繁杂，制造成本较高。集成电路的设计者和制造厂商便把这些功能部件集成在一块硅片上进行生产。由于集成度较单一的门电路要高，便把这类集成电路称作中规模数字集成电路。中规模数字集成电路具有通用性强、兼容性广、可靠性高、能"自扩展"等特点，在数字电路中被广泛采用。

一、译码器

译码器是实现译码的组合逻辑电路。所谓译码就是要把输入变量组合代码所表示的含义翻译成相应的输出信号。常用的中规模集成译码器可分为三类。

（1）变量译码器（或称二进制译码器）　这是一种把输入二进制所有代码含义翻译出来的电路，这种译码器的输入若有 n 位，则有 2^n 个输出。

（2）码制变换译码器（或称部分译码器）　这是一种把输入二进制部分代码含义翻译出来的电路，常见产品有 BCD 码译码器等。

（3）显示译码器　专门用作驱动数码显示器件的译码器。

（一）二进制译码器

常用的二进制译码器的集成电路产品有 2 线-4 线译码器、3 线-8 线译码器和 4 线-16 线译码器等。这里介绍一种 3 线-8 线译码器 74LS138。它的内部逻辑图和端子排列见图 12-12 所示，其功能表见表 12-5。

74LS138 有三个输入端 C、B、A 和八个输出端 $\overline{Y}_0 \sim \overline{Y}_7$，它能将二进制代码的含义翻译成相应的输出信号。由表 12-5 可以看出，变量组合的全部状态为 $2^3 = 8$，且输出端为低电平时表示有信号输出，高电平表示无信号。

输入端除了 C、B、A 外，还有三个使能端 G_1、$\overline{G}_{2A}$ 和 $\overline{G}_{2B}$（或称控制端），它控制电路进行译码，即只有这三个使能端满足一定的条件下电路方可发生译码功能。

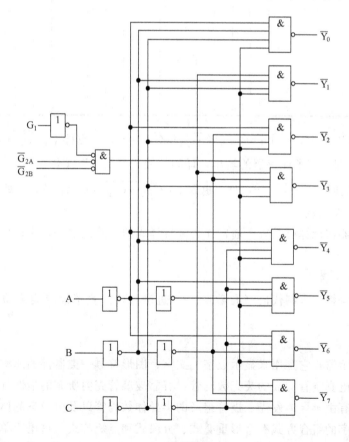

(a) 逻辑图

图 12-12

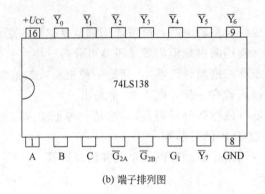

(b) 端子排列图

图 12-12　74LS138 3 线-8 线译码器

表 12-5　74LS138 功能表

输　入　端					输　　出　　端							
使　能　端		选　择			$\overline{Y}_0$	$\overline{Y}_1$	$\overline{Y}_2$	$\overline{Y}_3$	$\overline{Y}_4$	$\overline{Y}_5$	$\overline{Y}_6$	$\overline{Y}_7$
G_1	$\overline{G}_{2A}+\overline{G}_{2B}$	C	B	A								
$\times$	1	$\times$	$\times$	$\times$	1	1	1	1	1	1	1	1
0	$\times$	$\times$	$\times$	$\times$	1	1	1	1	1	1	1	1
1	0	0	0	0	0	1	1	1	1	1	1	1
1	0	0	0	1	1	0	1	1	1	1	1	1
1	0	0	1	0	1	1	0	1	1	1	1	1
1	0	0	1	1	1	1	1	0	1	1	1	1
1	0	1	0	0	1	1	1	1	0	1	1	1
1	0	1	0	1	1	1	1	1	1	0	1	1
1	0	1	1	0	1	1	1	1	1	1	0	1
1	0	1	1	1	1	1	1	1	1	1	1	0

由表 12-5 可以看出，当 $G_1=0$ 或者 $\overline{G}_{2A}+\overline{G}_{2B}=1$ 时，也即 $G_1\,\overline{\overline{G}_{2A}+\overline{G}_{2B}}=0$，输出端 $\overline{Y}_0 \sim \overline{Y}_7$ 均为 1，即封锁了译码器的输出，译码器处于"禁止"工作状态。

当 $G_1=1$，同时 $\overline{G}_{2A}+\overline{G}_{2B}=0$ 时，也即 $G_1\,\overline{\overline{G}_{2A}+\overline{G}_{2B}}=1$，译码器才处于工作状态，输出信号由 C、B、A 决定。

二进制译码器在计算机系统中通常作为地址译码器，除此之外，它还可用作数据分配器使用。

（二）显示译码器

显示译码器是将二进制代码（通常是二-十进制代码）直接译成能驱动数字显示器显示数字的一种电路。

1. 数字显示器

又称数码显示器，它是用来显示数字、文字、图形符号一类器件的总称。常见显示器件按发光材料分有电真空管构成的荧光数码管；有靠玻璃管壳内所充的惰性气体产生辉光放电的辉光数码管；有由半导体发光二极管组成的半导体数码管以及由液态晶体制作成的液晶显示器等。按照数字的组合方式有字形重叠式、分段式和点矩阵式。这里简单介绍分段式半导体数码显示器（又称数码管）。这种数码管由七段发光材料构成，每一段实际上是一个发光二极管（LED），它的发光机理是该段 LED 加正向电压导通而发光，加反向电压或零偏截止而不发光。七段显示 LED 数码管有共阴极和共阳极两种接法的产品，其示意见图 12-13。

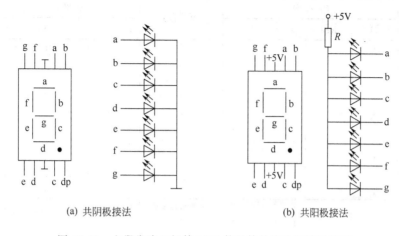

(a) 共阴极接法　　　　　　　　　　　　　(b) 共阳极接法

图 12-13　七段发光二极管 LED 数码管的接法及端子排列

2. 显示译码器

作为专门驱动数码管工作的译码器与二进制译码器的区别是：对于一个特定的代码输入，七个输出端可能同时有多个输出端有信号输出。

74LS48 是一种 BCD4 线-7 段字型显示（共阴极）的译码器/驱动器。图 12-14 是它的端子排列。表 12-6 是它的功能表。

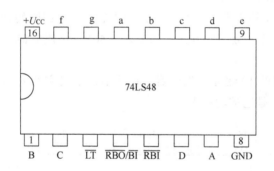

图 12-14　74LS48 的端子排列

74LS48 输出高电平为有信号输出，适合于与共阴极数码管配合使用。其功能说明如下。

从功能表可以看出，当输入 DCBA 为 0000～1001 时，显示 0～9 数字信号；而当输入 1010～1110 时，显示稳定的非数字信号；当输入为 1111 时，七个显示段全熄。

$\overline{\text{LT}}$ 为试灯输入，$\overline{\text{LT}}=0$ 时，七段全亮，用于检查各段发光二极管的好坏；$\overline{\text{BI}}$ 为熄灯输入，当 $\overline{\text{BI}}=0$ 时，灯全灭；$\overline{\text{RBI}}$ 为灭"0"输入，当 DCBA＝0000 时，若 $\overline{\text{RBI}}=0$，就不显示"0"，而 $\overline{\text{RBI}}=1$ 时则显示"0"，它是为降低功耗而设置的；$\overline{\text{RBO}}$ 为灭"0"输出，作灭"0"指示，即当本位灭"0"时，$\overline{\text{RBO}}=0$ 输出，控制下一位的 $\overline{\text{RBI}}$，作灭"0"输入。

$\overline{\text{RBO}}$ 和 BI 是线与逻辑，起着熄灭输入和灭"0"输出的双重作用，它们共用一根外引线，以减少端子数目。

二、编码器

赋予一个二进制代码以特定的含义的过程称作编码，实现编码的电路称为编码器。

表 12-6 74LS48 功能表

十进制数	输入端						$\overline{BI}/\overline{RBO}$	输出端							显示
	$\overline{LT}$	$\overline{RBI}$	D	C	B	A		a	b	c	d	e	f	g	
0	1	1	0	0	0	0	1	1	1	1	1	1	1	0	
1	1	×	0	0	0	1	1	0	1	1	0	0	0	0	
2	1	×	0	0	1	0	1	1	1	0	1	1	0	1	
3	1	×	0	0	1	1	1	1	1	1	1	0	0	1	
4	1	×	0	1	0	0	1	0	1	1	0	0	1	1	
5	1	×	0	1	0	1	1	1	0	1	1	0	1	1	
6	1	×	0	1	1	0	1	1	0	1	1	1	1	1	
7	1	×	0	1	1	1	1	1	1	1	0	0	0	0	
8	1	×	1	0	0	0	1	1	1	1	1	1	1	1	
9	1	×	1	0	0	1	1	1	1	1	1	0	1	1	
10	1	×	1	0	1	0	1	0	0	0	1	1	0	1	
11	1	×	1	0	1	1	1	0	0	1	1	0	0	1	
12	1	×	1	1	0	0	1	0	1	0	0	0	1	1	
13	1	×	1	1	0	1	1	1	0	0	1	0	1	1	
14	1	×	1	1	1	0	1	0	0	0	1	1	1	1	
15	1	×	1	1	1	1	1	0	0	0	0	0	0	0	
$\overline{BI}$	×	×	×	×	×	×	0	0	0	0	0	0	0	0	
$\overline{RBI}$	1	0	0	0	0	0	0	0	0	0	0	0	0	0	
$\overline{LT}$	0	×	×	×	×	×	1	1	1	1	1	1	1	1	

（一）10 线-4 线 8421 编码器

8421 编码器有 10 个输入端，4 个输出端，它能把十进制数转换为 8421 BCD 码。这种电路可视为计算键盘上输入数字的方式，如输入键符 9，编码器输出为 1001，然后通过译码显示 9。

74LS147 是一集成的 10 线-4 线编码器。在此不再给出它的内部逻辑图，其端子排列如图 12-15 所示，表 12-7 是它的功能表。

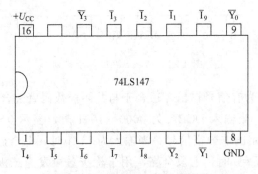

图 12-15 74LS147 的端子排列

由表 12-7 可以看出，输入数字的有效信号是低电平，且对输入端采用优先编码，如输入了 9，再输入其他数字，它只对 9 进行编码。当所有的 9 条数据线均为高电平时，既意味着是十进制的"0"输入，也就是说不需要设置 0 输入，而以 9 条数据线取代 10 条数据线的功能。

（二）8 线-3 线优先编码器

74LS148 是一种 8 线-3 线优先编码器，它可以将 8 条数据线进行编码为二进制的 3 条输

表 12-7　74LS147 功能表

输　入　端									输　出　端			
$\bar{I}_1$	$\bar{I}_2$	$\bar{I}_3$	$\bar{I}_4$	$\bar{I}_5$	$\bar{I}_6$	$\bar{I}_7$	$\bar{I}_8$	$\bar{I}_9$	$\bar{Y}_3$	$\bar{Y}_2$	$\bar{Y}_1$	$\bar{Y}_0$
1	1	1	1	1	1	1	1	1	1	1	1	1
×	×	×	×	×	×	×	×	0	0	1	1	0
×	×	×	×	×	×	×	0	1	0	1	1	1
×	×	×	×	×	×	0	1	1	1	0	0	0
×	×	×	×	×	0	1	1	1	1	0	0	1
×	×	×	×	0	1	1	1	1	1	0	1	0
×	×	×	0	1	1	1	1	1	1	0	1	1
×	×	0	1	1	1	1	1	1	1	1	0	0
×	0	1	1	1	1	1	1	1	1	1	0	1
0	1	1	1	1	1	1	1	1	1	1	1	0

出数据线，仍然对输入端采用优先编码，以保证只对最高位的数据线进行编码。

74LS148 的端子排列如图 12-16 所示，表 12-8 是 74LS148 的功能表。

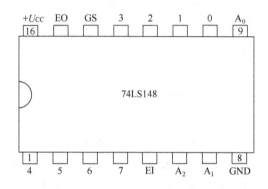

图 12-16　74LS148 端子排列

表 12-8　74LS148 功能表

输　入　端									输　出　端				
EI	0	1	2	3	4	5	6	7	A_2	A_1	A_0	GS	EO
1	×	×	×	×	×	×	×	×	1	1	1	1	1
0	1	1	1	1	1	1	1	1	1	1	1	1	0
0	×	×	×	×	×	×	×	0	0	0	0	0	1
0	×	×	×	×	×	×	0	1	0	0	1	0	1
0	×	×	×	×	×	0	1	1	0	1	0	0	1
0	×	×	×	×	0	1	1	1	0	1	1	0	1
0	×	×	×	0	1	1	1	1	1	0	0	0	1
0	×	×	0	1	1	1	1	1	1	0	1	0	1
0	×	0	1	1	1	1	1	1	1	1	0	0	1
0	0	1	1	1	1	1	1	1	1	1	1	0	1

　　该器件有 8 个输入端 0～7，3 个输出端 A_2、A_1、A_0，输入和输出均为低电平有效。优先级别以输入 7 为最高、0 为最低，即同时输入 9 和 8，只对 9 编码。此外，电路还设置了输入、输出使能端 EI、EO 和优先标志位 GS，其功能如下。

　　(1) 输入使能端 EI　当 EI＝0 时，允许编码；EI＝1 时，禁止编码，此时 $A_2A_1A_0＝$ 111，且 GS＝1，EO＝1，编码器处于不工作状态。

　　(2) 输出使能端 EO　主要用于级联，一般接到下一片的 EI 端。当本片被禁止编码时，与之级联的下一片也被禁止（EO＝1）。当本片工作时，有两种情况：若 0～7 有信号输入，EO＝1，禁止下一片工作；若 0～7 无信号输入，EO＝0，则下级可以工作。

EI、EO 和 GS 端为优先编码器的级联（扩展）提供了方便。

图 12-17 所示为用两片 74LS148 构成的 4 位二进制 16 线-4 线的编码电路。工作情况说明如下。

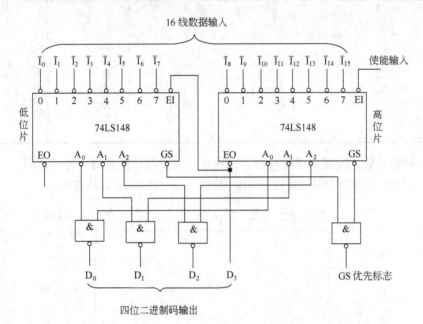

图 12-17　两片 74LS148 构成的 4 位二进制 16 线-4 线优先编码器

输入 $\bar{I}_0 \sim \bar{I}_7$，低位片工作，$\bar{I}_8 \sim \bar{I}_{15}$ 无输入，高位片不工作，其 EO＝0，即 $D_3 = 0$。所以，当输入 0～7 时，输出 $D_3 D_2 D_1 D_0$ 为 0000～0111。输入 $\bar{I}_8$ 时，低位片已经不工作，其 $A_2 A_1 A_0 = 111$，而此时高位片由于 $\bar{I}_8 = 0$，同样使其 $A_2 A_1 A_0 = 111$，致使 $D_2 D_1 D_0 = 000$，高位片的 EO＝1，即 $D_3 = 1$。此后，由于高位片 EO＝1 连接到低位片的 EI，低位片不工作，其 $A_2 A_1 A_0 = 111$。故输入 $\bar{I}_8 \sim \bar{I}_{15}$ 时，输出 $D_3 D_2 D_1 D_0$ 为 1000～1111。为了保证电路能正常工作，高位片的使能输入端必须是低电平。

实验与训练项目九　TTL 与非门的功能测试与转换

一、实验目的

1. 熟悉常用逻辑门电路的逻辑功能。

2. 掌握 TTL 与非门电路逻辑功能的测试方法。

3. 掌握用与非门转换成其他逻辑门的方法。

二、原理说明

门电路是构成各种数字电路的基本单元。掌握各种门电路的逻辑功能和特性是正确使用数字集成电路的基础。

1. 基本门电路

门电路的种类很多，按其逻辑功能分类有与门、或门、非门、与非门、或非门、与或非门和异或门等；按其芯片的结构有双极型（以 TTL 为代表）和单极型（MOS 门）电路。

2. TTL 与非门

与非门是 TTL 门电路中使用最多的一种门电路。它的逻辑功能是：输入有 0（低电平），输出为 1（高电平）；输入全 1，输出为 0。利用多个与非门可以完成与、或、非、或非、与或非等多种功能的运算，其方法是把其他形式的逻辑表达式变换成"与非-与非表达式"。

与或非的运算转换成与非－与非表达式的过程如下：

$$L = \overline{AB + CD} = \overline{\overline{AB}\ \overline{CD}} = \overline{\overline{\overline{AB}\ \overline{CD}}}$$

用与非门实现的与或非门电路如图 12-18 所示。

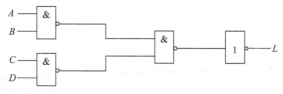

图 12-18　用与非门实现的与或非门电路

3. 实验建议选用的集成电路外引线排列图如图 12-19 所示。

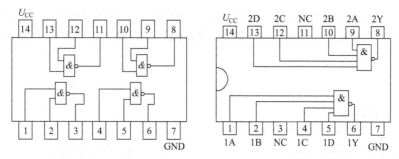

图 12-19　74LS00、74LS20 的外引线排列图

三、实验所需主要仪器和元器件

主要仪器：示波器，万用电表，数字电路实验箱。

主要元器件：74LS00 、74LS20。

四、实验内容和技术要求

1. 与非门逻辑功能的测试

① 选用 74LS20 中的一个与非门，将其输入端 A、B、C 分别接至三个数据逻辑电平，多余输入端 D 接固定高电平（$+U_{CC}$）或悬空，输出端 L 接至发光二极管电平显示。电路如图 12-20 所示。根据表 12-9 所列输入变量取值组合测试并记录对应的输出状态。

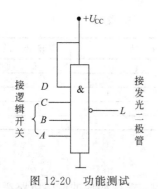

图 12-20　功能测试

表 12-9

输	入		输 出
A	B	C	L
0	0	0	
0	1	0	
0	1	1	
1	1	1	

② 将图 12-20 中与非门的输入端 D 通过电阻 R 接地，其他各输入端同前，如图 12-21 所示。按表 12-10 要求分别测试并记录 $R=10\text{k}\Omega$ 和 $R=150\Omega$ 时对应输入变量取值的输出状态。

表 12-10

输		入	输 出 L	
A	B	C	$R=10\text{k}\Omega$	$R=150\Omega$
0	0	0		
0	1	0		
0	1	1		
1	1	1		

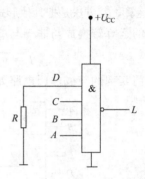

图 12-21　输入端接入电阻测试

③ 观察与非门对脉冲的控制作用。电路如图 12-22 所示。将与非门的一个输入端接连续脉冲，其他输入端连接在一起接逻辑开关 K，用双踪示波器同时观察连续脉冲和与非门输出 L 的波形。当逻辑开关置高电平（1）和置低电平（0）时，记录其输入和输出波形于表 12-11。

表 12-11

K 状态	对 应 波 形
0	输入 输出
1	输入 输出

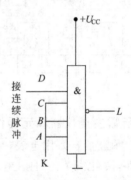

图 12-22　与非门对脉冲的控制作用

2. 利用与非门组成其他功能的逻辑门

（1）组成与门电路 $L=AB$

用两个与非门可以构成一个与门，因为 $L=AB=\overline{\overline{AB}}$，选用 74LS00 中的任意两个与非门，按图 12-23 接线，将测试结果填入表 12-12 中。

表 12-12

输	入	输出
A	B	L
0	0	
0	1	
1	0	
1	1	

图 12-23　组成与门

（2）组成或门电路 $L=A+B$

先将 $L=A+B$ 转换成与非-与非表达式，然后画出用与非门构成的或门电路逻辑图，并将测试结果填入表 12-13 中。

（3）组成或非门电路 $L=\overline{\overline{A}+\overline{B}}$

先将 $L=\overline{A+B}$ 转换成与非-与非表达式，然后画出用与非门构成的或门电路逻辑图，并将测试结果填入表 12-14 中。

<table>
<tr><td colspan="2" align="center">表 12-13</td></tr>
<tr><td colspan="2" align="center">输　入</td><td align="center">输　出</td></tr>
<tr><td align="center">A</td><td align="center">B</td><td align="center">L</td></tr>
<tr><td>0</td><td>0</td><td></td></tr>
<tr><td>0</td><td>1</td><td></td></tr>
<tr><td>1</td><td>0</td><td></td></tr>
<tr><td>1</td><td>1</td><td></td></tr>
</table>

<table>
<tr><td colspan="2" align="center">表 12-14</td></tr>
<tr><td colspan="2" align="center">输　入</td><td align="center">输　出</td></tr>
<tr><td align="center">A</td><td align="center">B</td><td align="center">L</td></tr>
<tr><td>0</td><td>0</td><td></td></tr>
<tr><td>0</td><td>1</td><td></td></tr>
<tr><td>1</td><td>0</td><td></td></tr>
<tr><td>1</td><td>1</td><td></td></tr>
</table>

（4）组成与或非门电路 $L=\overline{AB+CD}$

按图 12-18 所示电路搭制电路并测试，并将测试结果填入表 12-15 中。

表 12-15

A	B	C	D	L	A	B	C	D	L
0	0	0	0		1	0	0	0	
0	0	0	1		1	0	0	1	
0	0	1	0		1	0	1	0	
0	0	1	1		1	0	1	1	
0	1	0	0		1	1	0	0	
0	1	0	1		1	1	0	1	
0	1	1	0		1	1	1	0	
0	1	1	1		1	1	1	1	

五、分析报告要求

1. 整理实训数据，检查实训结果是否正确。

2. 总结 TTL 与非门多余输入端的处理方法。

实验与训练项目十　译码器的功能测试与应用

一、实验目的

1. 了解译码器的工作原理。

2. 掌握集成译码器的功能测试方法。

3. 熟悉译码器功能的扩展。

二、原理说明

1. 译码器是组合逻辑电路中最常见的一种类型。按照译码的不同方式分为二进制译码器（基本译码器）、二-十进制译码器（部分译码器）和显示译码器（专为驱动显示器工作的译码器）。

2. 二进制译码器是译码器中最常用的一种译码器，它是一个具有 n 个输入端 2^n 个输出端的组合逻辑电路。它的特点是对于一组特定的输入，诸多输出端中只有一个输出端有信号输出（低电平或高电平）。

3. 本次实验推荐使用的是 3 线-8 线译码器 74LS138。其外引线排列图如图 12-24 所示，其功能表见表 12-16，它的输出有信号是输出为低电平。

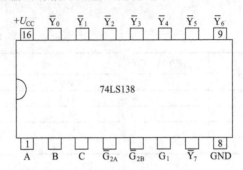

图 12-24 74LS138 外引线排列图

三、实验所需主要仪器和元器件

主要仪器：万用电表，数字电路实验箱。

主要元器件：74LS20 一块，74LS138 一块。

四、实验内容和技术要求

1. 74LS138 的功能测试。根据 74LS138 的外引线排列图，为 74LS138 提供使能信号和输入信号，将 8 个输出端接至 8 个发光二极管，按照实验表 12-16 的要求进行测试并作记载。

表 12-16 74LS138 的功能表

输入端					输出端							
使 能 端		输入信号			$\overline{Y}_0$	$\overline{Y}_1$	$\overline{Y}_2$	$\overline{Y}_3$	$\overline{Y}_4$	$\overline{Y}_5$	$\overline{Y}_6$	$\overline{Y}_7$
G_1	$\overline{G}_{2A}+\overline{G}_{2B}$	C	B	A								
×	1	×	×	×	1	1	1	1	1	1	1	1
0	×	×	×	×	1	1	1	1	1	1	1	1
1	0	0	0	0	0	1	1	1	1	1	1	1
1	0	0	0	1	1	0	1	1	1	1	1	1
1	0	0	1	0	1	1	0	1	1	1	1	1
1	0	0	1	1	1	1	1	0	1	1	1	1
1	0	1	0	0	1	1	1	1	0	1	1	1
1	0	1	0	1	1	1	1	1	1	0	1	1
1	0	1	1	0	1	1	1	1	1	1	0	1
1	0	1	1	1	1	1	1	1	1	1	1	0

2. 74LS138 译码器的 8 个输出端是 3 个输入变量的最小项的反函数，如：

$\overline{Y}_0=\overline{\overline{C}\,\overline{B}\,\overline{A}}$，$\overline{Y}_1=\overline{\overline{C}\,\overline{B}A}$，…… $\overline{Y}_7=\overline{CBA}$。因此可以方便地用译码器实现一个 3 变量的逻辑函数。

用一块 74LS138 外加一块 74LS20 可以方便地实现：

$$Y=AB+BC+AC$$

实训之前先求解该问题的实现方法，并画出逻辑图。在实验箱上进行连接测试，列 $Y=AB+BC+AC$ 的真值表进行检验。

五、分析报告要求

1. 整理实验数据，分析实验结果，填写有关表格。

2.74LS138 的使能端在使用时应注意哪些问题。

3.74LS138 的功能扩展。

本章小结与学习指导

1. 逻辑门电路是数字电路的基本逻辑单元。基本逻辑门电路有与门、或门、非门，其复合门电路有与非门、或非门、与或非门、异或门、同或门等。掌握它们的逻辑功能是进行逻辑电路分析和设计的基础。

2. 要了解一般常用的小规模集成逻辑门电路（TTL 和 CMOS）的外特性及使用方法，了解查阅数字集成电路手册的方法。

3. 组合逻辑电路的分析方法是数字电路分析的基础，而它的设计方法也是数字系统设计的最基本的方法。

4、在常见的组合逻辑电路中，有加法器、编码器、译码器、数值比较器、数据选择器、数据分配器等。这些电路都有中规模的集成电路可供选择，要了解这些集成芯片的功能识别和使用方法。

思考题与习题

12-1　试说明 TTL 与非门的输入端在以下三种接法时都是输入逻辑 0。

（1）输入端接地；

（2）输入端接低于 0.8V 的电压；

（3）输入端接同一系列门电路的输出端，而该输出端电压为低电平 0.3V。

12-2　试说明 TTL 与非的输出端在以下三种接法时都是输入逻辑 1。

（1）输入端悬空；

（2）输入端接高于 1.8V 的电源；

（3）输入端接同一系列门电路的输出端，而该输出端电压为高电平 3.6V。

12-3　根据题 12-3 图所示的给定输入信号 A、B 的波形，试画出下列各逻辑门电路的输出波形。

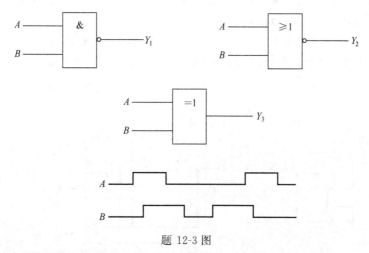

题 12-3 图

12-4　题 12-4 图中各逻辑门均为 TTL 门电路，要实现图中所示各输出端的逻辑关系，试标明多余输入端应如何处理。

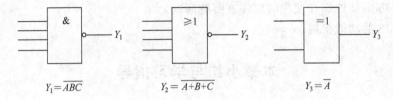

$Y_1 = \overline{ABC}$ $Y_2 = \overline{A+B+C}$ $Y_3 = \overline{A}$

题 12-4 图

12-5 用 0 和 1 分别表示低、高电平，试标出题 12-5 图所示各 TTL 门电路的输出电平。

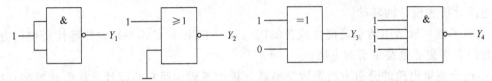

题 12-5 图

12-6 MOS 逻辑门电路如题 12-6 图所示，试分别写出输出端的函数表达式。

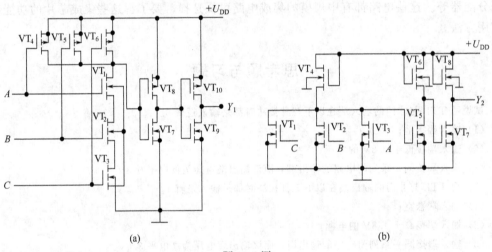

(a)   (b)

题 12-6 图

12-7 组合逻辑电路如题 12-7 图所示，试分析其逻辑功能。

12-8 试分析题 12-8 图所示电路的逻辑功能。

12-9 设计一个译码电路，当输入 AB 为 00、01、10、11 时分别显示字母 H、E、L、P。数码管各段布置及名称如题 12-9 图所示，译码输出为高电平有效，试用与非门实现该电路。

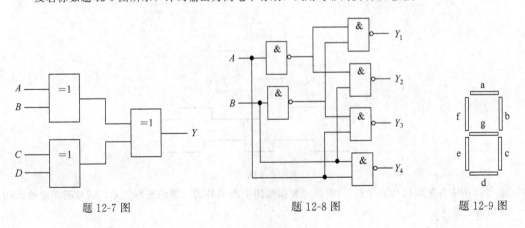

题 12-7 图   题 12-8 图   题 12-9 图

12-10 举重比赛中有一个主裁判和两个副裁判，表示运动员成绩合格的指示灯只有在主裁判和一个以上副裁判认可并按下自己面前的按钮时才亮，试设计这一逻辑电路。

12-11 某产品有 A、B、C、D 四项指标。在产品检验中，A 必须满足要求，其他三项（B、C、D）中只要求有任意两项符合要求，产品就算合格。试设计出能检验产品是否合格的逻辑电路。

12-12 一个由 3 线-8 线译码器 74LS138 和一个与非门构成如题 12-12 图所示的电路，试写出 Y 的逻辑函数。

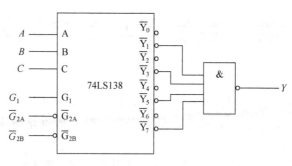

题 12-12 图

12-13 试画出一个二输入端 NMOS 或非门的电路。

12-14 试画出一个二输入端 CMOS 与非门的电路。

12-15 选择题（每题只有一个正确答案）

① TTL 与非门多余输入端错误的处理方法是

　A. 接 $+U_{CC}$；　　B. 接地；　　C. 悬空；　　D. 与其他有用输入端并接。

② TTL 或非门多余输入端正确的处理方法是

　A. 接 $+U_{CC}$；　　B. 接地；　　C. 悬空；　　D. 剪去。

③ 下列逻辑器件中不属于组合逻辑电路的是

　A. 译码器；　　B. 编码器；　　C. 计数器；　　D. 数值比较器。

④ 逻辑门电路的输出高阻态（第三态）是指

　A. 输出为高电平；　　　　　　　　　　　B. 输出为低电平；

　C. 输出端与电源和地之间都处于断开状态；　　D. 不能确定。

⑤ 二进制译码器（如 3 线/8 线译码器）的基本特征是

　A. 对于一组特定的输入组合，8 个输出端只有 1 个输出端有信号输出；

　B. 对于一组特定的输入组合，8 个输出端可能多个输出端有信号输出；

　C. 对于一组特定的输入组合，8 个输出端都有信号输出；

　D. 不能确定。

⑥ 组合逻辑电路设计的最后结果是要得到

　A. 逻辑电路图；　　　　　　　　　　　　B. 电路的逻辑功能；

　C. 电路的真值表；　　　　　　　　　　　D. 逻辑函数式。

⑦ 一个 16 选 1 的数据选择器，其地址输入（选择控制输入）端的个数是

　A. 1；　　B. 2；　　C. 4；　　D. 8。

⑧ 一个 8 位输入的二进制译码器的输出端个数为

　A. 8；　　B. 16；　　C. 256；　　D. 255。

第十三章　触发器与时序逻辑电路

在数字电路中除了广泛采用逻辑门电路外，还经常要用到另一类具有记忆功能的电路——双稳态触发器（Flip-Flop，简称"触发器"）。触发器也是数字电路中的基本逻辑单元。

由触发器作为核心器件构成的时序逻辑电路是数字电路的重要组成部分。

第一节　双稳态触发器

一、RS 触发器

（一）基本 RS 触发器

各种逻辑门电路是没有记忆功能的，但是，把它们作适当的组合与反馈，却可以得到具有记忆功能的电路。图 13-1（a）所示电路是把两个与非门 G_1、G_2 的输入和输出端交叉耦合构成的基本 RS 触发器。它有两个输入端 $\overline{R}$ 端和 $\overline{S}$ 端，有两个输出端 Q 端和 $\overline{Q}$ 端。根据与非门的逻辑功能，两个输出端的逻辑表达式为

$$\begin{cases} Q = \overline{\overline{S}\,\overline{Q}} \\ \overline{Q} = \overline{\overline{R}\,Q} \end{cases} \tag{13-1}$$

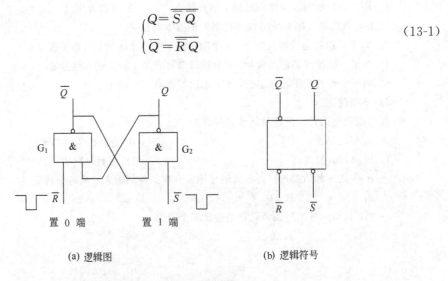

(a) 逻辑图　　　　　　　　(b) 逻辑符号

图 13-1　基本 RS 触发器

根据式（13-1），该触发器的输出与输入之间的关系有以下四种情况。

(1) $\overline{R}=1$，$\overline{S}=0$　当 $\overline{S}=0$ 时，无论 $\overline{Q}$ 端为何状态，都有 $Q=1$，由于 $\overline{R}=1$，故 $\overline{Q}=0$。

(2) $\overline{R}=0$，$\overline{S}=1$　由于电路的对称性，此时 $\overline{Q}=1$，$Q=0$。

上面两种情况说明，当触发器的两个输入端的信号为不同的逻辑电平时，它们的两个输出端 Q 和 $\overline{Q}$ 有两种互补的稳定状态（Q 和 $\overline{Q}$ 总是相反的）。一般规定 Q 端的状态作为触发器的状态。$Q=1$、$\overline{Q}=0$ 时，称触发器处于 1 态；$Q=0$、$\overline{Q}=1$ 时，称触发器处于 0 态。使 $Q=1$ 称作使触发器置 1，或称置位（Set）；使 $Q=0$ 称作使触发器置 0，或称复位（Reset）。决定触发器置 1 的条件是 $\overline{S}=0$（$\overline{R}=1$），故称 $\overline{S}$ 端为置 1 端；决定触发器置 0 的条件是 $\overline{R}=0$（$\overline{S}=1$），故称 $\overline{R}$ 端为置 0 端。

(3) $\overline{R}=1$，$\overline{S}=1$　根据与非门的功能可知，当 $\overline{R}=1$、$\overline{S}=1$ 时，触发器的状态将由它原来的状态决定，并保持不变，即原来的状态被存储起来，这体现了触发器具有记忆功能。

(4) $\overline{R}=0$，$\overline{S}=0$　与非门的功能是输入有 0、输出为 1。此时，两个输出端的状态 $Q=\overline{Q}=1$，破坏了触发器状态端 Q 和 $\overline{Q}$ 互补输出的规定。且在输入端信号同时撤销（即 $\overline{R}$、$\overline{S}$ 同时由 0 变 1）后，由于两个与非门的延迟时间不可能完全相同，延迟时间较小的与非门的输出端将先完成由 1 变 0，而另一个与非门的输出端将维持为 1，这样就不能确定触发器在这种情况下是处于 1 态还是 0 态，是一种不确定状态。这种情况应当避免，尤其要避免 $\overline{R}$、$\overline{S}$ 同时由 0 变 1。

以上结果可以用表 13-1 所示的真值表（亦称功能表）来表示。表中 Q^n 和 Q^{n+1} 是输入信号输入前、后触发器的状态。

表 13-1　基本 RS 触发器真值表

$\overline{R}$	$\overline{S}$	Q^n	Q^{n+1}	功能说明
0	1	0 1	0	置 0
1	0	0 1	1	置 1
1	1	0 1	0 1	保持
0	0	0 1	× ×	不定

图 13-1（b）为基本 RS 触发器的逻辑符号。

（二）同步 RS 触发器

基本 RS 触发器的状态改变直接受输入信号的控制。而在实际应用中，常常要求触发器能按一定的时间节拍把 R、S 端的状态反映到输出端。使触发器的状态改变受一个具有一定时间频率的脉冲源控制的触发器称作时钟触发器。由于触发器的状态改变与时钟脉冲同步，故称同步触发器。

在基本 RS 触发器的基础上，增加两个与非门 G_3 和 G_4 作为控制门构成了如图 13-2（a）所示的同步 RS 触发器。CP 端为时钟脉冲端，CP 信号是时钟脉冲源（clock pulse），R、S 端为信号输入端。

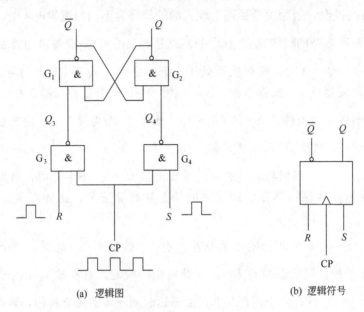

(a) 逻辑图   (b) 逻辑符号

图 13-2 同步 RS 触发器

从它的逻辑图可以看出，当 CP＝0 时，无论 R、S 为何状态，都有 $Q_3＝Q_4＝1$，相当于基本 RS 触发器的 $\overline{R}＝\overline{S}＝1$，触发器保持原来状态，或者说 R、S 的改变对触发器没有影响。

而当 CP＝1 时，门 G_3、G_4 的输出逻辑表达式为

$$\begin{cases} Q_3＝\overline{CP \cdot R}＝\overline{R} \\ Q_4＝\overline{CP \cdot S}＝\overline{S} \end{cases} \tag{13-2}$$

因此，在 CP＝1 期间，R、S 为不同输入组合时，触发器的状态为：

$R＝1$，$S＝0$，则 $Q_3＝\overline{R}＝0$，$Q_4＝\overline{S}＝1$，触发器置 0；

$R＝0$，$S＝1$，则 $Q_3＝\overline{R}＝1$，$Q_4＝\overline{S}＝0$，触发器置 1；

$R＝0$，$S＝0$，则 $Q_3＝\overline{R}＝1$，$Q_4＝\overline{S}＝1$，触发器置保持原态；

$R＝1$，$S＝1$，则 $Q_3＝\overline{R}＝0$，$Q_4＝\overline{S}＝0$，$Q＝\overline{Q}＝1$，在 CP＝1 期间，R、S 同时由 1 变到 0 或者 $R＝S＝1$ 不变，CP 由 1 变到 0，触发器的状态都将出现不定状态。

归纳以上分析，可得到同步 RS 触发器的真值表如表 13-2 所示。表中的 Q^n 和 Q^{n+1} 分别表示 CP 作用前、后触发器 Q 端的状态。这里讲的 CP 作用是指 CP 脉冲由低电平上升到高电平以后的情况。一般称 Q^n 为现态或初态，Q^{n+1} 为次态或新态。

由表 13-2 可以看出，在 CP＝1 时，若 $R＝S＝1$，则会出现触发器状态不定的情况，应当避免出现这种情况。同时，由表 13-2 也可得出，Q^n 可以看作是 Q^{n+1} 的一个变量，那么

Q^{n+1}便是R、S、Q^n的函数。这种逻辑函数被称作是触发器的特性方程。同步 RS 触发器的特性方程是

$$\begin{cases} Q^{n+1}=S+\overline{R}\,Q^n \\ SR=0\ (\text{约束条件}) \end{cases} \tag{13-3}$$

表 13-2 同步 RS 触发器的真值表

R	S	Q^n	Q^{n+1}	功能说明
1	0	0	0	置 0(与 S 的状态相同)
1	0	1	0	
0	1	0	1	置 1(与 S 的状态相同)
0	1	1	1	
0	0	0	0	输出状态不变
0	0	1	1	
1	1	0	$\times$	输出状态不定
1	1	1	$\times$	

为防止触发器进入不定状态，R 和 S 不能同时为 1，因而规定了 $RS=0$ 这一约束条件。图 13-2（b）所示是同步 RS 触发器的逻辑符号。

对于图 13-2（a）所示的同步 RS 触发器，若已知输入信号 R 和 S 的波形变化，并假定它们的初始状态为 $Q=0$，$\overline{Q}=1$，便可根据其逻辑功能相应画出在 CP 作用下 Q_3、Q_4 和 Q、$\overline{Q}$ 的波形，如图 13-3 所示。这种波形图称为触发器的时序图，它也是触发器逻辑功能的一种表示形式。

由以上的电路分析以及波形图可以看出，同步 RS 触发器是按照 CP=1 期间 R、S 的组合来置 0、置 1 或保持原态的。这是由于在 CP=1 期间，G_3、G_4 处于开启状态，R、S 的变化能引起 Q_3、Q_4 的变化，因而导致触发器状态的变化。而同步触发器真正的意义在于要求触发器的状态改变应该与 CP 脉冲同步，即 CP 脉冲每改变一次，触发器只按其输入信号的改变变化一次。若在 CP=1 期间，触发器的状态发生了两次或两次以上的变化，这一现象称为同步触发器的空翻。显然，有空翻的触发器就不能真正达到"同步"的目的。

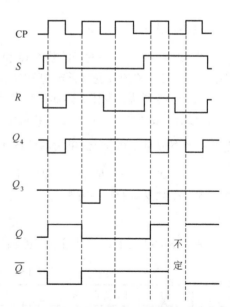

图 13-3 同步 RS 触发器的时序图

二、主从 JK 触发器

同步触发器存在空翻，不能达到真正意义上的同步。要寻找一种能够克服空翻，使触发器只在要求时刻动作的触发器。

图 13-4（a）是由两个同步 RS 触发器构成的主从触发器。下面部分的同步 RS 触发器（由 $G_5 \sim G_8$ 构成）称作主触发器，上面部分的同步 RS 触发器（由 $G_1 \sim G_4$ 构成）称作从触发器。从触发器的状态端作为整个触发器的状态端。主、从触发器的时钟端分别受 CP 和 $\overline{\text{CP}}$ 的控制。为了解除 RS 触发器的约束条件，把 Q 和 $\overline{Q}$ 反馈到 G_7 和 G_8 的输入端，由于 Q 和 $\overline{Q}$ 的互补性，这样就能保持任何时候 G_7、G_8 的输

出不会同时为 0，因而就不会有不定状态存在了，解除了其输入信号不能同时为 1 的约束。这时的 S 端改称为 J 端，R 端改称为 K 端，这便是主从 JK 触发器。

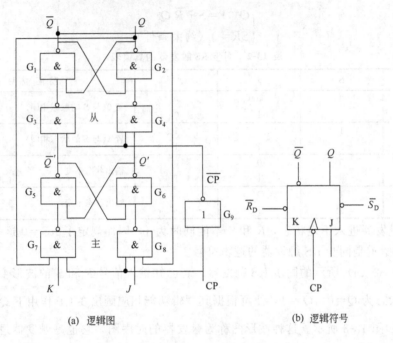

(a) 逻辑图　　　　　　　　　　(b) 逻辑符号

图 13-4　主从 JK 触发器

电路工作的情况如下。

当 CP=1 时，主触发器的状态 Q' 和 $\overline{Q'}$ 按照 J、K 以及 Q 和 $\overline{Q}$ 的不同组合来置 0、置 1 或保持原态。J、K 的改变只影响 Q' 和 $\overline{Q'}$，而 Q' 和 $\overline{Q'}$ 则相当于从触发器的 S 和 R。由于 $\overline{CP}=1$ 期间，$\overline{CP}=0$ 控制从触发器，因而从触发器的状态不变。待等到 CP 由 1 变到 0（俗称 CP 的下降沿）以后，即 CP=0，$\overline{CP}=1$，主触发器的状态 Q' 和 $\overline{Q'}$ 进入从触发器，使其置 0、置 1 或保持原态。它的功能可以从 RS 触发器的特性方程推导而来，这里 $S=J\overline{Q^n}$，$R=KQ^n$，那么

$$Q^{n+1}=S+\overline{R}\,Q^n=J\overline{Q^n}+\overline{KQ^n}\cdot Q^n=J\overline{Q^n}+(\overline{K}+\overline{Q^n})Q^n=J\overline{Q^n}+\overline{K}\,Q^n$$

即主从 JK 触发器的特性方程为

$$Q^{n+1}=J\overline{Q^n}+\overline{K}\,Q^n \tag{13-4}$$

根据该特性方程可列出主从 JK 触发器的真值表如表 13-3。

表 13-3　主从 JK 触发器的真值表

J	K	Q^n	Q^{n+1}	功能说明
0	0	0	0	保持
0	0	1	1	
0	1	0	0	置 0
0	1	1	0	
1	0	0	1	置 1
1	0	1	1	
1	1	0	1	翻转
1	1	1	0	

该触发器一般在 CP＝1 期间接收 J、K 信号，CP↓时触发，也就是说触发器仅在 CP↓时发生变化。

图 13-4（b）是主从 JK 触发器的逻辑符号，其中的 $\overline{S}_D$、$\overline{R}_D$ 分别称作直接置 1 端、直接置 0 端，也称异步输入端，其功能如下。

$\overline{S}_D＝0$，$\overline{R}_D＝1$，触发器直接置 1。

$\overline{S}_D＝1$，$\overline{R}_D＝0$，触发器直接置 0。

触发器同步工作时（发挥 JK 功能），要求 $\overline{S}_D＝\overline{R}_D＝1$。

JK 触发器是一种功能最齐全的触发器，它可以置 0、置 1、保持和翻转。其功能和 J、K 信号的关系可以用这样的口诀来描述：00（指 J、K）态不变，11 态翻转，其余随 J 变。主从 JK 触发器的时序图如图 13-5 所示。

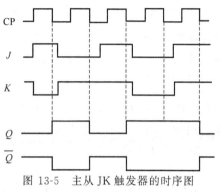

图 13-5　主从 JK 触发器的时序图

三、维持阻塞 D 触发器

主从 JK 触发器在结构和工作方式上还存在一些问题。它要求在 CP＝1 期间接收 J、K 信号，并要求在此期间 J、K 信号尽量不变，等到 CP↓时触发器按照它所接收 J、K 信号来动作。而维持阻塞结构的触发器就没有这种对信号的限制，它只按照触发器动作前一瞬间的输入信号来触发。

图 13-6（a）所示是维持阻塞 D 触发器的逻辑图。其中 G_1、G_2 构成的基本 RS 触发器作为输出部分，G_3 和 G_5、G_4 和 G_6 分别是两个相互影响的基本 RS 触发器，D 是数据输入端，而 CP 控制着 G_3 和 G_4。

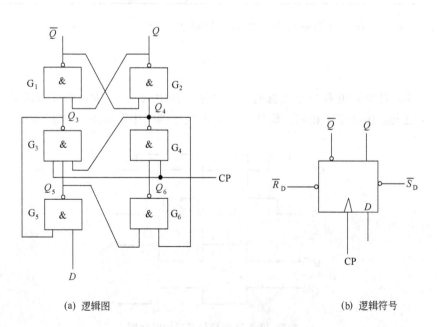

(a) 逻辑图　　　　　　　　　　　(b) 逻辑符号

图 13-6　维持阻塞 D 触发器

该触发器在 CP＝0 时，G_3 和 G_4 被锁。$Q_3＝Q_4＝1$，由 G_1、G_2 构成的基本 RS 触发器保持原态。也就是说，此时 D 的改变不会影响触发器的状态改变。D 的改变只影响 G_5、G_6 的输出 Q_5 和 Q_6。D 的状态在 CP＝0 时通过 Q_5 和 Q_6 送至 G_3 和 G_4 的输入端，等待 CP 上升沿的到来。

若 CP ʃ 前 (CP＝0)，$D＝0$，则 $Q_5＝1$；$Q_6＝0$，CP ʃ 后，$Q_3＝0$，$Q_4＝1$，使基本 RS 触发器置 0，即 $Q＝0$，$\overline{Q}＝1$。由于 $Q_3＝0$ 反馈至 G_5，即使 D 再次改变也不会影响 Q_5 和 Q_6，维持了在 CP＝1 期间触发器置 0。CP ˥ 后，触发器状态也不变。

若 CP ʃ 前 (CP＝0)，$D＝1$，则 $Q_5＝0$，$Q_6＝1$，CP ʃ 后，$Q_3＝1$，$Q_4＝0$，使基本 RS 触发器置 1，即 $Q＝1$，$\overline{Q}＝0$。由于 $Q_4＝0$ 反馈至 G_6，即使 D 再次改变也不会影响 Q_5 和 Q_6，同时，$Q_4＝0$ 还反馈至 G_3，保证了 $Q_3＝1$，即维持了在 CP＝1 期间触发器置 1，CP ˥ 后，触发器状态也不变。

综上所述，这种触发器只是按照 CP 上升沿到来之前的 D 信号，在 CP ʃ 时动作一次，而在 CP＝0，CP＝1 期间和 CP ˥ 时，D 信号的改变对触发器都无影响。这种结构的触发器又称边沿触发器，它是一种正边沿触发器，即利用时钟脉冲上升沿触发的触发器。其真值表如表 13-4 所示。

表 13-4 维持阻塞 D 触发器真值表

D	Q^n	Q^{n+1}	功能说明
0	0	0	置 0，与 D 相同
0	1	0	
1	0	1	置 1，与 D 相同
1	1	1	

由表 13-4 可以推导出维持阻塞 D 触发器的特性方程为

$$Q^{n+1}＝D \tag{13-5}$$

图 13-6 (b) 是维持阻塞 D 触发器的逻辑符号。其中的 $\overline{S}_D$、$\overline{R}_D$ 为异步输入端，其功能与主从 JK 触发器中介绍的相同。维持阻塞 D 触发器的时序图如图 13-7 所示。

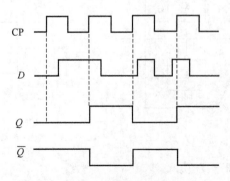

图 13-7 维持阻塞 D 触发器的时序图

四、其他功能的触发器

以上介绍的触发器，从结构上讲有基本触发器、同步触发器、主从触发器和维持阻塞触发器，从功能上讲有 RS 触发器、JK 触发器和 D 触发器。结构决定触发器的工作方式和对输入信号的要求，而功能则说明触发器的状态与输入信号以及它原来状态之间的逻辑关系。除了上面介绍的三种功能的触发器外，还有两种功能的触发器。

（一）T 触发器

T 触发器是一种受输入信号控制的具有保持与翻转功能的触发器，它的输入信号为 T。触发器的真值表可以用表 13-5 表示。

表 13-5　T 触发器的真值表

T	Q^n	Q^{n+1}
0	0	0
0	1	1
1	0	1
1	1	0

由于 JK 触发器也具有保持与翻转功能，因此把 JK 触发器的 J、K 连接在一起，即成为 T 触发器，如图 13-8（a）所示，它的特性方程可由 JK 触发器的特性方程推导得出，即

$$Q^{n+1} = J\,\overline{Q^n} + \overline{K}\,Q^n = T\,\overline{Q^n} + \overline{T}\,Q^n \tag{13-6}$$

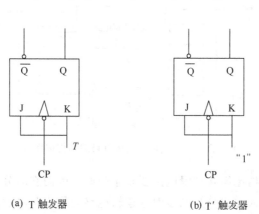

(a) T 触发器　　　　　　(b) T′ 触发器

图 13-8　JK 触发器连接成的 T 触发器和 T′触发器

（二）T′触发器

T′触发器是一种翻转型或计数型触发器，它可以实现每来一个时钟脉冲就翻转一次的功能。T 触发器中 $T=1$ 或 JK 触发器中 $J=K=1$ 便是 T′触发器，如图 13-8（b）所示。它的特性方程是

$$Q^{n+1} = \overline{Q^n} \tag{13-7}$$

T′触发器的时序图如图 13-9 所示。

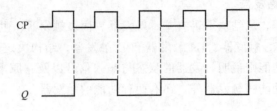

图 13-9 T′触发器时序图

触发器是数字电路中的基本逻辑单元，选用触发器时可查阅有关手册。

第二节 时序逻辑电路的分析

一、时序逻辑电路的特点

时序逻辑电路是一种在任何时刻其输出不仅取决于当时电路的输入，而且还与电路以前的输出有关的逻辑电路，这种电路中必须包含有由触发器构成的存储电路。

时序逻辑电路的结构如图 13-10 所示。根据框图可以看出，电路的输出与输入之间存在反馈，其反馈环节就是由触发器构成的存储电路。输出不仅与输入有关，而且与存储电路的原存储状态有关。从某种意义上讲，时序逻辑电路是一种按人们事先设计好的按一定时间顺序工作（或称状态依次转换）的逻辑电路。

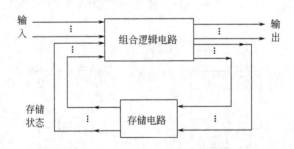

图 13-10 时序逻辑电路的结构框图

时序逻辑电路的结构比组合逻辑电路要复杂一些，因而它的分析也要复杂一些。时序逻辑电路按照时钟脉冲输入方式分为同步时序逻辑电路与异步时序逻辑电路。图 13-10 所示的结构框图没有标示时钟脉冲，但所有的时序逻辑电路都是在时钟脉冲的控制下一步一步工作的。

二、时序逻辑电路的分析方法

时序逻辑电路的分析就是根据给定的电路通过一定的过程求出它的状态表、状态图或时序图（或称工作波形图），从而确定电路的逻辑功能和工作特点。分析过程一般可按以下步骤进行。

① 根据给定电路分别写出各个触发器的时钟信号（称时钟方程）、触发器的输入信号（称驱动方程）和电路输出信号（称输出方程）的表达式。

② 将驱动方程代入所用触发器的特性方程，得到一个触发器的次态与输入及初态之间

关系的函数，即电路的状态方程。

③ 假定初态，分别代入状态方程和输出方程，进行计算，依次求出在某一初始状态下的次态和输出。

④ 根据计算结果，列相应的状态转换真值表，并由此整理得出状态转换图或画出其时序图。

⑤ 根据状态转换图确定其功能及特点。

异步时序逻辑电路中的各个触发器的时钟信号不完全相同，因而它的分析较同步时序逻辑电路复杂。本书仅介绍同步时序逻辑电路的分析方法。

【例 13-1】　分析图 13-11 所示时序逻辑电路的功能。

解　按上述步骤分步进行。

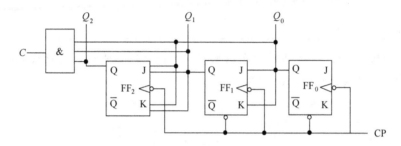

图 13-11　例 13-1 的电路逻辑图

（1）写时钟方程、驱动方程和输出方程

该电路属同步时序逻辑电路，故时钟方程为

$$CP_0 = CP_1 = CP_2 = CP$$

驱动方程为

$$\begin{cases} J_0 = 1, \ K_0 = 1 \\ J_1 = K_1 = Q_0 \\ J_2 = K_2 = Q_1 Q_0 \end{cases}$$

输出方程为

$$C = Q_2 Q_1 Q_0$$

（2）将驱动方程代入 JK 触发器的特性方程 $Q^{n+1} = J \, \overline{Q}^n + \overline{K} \, Q^n$ 中，得到各个触发器的状态方程

$$\begin{cases} Q_0^{n+1} = J_0 \, \overline{Q}_0^n + \overline{K}_0 Q_0 = \overline{Q}_0^n \\ Q_1^{n+1} = J_1 \, \overline{Q}_1^n + \overline{K}_1 Q_1^n = Q_0^n \, \overline{Q}_1^n + \overline{Q}_0^n Q_1^n \\ Q_2^{n+1} = J_2 \, \overline{Q}_2^n + \overline{K}_2 Q_2^n = Q_1^n Q_0^n \, \overline{Q}_2^n + \overline{Q_1^n Q_0^n} Q_2^n \end{cases}$$

（3）假定初态，代入状态方程，计算次态和输出

设 $Q_2^n Q_1^n Q_0^n = 000$，计算 $Q_2^{n+1} Q_1^{n+1} Q_0^{n+1} = 001$，$C = 0$；

设 $Q_2^n Q_1^n Q_0^n = 001$，计算 $Q_2^{n+1} Q_1^{n+1} Q_0^{n+1} = 010$，$C = 0$；

……

设 $Q_2^n Q_1^n Q_0^n = 111$，计算 $Q_2^{n+1} Q_1^{n+1} Q_0^{n+1} = 000$，$C = 1$。

（4）根据以上结果，列出状态转换真值表（见表 13-6）

表 13-6　例 13-1 的状态转换真值表

CP 序数	Q_2^n	Q_1^n	Q_0^n	Q_2^{n+1}	Q_1^{n+1}	Q_0^{n+1}	C
1	0	0	0	0	0	1	0
2	0	0	1	0	1	0	0
3	0	1	0	0	1	1	0
4	0	1	1	1	0	0	0
5	1	0	0	1	0	1	0
6	1	0	1	1	1	0	0
7	1	1	0	1	1	1	0
8	1	1	1	0	0	0	1

把表 13-6 的结果整理成状态转换图的形式，如图 13-12 所示，它直观地反映了电路在时钟脉冲的作用下状态依次转换的情况。

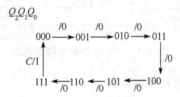

图 13-12　例 13-1 的状态转换图

从图 13-12 可以看出，$Q_2 Q_1 Q_0$ 的状态转换实际上是三位二进制累加计数的情况。若视 CP 为计数脉冲，则该电路可以命名为三位二进制加法计数器，其输出 C 正好反映了低三位计满以后向高位进位的情况。根据图 13-12 和上面分析的结果还可以画出该电路的工作波形图（时序图），如图 13-13 所示，波形变化的情况也反映了三位二进制的累加计数。

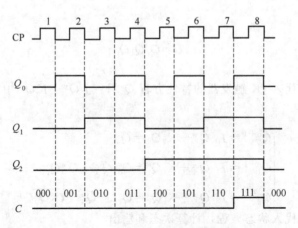

图 13-13　例 13-1 的时序图

从图 13-13 可以看出，第一个 CP 脉冲下降沿到来后，电路状态由 000 变到 001，实现了来一个计数脉冲累加 1 的目的。进位 C 在第 8 个 CP 之前一直是 0，第 8 个 CP 作用期间为 1，第 8 个 CP 下降沿到来后，C 由 1 变 0，相当于是一个进位信号输入给高位计数器的时钟端。

第三节 集成时序逻辑部件

时序逻辑电路主要包含计数器和寄存器两大电路类型，其原理电路由触发器和门电路构成，如例 13-1 中介绍的同步二进制加法计数器。和组合逻辑电路一样，人们很少再用触发器和门电路去构成时序逻辑电路，而可直接采用中规模的集成时序逻辑电路。本节通过介绍一些集成时序逻辑部件的功能来使读者了解时序逻辑电路的原理及应用。

一、寄存器

寄存器是数字系统中常见的数字部件，它一般用来存放数据（包括中间结果）、指令等，寄存器除了实现接收数码、清除原有数码的功能以外，有的还必须有移位功能。所以寄存器一般分为数码寄存器和移位寄存器。

（一）数码寄存器（锁存器）

在数据处理过程中，常常需要把一些数码或运算结果暂时存放起来，然后根据需要再取出来进行处理或运算。这种只有最简单的清除原有数码、接收并存放新到数码功能的寄存器称为数码寄存器。这种寄存器由于具有对数据的暂存功能，也就是锁存功能，故又称为锁存器。集成锁存器内部通常由 D 触发器构成。现以中规模集成电路 74LS375 为例说明它的结构与功能。

74LS375 是互补输出的 4 位 D 锁存器，其内部逻辑图如图 13-14 所示，端子排列图如图 13-15 所示，功能表如表 13-7 所示。

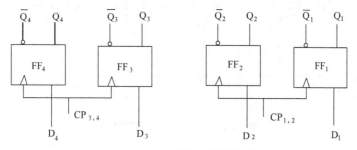

图 13-14 74LS375 内部逻辑图

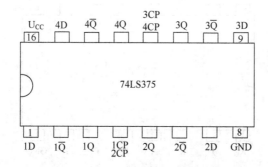

图 13-15 74LS375 的端子排列图

表 13-7　74LS375 功能表（单 D）

输　　入		输　　出		功能说明
D	CP	Q	$\overline{Q}$	
0	1	0	1	接收 0
1	1	1	0	接收 1
×	0	Q_0	$\overline{Q}_0$	锁存数码

由功能表可知，74LS375 有如下功能。

① 接收数码：在 CP＝1 时，$Q=D$，数码存入寄存器。

② 锁存数码：CP＝0 时，无论输入如何变化，寄存器输出状态不变，具有锁存功能。

（二）移位寄存器

不但可以存入数码，而且能够将数码逐个左向移动（或右向移动）的寄存器，称为移位寄存器。现以中规模集成电路 74LS195 为例说明它的结构与功能。

74LS195 是 4 位并行输入（带串行输入）、并行输出的移位寄存器，其内部逻辑图如图 13-16 所示，端子排列图见图 13-17，功能表见表 13-8。

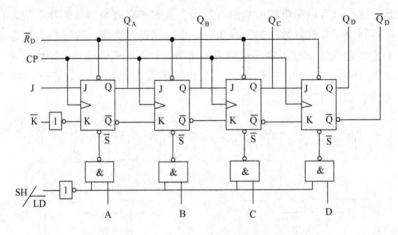

图 13-16　74LS195 内部逻辑图

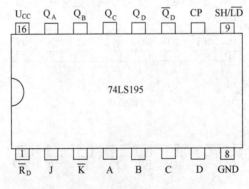

图 13-17　74LS195 的端子排列图

表 13-8　74LS195 功能表

输　入								输　出					功能说明
消除	移位/置入	时钟	串行输入		并行输入								
$\overline{R_D}$	SH/$\overline{LD}$	CP	J	$\overline{K}$	A	B	C	D	Q_A	Q_B	Q_C	Q_D	$\overline{Q_D}$	
0	×	×	×	×	×	×	×	×	0	0	0	0	1	消除
1	0	↑	×	×	a	b	c	d	a	b	c	d	$\overline{d}$	并行置入
1	1	0	×	×	×	×	×	×	Q_{A0}	Q_{B0}	Q_{C0}	Q_{D0}	$\overline{Q_{D0}}$	保持不变
1	1	↑	0	1	×	×	×	×	Q_{An}	Q_{An}	Q_{Bn}	Q_{Cn}	$\overline{Q_{Cn}}$	
1	1	↑	0	0	×	×	×	×	0	Q_{An}	Q_{Bn}	Q_{Cn}	$\overline{Q_{Cn}}$	右移
1	1	↑	1	1	×	×	×	×	1	Q_{An}	Q_{Bn}	Q_{Cn}	$\overline{Q_{Cn}}$	右移
1	1	↑	1	0	×	×	×	×	$\overline{Q_{An}}$	Q_{An}	Q_{Bn}	Q_{Cn}	$\overline{Q_{Cn}}$	

由功能表可知，74LS195 有如下功能。

（1）消除功能　在 $\overline{R_D}=0$ 时，无论其他输入端为何种状态，都能使 $Q_AQ_BQ_CQ_D=0000$。

（2）并行置数　在 $\overline{R_D}=1$ 时，SH/$\overline{LD}=0$ 时，在 CP 上升沿作用下，寄存器并行置数，$Q_AQ_BQ_CQ_D=abcd$。

（3）记忆保持　在 $\overline{R_D}=1$，SH/$\overline{LD}=1$ 时，无论 J、$\overline{K}$、A、B、C、D 为何态，只要没有 CP∫作用，寄存器保持原态。

（4）移位操作　在 $\overline{R_D}=1$，SH/$\overline{LD}=1$ 时，在 CP 上升沿作用下，Q_A 的状态由 J$\overline{K}$决定，第 4～7 行分别是 JK 触发器保持、置 0、置 1、翻转四种情况，$Q_B=Q_{An}$，$Q_C=Q_{Bn}$，$Q_D=Q_{Cn}$，寄存器右向移位。

在单向移位寄存器的基础上适当增加一些控制门就可实现既可左移又可右移的双向移位寄存器。这样的集成芯片也有很多可供选用，如 74LS194。

二、计数器

计数器是用来累计和寄存输入脉冲的时序逻辑部件。它是数字系统中用途最广泛的基本部件之一，它不仅可以进行计数，还可以对某个频率的脉冲进行分频，还可以进行定时、程序控制操作等。

计数器是一组由触发器构成的阵列，按照计数状态数、计数脉冲输入方式以及计数增减状况可进行如下分类。

① 按计数状态数分为二进制计数器和非二进制计数器（或称其他进制计数器，它是用二进制数表示的其他进制）。

② 按计数脉冲是否同时连接到所有触发器的时钟端分为同步计数器和异步计数器。

③ 按计数的递增和递减分为加法计数器和减法计数器，这种分类方法在某些计数器中没有意义。

目前，TTL 和 MOS 电路构成的中规模集成计数器品种也比较多，它们分同步、异步两大类。此外，这些计数器有些具有预置数和清零功能，可以根据使用者的要求来确定其计数状态数，功能较完善，而且还可以自扩展，通用性强。

（一）异步二进制加法计数器 74LS93

74LS93 是一种异步四位二进制加法计数器，它的内部逻辑图和端子排列图分别如图 13-18（a）、（b）所示。它的功能表如表 13-9 所示。

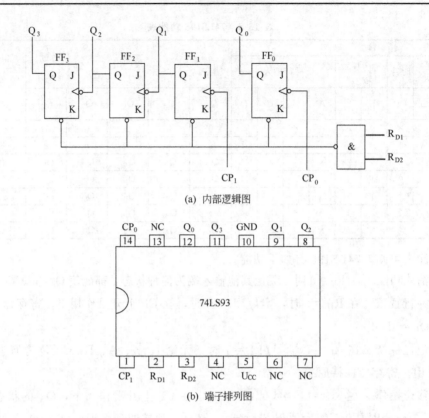

(a) 内部逻辑图

(b) 端子排列图

图 13-18　74LS93 的逻辑图和端子排列

表 13-9　74LS93 的功能表

清 零 输 入		输 出 状 态				功　能
R_{D1}	R_{D2}	Q_3	Q_2	Q_1	Q_0	
1	1	0	0	0	0	清零(复位)
0	×					计数
×	0					计数

　　该芯片有两个异步清零端，当 R_{D1}、R_{D2} 同时为高电平时，$Q_3 Q_2 Q_1 Q_0 = 0000$，计数器禁止计数。计数器工作时，要求 R_{D1}、R_{D2} 中至少有一个为低电平。74LS93 的应用有以下几个方面。

　　1. 对时钟脉冲二分频

　　若计数脉冲 CP 加到 CP_0 端，输出取自 Q_0 端，则可以视为计数脉冲 CP 加到一个 T' 触发器的时钟端，每输入一个 CP，触发器 FF_0 将翻转一次，其 Q_0 与 CP 波形的变化情况如图 13-19 所示。可以看出 Q_0 波形的周期是 CP 波形周期的 2 倍，或者说 Q_0 波形的频率是 CP 波形频率的 $\frac{1}{2}$，把这一结果称作 Q_0 对 CP 二分频。

　　2. 构成 3 位二进制加法计数器

　　当计数脉冲 CP 加到 CP_1 端，输出取自 $Q_3 Q_2 Q_1$，此时的情况是这样的：由于 FF_1、FF_2、FF_3 都是 T' 触发器，每输入一个 CP，Q_1 都要翻转一次，当 Q_1 出现下降沿（由 1 变到 0）时，Q_2 翻转，Q_2 出现下降沿时，Q_3 翻转，Q_3、Q_2、Q_1 与 CP 脉冲的变化态序如表 13-10 所示。由表 13-10 可以看出，FF_3、FF_2、FF_1 构成了一个三位二进制加法计数器，

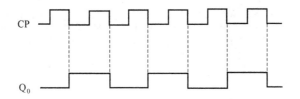

图 13-19 CP 加到 CP_0 端时 Q_0 的波形

Q_3、Q_2、Q_1 与 CP 的波形变化如图 13-20 所示。可以看出，这时 Q_1 对 CP 二分频，Q_2 对 Q_1 二分频，Q_3 对 Q_2 二分频，则 Q_3 对 CP 八分频。

表 13-10　三位二进制计数器计算状态表

CP	Q_3	Q_2	Q_1
0	0	0	0
1	0	0	1
2	0	1	0
3	0	1	1
4	1	0	0
5	1	0	1
6	1	1	0
7	1	1	1
8	0	0	0

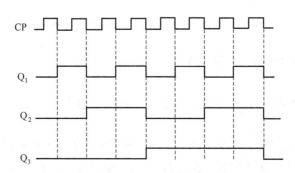

图 13-20　CP 加到 CP_1 端时 Q_3、Q_2、Q_1 的波形

3. 构成 4 位二进制加法计数器

当计数脉冲 CP 加到 CP_0 端，而把 Q_0 与 CP_1 相连，输出取自 Q_3、Q_2、Q_1、Q_0，这时构成的是四位二进制加法计数器。与三位二进制加法计数器相比，只是多了一个触发器，计数状态数则由 8 个变化到了 16 个。用状态转换图来表示它们的依次变化情况如图 13-21 所示。

若画出这时的 Q_3、Q_2、Q_1、Q_0 在 CP 作用下的波形图，可以看出 Q_3 对 CP 十六分频。

4. 用反馈归零法构成 8421 码十进制加法计数器

由图 13-21 可以看出，74LS93 构成的四位二进制加法计数器有 16 个状态，它的前 10 个状态数 0000～1001 正好是 8421 BCD 码的 0～9，若计到 1001 时，再输入一个脉冲电路能回到 0000，电路便是一个按 8421 BCD 码变化的十进制加法计数器。1001 后面的状态是

227

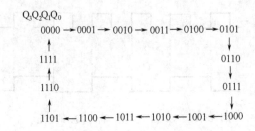

图 13-21　四位二进制加法计数器状态转换图

1010，应该想方设法在进入 1010 时能通过一定的方法使之立刻变成 0000，利用电路的异步清零端便可实现这一目的，图 13-22 所示电路便是这种方法的方案之一。当计到第 10 个 CP 时，$Q_3 = Q_1 = 1$，立即通过反馈使与门 G 的输出为 1，$R_{D1} = R_{D2} = 1$，$Q_3 Q_2 Q_1 Q_0 = 0000$。$Q_3 Q_2 Q_1 Q_0 = 1010$ 只经历了短暂的瞬间，是一个暂时状态，或称过渡状态。

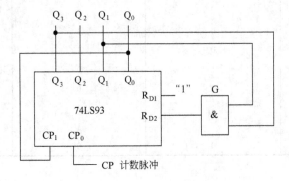

图 13-22　用反馈归零法构成十进制计数器

（二）同步二进制计数器 74LS161A

1. 功能介绍

74LS161A 是一种同步四位二进制（二-十六进制）可预置计数器。它的端子排列图和符号图❶如图 13-23 所示。

74LS161A 内部由 4 个 JK 触发器和一些用于控制的门电路组成，其电路的逻辑图不作介绍。Q_3、Q_2、Q_1、Q_0 是计数器自高至低的状态输出端，CCO 是动态进位输出端，用来作级联时的进位信号，高电平有效。$\overline{LD}$ 为同步置数控制端，D_3、D_2、D_1、D_0 是预置数的数据输入端，$\overline{R_D}$ 是异步清零端，CP 是计数脉冲输入端，ET、EP 称为允许输入端（亦称使能端）。

74LS161A 的功能如表 13-11 所示，其功能简述如下。

（1）直接置 0（异步清零）功能　直接清零端 $\overline{R_D}$ 与各个触发器的直接置 0 端相连，当 $\overline{R_D} = 0$ 时，无论 CP 为何状态，计数器立即清零，因此也把这种不需时钟脉冲的清零称为异步清零。

（2）预置数功能（送入数据功能）　当 $\overline{LD} = 0$，$\overline{R_D} = 1$ 时，对 ET、EP 无要求。在时钟脉冲上升沿的作用下，能将数据输入端的数据 D_3、D_2、D_1、D_0 送到 Q_3、Q_2、Q_1、Q_0 中。

❶　符号图是一种把集成芯片的主要输入、输出、使能端标识出来的图形符号。

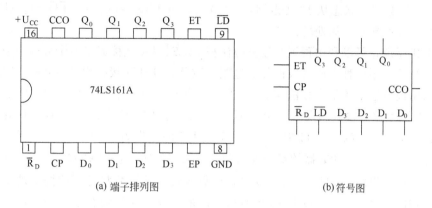

(a) 端子排列图 (b) 符号图

图 13-23 74LS161A 的端子排列图和符号图

表 13-11 74LS161A 的功能表

输入控制端					输 出 端				功 能
$\overline{R_D}$	$\overline{LD}$	ET	EP	CP	Q_3	Q_2	Q_1	Q_0	
0	×	×	×	×	0	0	0	0	异步清零
1	0	×	×	↑	D_3	D_2	D_1	D_0	同步预置数
1	1	1	1	↑					计数
1	1	0	×	×	Q_{3n}	Q_{2n}	Q_{1n}	Q_{0n}	保持原来状态
1	1	×	0	×	Q_{3n}	Q_{2n}	Q_{1n}	Q_{0n}	保持原来状态

（3）保持功能 当 $\overline{LD}=1$，$\overline{R_D}=1$ 时，对 ET、EP 中至少有一个为低电平，即 ET·EP$=0$ 时，计数器停止计数，$Q_3Q_2Q_1Q_0$ 保持原态。

（4）计数功能 当 $\overline{LD}=1$，$\overline{R_D}=1$，ET·EP$=1$ 时，在 CP 脉冲上升沿作用下，计数器进行四位二进制数的加法计数。当计满至 $Q_3Q_2Q_1Q_0=1111$ 时，进位输出 CCO$=1$，表示低四位计满时向高位进 1。

2. 功能扩展与应用

（1）采用预置数端复位法构成十进制计数器 应用电路如图 13-24 所示。将计数器的状态端 Q_3 和 Q_0 通过与非门 G 连到 $\overline{LD}$ 端，而预置数端 $D_3D_2D_1D_0=0000$（均接地）。当计数器处于计数状态而且未计到 9（1001）时，Q_3 和 Q_0 中总会有一个为 0，门 G 的输出为 1，即 $\overline{LD}=1$，不发挥预置数功能，计数器继续计数。当计数器计数到 9（1001）时，Q_3 和 Q_0 同时为 1，门 G 的输出为 0，即 $\overline{LD}=0$，计数器已处于置数的前期状态。在下一个 CP 的上升沿作用（即第 10 个计数脉冲输入）后，计数器将预置数据 $D_3D_2D_1D_0=0000$ 送入

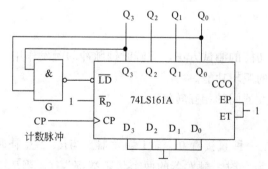

图 13-24 74LS161A 构成十进制计数器

229

$Q_3 Q_2 Q_1 Q_0$。计数器的状态从 1001 返回至 0000 后，由于 $Q_3 = Q_0 = 0$，$\overline{LD} = 1$，计数器又继续计数功能，开始新一个周期的计数。

根据上述原理，可以利用预置数端复位法把 74LS161A 连接成二～十五进制中的任意进制计数器。当然，用这种方法构成的任意进制计数器，其计数状态均是由 0000 开始的。

（2）采用进位输出置最小数法构成 N 进制计数器　应用电路如图 13-25 所示。事先给 74LS161A 的预置数据输入端设置一个数据，将进位输出 CCO 通过一个非门 G 送至 $\overline{LD}$ 端，当计数器计至 $Q_3 Q_2 Q_1 Q_0 = 1111$ 时，CCO = 1，门 G 的输出为 0，$\overline{LD} = 0$。在下一个计数脉冲 CP 的上升沿作用后，计数器的状态变为预置数据端的状态，即 $Q_3 Q_2 Q_1 Q_0 = D_3 D_2 D_1 D_0$，此时进位输出端 CCO 由 1 变 0，$\overline{LD}$ 变为 1，计数器将从被置数状态开始按二进制递增规律重新计数。在图 13-25 中，$D_3 D_2 D_1 D_0 = 0111$，这是计数器计数状态中的最小数，那么该计数器的计数状态数只要去掉 0000、0001、0010、0011、0100、0101、0110 七个状态，就可以认定该计数器是一个九进制加法计数器，其状态转换图如图 13-26 所示。

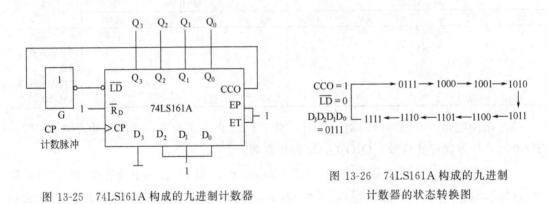

图 13-25　74LS161A 构成的九进制计数器　　　　图 13-26　74LS161A 构成的九进制计数器的状态转换图

这里说的九进制，是指计数器的计数状态数是 9，计数器的状态将在规定的九种状态中依次转换。

74LS161A 也可以与 74LS93 一样利用反馈归零法构成 N 进制计数器，在此不再赘述。

中规模集成计数器的品种较多，可以根据实际需要，查阅手册，选择最符合实际需求的品种。

实验与训练项目十一　触发器的功能测试及转换

一、实验目的

1. 学习触发器逻辑功能的测试方法，了解时钟脉冲的触发作用。

2. 掌握各种触发器的逻辑功能。

3. 熟悉不同功能触发器间的相互转换。

二、原理说明

1. 基本 RS 触发器是一种直接置 0、置 1 触发器。当 $\overline{R}$、$\overline{S}$ 互补时，触发器发挥其置 0、置 1 功能，当 $\overline{R}$、$\overline{S}$ 同时为 0 时，触发器的两个状态端都为 1，当 $\overline{R}$、$\overline{S}$ 同时由 0 变 1 时，触发器状态不定。

2.JK 触发器是一种功能最齐全的触发器，同时它又很容易地转换成其他不同功能的触发器。D 触发器是一种延迟型触发器，时钟脉冲作用以后触发器的状态反映的是 D 端的状态。

3.主从触发器和维持阻塞触发器是两种结构不同的触发器，结构的不同决定了其工作方式的不同。前者是 CP 上升沿到来时接收信号，CP 下降沿到来后触发（动作）；后者是 CP 上升沿到来时接收触发同时进行。

4.触发器的异步输入端不受 CP 时钟脉冲的限制。无论同步输入端和 CP 脉冲处于什么状态，只要在相应的异步输入端加入负脉冲或低电平，就可以直接使触发器置 0（$\overline{R}_D = 0$）或者置 1（$\overline{S}_D = 0$）。当触发器用于同步工作时，必须将异步输入端置于高电平或者悬空（即要求 $\overline{R}_D = \overline{S}_D = 1$）。

5.实验建议选用数字集成电路 74LS74（双上升沿 D 触发器）和 74LS112（双下降沿 JK 触发器）。它们的外引线排列图如图 13-27 所示。

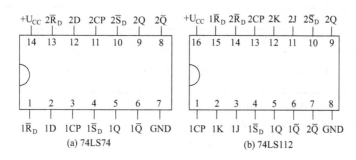

图 13-27　74LS74、74LS112 外引线排列图

三、实验所需主要仪器和元器件

主要仪器：示波器，万用电表，数字电路实验箱。

主要元器件：74LS00、74LS74、74LS112。

四、实验内容和技术要求

1.基本 RS 触发器逻辑功能的测试

在数字电路实验箱上用一块 74LS00 按图 13-28 接成基本 RS 触发器，按表 13-12 的要求测试并将测试结果填入表中。

表 13-12　测试结果一

$\overline{R}$	$\overline{S}$	Q	$\overline{Q}$
0	1		
1	1		
1	0		
1	1		
0	0		
1	1		

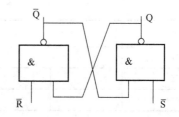

图 13-28　用与非门构成的基本 RS 触发器

2.集成 JK 触发器逻辑功能的测试

（1）异步输入端（$\overline{R}_D$、$\overline{S}_D$）功能的测试

选用 74LS112 中的一个 JK 触发器在实验箱上进行直接置 0、置 1 功能的测试。J、K、

CP 端的状态可以随意。用发光二极管观察 Q 端的状态，将测试结果记入表 13-13 中。

表 13-13 测试结果二

CP	J	K	$\overline{R}_D$	$\overline{S}_D$	Q 端状态
×	×	×	0	1	
×	×	×	1	0	

（2）同步输入端（J、K）逻辑功能的测试

仍选用 74LS112 中的一个 JK 触发器，将 CP 端与实验箱上的单脉冲源相连，手按单脉冲按钮即给触发器输入单脉冲。按表 13-14 的要求测试在不同的 J、K 信号下 Q 端的状态，并将测试结果填入表中。Q 端的起始状态可以借助异步输入端实现。

表 13-14 测试结果三

CP	0	↑	↓	0	↑	↓	0	↑	↓	0	↑	↓
J	0	0	0	0	0	0	1	1	1	1	1	1
K	0	0	0	1	1	1	0	0	0	1	1	1
Q												
$\overline{Q}$												

注：箭头"↑"表示 CP 上升沿，"↓"表示 CP 下降沿。

3. 集成 D 触发器逻辑功能的测试

（1）异步输入端（$\overline{R}_D$、$\overline{S}_D$）功能的测试

选用 74LS74 中的一个 D 触发器在实验箱上进行直接置 0、置 1 功能的测试。将测试结果记入表 13-15 中。

表 13-15 测试结果四

CP	D	$\overline{R}_D$	$\overline{S}_D$	Q 端状态	CP	D	$\overline{R}_D$	$\overline{S}_D$	Q 端状态
×	×	0	1		×	×	1	0	

（2）同步输入端（D）逻辑功能的测试

选用 74LS74 中的一个 D 触发器，将 CP 端与单脉冲源相连，手按单脉冲为触发器输入单脉冲。按实验表 13-16 的要求进行测试。

表 13-16 测试结果五

Q^n	0			1		
D	1			0		
CP	0	↑	↓	0	↑	↓
Q^{n+1}						

4. 功能转换

（1）JK 触发器→T′触发器

选用 74LS112 中的一个 JK 触发器，按图 13-29（a）接线。CP 端输入连续脉冲，用示波器观察 CP、Q、$\overline{Q}$ 的波形，并记录在图 13-29(b) 中。

232

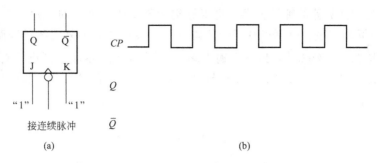

图 13-29 JK 触发器→T′触发器的逻辑图和波形记录

（2）D 触发器→T′触发器

选用 74LS74 中的一个 D 触发器，按图 13-30(a) 接线。CP 端输入连续脉冲，用示波器观察 CP、Q、$\overline{Q}$ 的波形，并记录在图 13-30(b) 中。

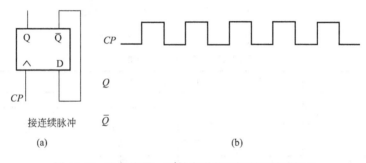

图 13-30 D 触发器→T′触发器的逻辑图和波形记录

五、预习要求

1. 复习各类触发器的功能、触发方式以及内部电路结构。

2. 写出 RS、JK、D、T 和 T′触发器的特性方程。

3. 基本 RS 触发器的不定状态是在什么条件下发生的？

六、分析报告要求

1. 整理实验数据，分析实验结果，总结出各类触发器的功能以及工作方式。

2.74LS74、74LS112 的触发时刻有什么不同。

3. 阐述输出状态"不变"和"不定"的基本含义。

实验与训练项目十二　中规模集成计数器的功能测试与应用

一、实验目的

1. 掌握中规模集成计数器的功能测试方法。

2. 了解常用中规模集成计数器在功能扩展方面的应用。

二、原理说明

1. 计数器是最常见的时序逻辑电路，其功能就是累计（递增或递减）输入脉冲的个数，按工作方式分成同步计数器和异步计数器两种，按照计数所采用的体制分为二进制计数器、十进制计数器和任意进制计数器。

2. 中规模集成计数器的种类很多，可根据实际需要选用合适的芯片。本实验推荐使用的是 74LS161（同步四位二进制可预置计数器）。图 13-31 是它的外引线排列图。$D_3 D_2 D_1 D_0$ 为并行置数输入端，$Q_3 Q_2 Q_1 Q_0$ 为并行输出端，$\overline{CR}$ 为异步清零端（低电平有效），$\overline{LD}$ 为预置数控制端（低电平有效），CP 为同步时钟脉冲输入端 CT_P 和 CT_T 为工作方式选择端，CO 为进位输出端。表 13-17 是它的功能表。

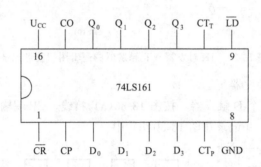

图 13-31　74LS161 外引线排列图

表 13-17　74LS161 的功能表

$\overline{CR}$	$\overline{LD}$	CT_T	CT_P	CP	D_0	D_1	D_2	D_3	Q_0	Q_1	Q_2	Q_3	说　明
0	×	×	×	×	×	×	×	×	0	0	0	0	异步清零
1	0	×	×	↑	d_0	d_1	d_2	d_3	d_0	d_1	d_2	d_3	同步预置数
1	1	1	1	↑	×	×	×	×	计数				四位二进制数加法计数
1	1	0	×	×	×	×	×	×	保持				
1	1	×	0	×	×	×	×	×	保持				

三、实验所需主要仪器和元器件

主要仪器：示波器，直流稳压电源，数字电路实验箱，万用表。

主要元器件：74LS161 一块，74LSOO 一块。

四、实验内容和技术要求

1. 中规模集成计数器功能的测试

① 熟悉 74LS161 的外部引线，通过表 13-17 了解其功能。

② 按照表 13-17 第三行计数的要求，设置各个功能端的输入，在手动单脉冲的作用下，观察计数器的计数状况。

2. 用反馈预置数法构成十进制计数器。按图 13-32 接线，在 CP 端输入单脉冲，用发光二极管观察 $Q_3 Q_2 Q_1 Q_0$ 的变化情况并作记录。然后在 CP 端输入连续脉冲，用示波器分别观察 CP 与 Q_0、CP 与 Q_1、CP 与 Q_2、CP 与 Q_3 的波形变化，并作记录。

若预置数使 $D_3 D_2 D_1 D_0 = 0011$，其他同图 13-32，在 CP 端输入单脉冲，用发光二极管观察 $Q_3 Q_2 Q_1 Q_0$ 的变化情况并作记录。

3. 用反馈归零法构成十进制计数器。自己在实验之前画出接线逻辑图，在实验箱上接线并检验其结果

五、预习要求

1. 复习有关计数器的内容。

2. 总结以二进制计数器为基础构成 N 进制计数器的一般方法。

六、分析报告要求

1. 阐述 74LS161 的功能和使用注意事项。

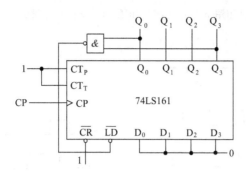

图 13-32　预置数法构成十进制计数器

2. 分析反馈预置数法和反馈归零法的不同点。

3. 试用二块 74LS161 构成一个 100 进制计数器，画出其逻辑图。

本章小结与学习指导

1. 触发器是数字电路另一类基本逻辑单元。按逻辑功能可分为 RS、JK、D、T 和 T′触发器。触发器有两个稳定的状态，它们的变化（置 0、置 1、翻转和保持）与有效输入信号有关，并且受时钟脉冲的控制。表述触发器逻辑功能的方式有状态转换真值表、特性方程、状态图和时序图。

2. 时序逻辑电路是数字系统的主要电路形式。它的分析方法和设计方法与组合逻辑电路都有很大的差异。除了系统必须有统一的时钟脉冲之外，它所采用的核心元件是触发器。

3. 在常见的时序逻辑电路中，有计数器、寄存器、顺序脉冲发生器等。而计数器是数字电路中用途最广的数字部件。这些电路都有中规模的集成电路可供选择，要了解这些集成芯片的功能识别和使用方法。

思考题与习题

13-1　基本 RS 触发器的 $\overline{R}$ 端和 $\overline{S}$ 端的波形如题 13-1 图所示，试画出 Q 和 $\overline{Q}$ 端的波形。

13-2　同步 RS 触发器在 CP 作用下，R、S 端的波形如题 13-2 图所示，设触发器初态为 0，试画出触发器 Q 端和 $\overline{Q}$ 端的波形。

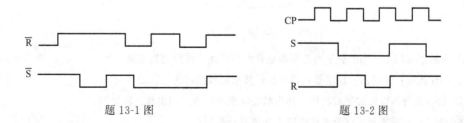

题 13-1 图　　　　　　　　　　　　题 13-2 图

13-3　主从 JK 触发器在 CP 作用下 J、K 端的波形如题 13-3 图所示，设触发器初态为 0，试画出触发器 Q 端的波形。

13-4 维持阻塞 D 触发器在 CP 作用下 D 端的波形如题 13-4 图所示，设触发器的初态为 0，试画出触发器 Q 端的波形。

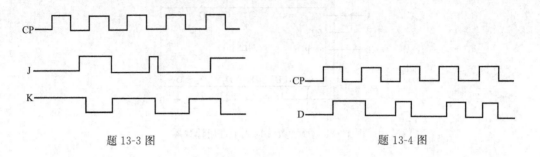

题 13-3 图　　　　　　　　　　　　题 13-4 图

13-5 电路如题 13-5 图所示，设各个触发器的初态均为 0，试画出在 CP 作用下各触发器 Q 端的波形。

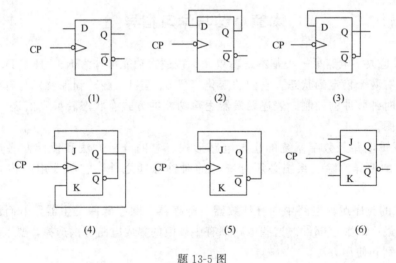

(1)　　　　　　　　(2)　　　　　　　　(3)

(4)　　　　　　　　(5)　　　　　　　　(6)

题 13-5 图

13-6 试分别写出 RS 触发器、JK 触发器、D 触发器、T 触发器和 T′ 触发器的特性方程。

13-7 JK 触发器的状态转换图如题 13-7 图所示，试在有向线段上标出其转换所需的条件。

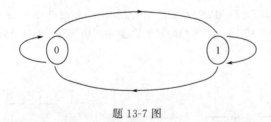

题 13-7 图

13-8 下列基本数字部件中，哪些属于组合逻辑电路？哪些属于时序逻辑电路？
　　译码器；计数器；编码器；加法器；寄存器；数据选择器；数值比较器

13-9 分析题 13-9 图所示电路的逻辑功能，列出状态转换真值表，画出状态转换图。

13-10 电路如题 13-10 图所示，试分析该电路为几进制计数器。

13-11 分析题 13-11 图电路，画出电路状态转换图，说明它是几进制计数器。

13-12 利用 74LS161A，用反馈归零法构成一个 8421 BCD 码十进制加法计数器。

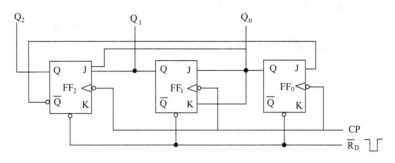

题 13-9 图

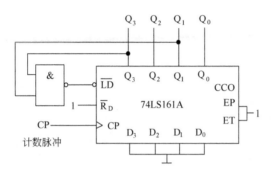

题 13-10 图

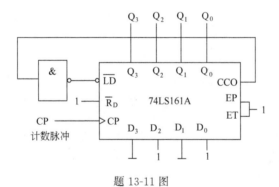

题 13-11 图

13-13 选择题（每题只有一个正确答案）

① 同时具有置 0、置 1、保持和翻转功能的触发器是

    A. RS 触发器；   B. D 触发器；   C. T 触发器；   D. JK 触发器。

② 要构成一个七进制计数器，至少需用几个集成触发器

    A. 2 个；   B. 3 个；   C. 4 个；   D. 7 个。

③ 对于一个四位二进制计数器，下列哪种描述是错误的

    A. 计数状态数为 16；   B. 模为 16；

    C. 计数容量为 15；   D. 计数容量为 16。

④ 对于计数器和寄存器，下列哪种描述是错误的

    A. 都是时序逻辑电路；   B. 都是组合逻辑电路；

    C. 都是在统一的时钟脉冲下实现状态转换的；

    D. 都是由触发器作为基本逻辑单元的电路。

⑤ 要制作一个数字钟，核心器件是计数器。若只需完成每天 24 小时的时间计数，需要采用

74LS161（同步二进制计数器）多少片

    A. 24 片；   B. 3 片；   C. 6 片；   D. 5 片。

⑥ 存储 8 位二进制信息要多少个触发器

    A. 2 个；   B. 3 个；   C. 4 个；   D. 8 个。

⑦ 同步计数器与异步计数器比较，同步计数器的最显著优点是

    A，工作速度高；   B. 触发器利用率高；C. 电路简单；   D. 不受时钟 CP 的控制。

⑧ T 触发器的功能是

    A. 翻转与置 "0"；   B. 保持与置 "1"；   C. 置 "1" 与置 "0"；   D. 翻转与保持。

第十四章 电工电子技术典型应用

电工电子技术作为工程应用科学技术的基础，已经渗透到工业技术和人们社会生活的各个方面，各种各样的应用层出不穷。本章将通过几种典型的器件介绍电工电子技术的应用电路。更多的知识需要在专门的课程中去学习，要在实践中去摸索和掌握、积累和提高。

第一节 555 定时器及应用

555 定时器是将模拟和数字电路集于一体的中规模集成电路。它的应用十分广泛，通常只要外接几个适当的阻容元件，就可以组成多谐振荡器、单稳态触发器和施密特触发器等脉冲波形的产生与整形电路，在工业自动控制、定时、延时、报警、电子玩具等方面有着广泛的应用。

555 定时器的产品有双极型和单极型（CMOS）两大类。所有双极型产品型号的最后三个数码都是 555，电源电压在 4.5～18V 之间，输出电流可达 200mA，典型产品有 NE555、5G555 等。CMOS 555 定时器功耗低，输出电流小，典型产品有 CC7555、CC7556 等，电源电压在 3～18V 之间，下面以双极型 NE555 为例介绍集成定时器的电路组成及应用，其余产品的逻辑功能和外部端子排列与其完全相同。

一、555 定时器电路组成及功能

（一）555 定时器的电路组成

图 14-1（a）所示电路为 555 集成定时器内部结构的简化原理图。它由两个电压比较器 C_1 和 C_2、三个阻值均为 $5k\Omega$ 的电阻组成的分压器、基本 RS 触发器、放电三极管 VT 等组成，NE555 共有八个引出端，各个引出端的作用和名称标在框图外边。图 14-1（b）是 NE555 的端子排列图。

（二）555 定时器的功能

555 定时器的主要功能取决于电压比较器 C_1 和 C_2，而 C_1 和 C_2 的输出控制基本 RS 触发器和放电管 VT 的状态。$\overline{R}_D$ 为复位输入端，当 $\overline{R}_D = 0$ 时，无论其输入端的状态如何，输出 u_O 为低电平。因此，555 定时器正常工作时，应使 $\overline{R}_D = 1$。

一般情况下，5 端（控制电压端）悬空，u_{C1-}（即 u_{IC}）$= \dfrac{2}{3} U_{CC}$；$u_{C2+} = \dfrac{1}{3} U_{CC}$，即电压比较器 C_1 和 C_2 的比较电压分别是 $\dfrac{2}{3} U_{CC}$ 和 $\dfrac{1}{3} U_{CC}$。

当 $u_{I1} > \dfrac{2}{3} U_{CC}$，$u_{I2} > \dfrac{1}{3} U_{CC}$ 时，C_1 输出高电平，C_2 输出低电平，$R = 1$，$S = 0$，基本

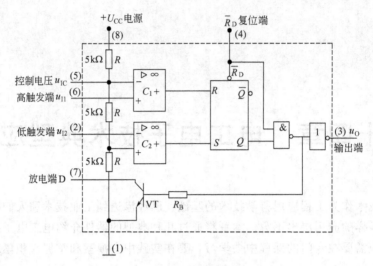

(a) 内部结构简化原理图

(b) 端子排列图

图 14-1 555 定时器

1—接地端；2—低电平触发端；3—输出端；4—复位端；5—控制电压端；
6—高电平触发端；7—放电端；8—电源正端

RS 触发器置 0，三极管 VT 导通，输出 u_O 为低电平。

当 $u_{I1} < \frac{2}{3}U_{CC}$，$u_{I2} < \frac{1}{3}U_{CC}$ 时，C_1 输出低电平，C_2 输出高电平，$R=0$，$S=1$，基本 RS 触发器置 1，三极管 VT 截止，输出 u_O 为高电平。

当 $u_{I1} < \frac{2}{3}U_{CC}$，$u_{I2} > \frac{1}{3}U_{CC}$ 时，C_1 输出低电平，C_2 输出低电平，$R=0$，$S=0$，基本 RS 触发器状态不变，555 定时器亦保持原状态不变。

555 定时器的功能如表 14-1 所示。

表 14-1 555 定时器的功能

输　　入			输　　出	
高触发输入 u_{I1}	低触发输入 u_{I2}	复位 $\overline{R}_D$	输出 u_O	放电管 VT
×	×	0	0	导通
$> \frac{2}{3}U_{CC}$	$> \frac{1}{3}U_{CC}$	1	0	导通
$< \frac{2}{3}U_{CC}$	$< \frac{1}{3}U_{CC}$	1	1	截止
$< \frac{2}{3}U_{CC}$	$> \frac{1}{3}U_{CC}$	1	不变	原态

如果在电压控制端接一个外加电压（其值在 $0\sim+U_{CC}$ 之间），比较器的参数电压将发生变化，电路的高触发端、低触发端的电平值也将随之变化，读者可自行分析此时 555 定时器的工作情况。

二、555 定时器构成的施密特触发器

施密特触发器可以把不规则的输入波形变为良好的矩形波信号。

图 14-2（a）是用 555 定时器构成施密特触发器的电路，图中将 6、2 端相连。输入信号 u_i 为一三角波信号，当 $u_i>2U_{CC}/3$ 时，3 端输出为 0；当 $u_i<U_{CC}/3$ 时，3 端输出为 1。于是，从 3 端就得到一矩形波输出信号。该电路的输入、输出波形如图 14-2（b）所示。

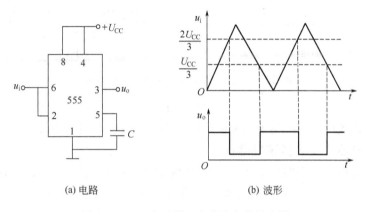

(a) 电路　　　　　　　　　　　(b) 波形

图 14-2　555 定时器组成的施密特触发器

当控制电压端 5 端电压不悬空，而在 5 端与 1 端间接入一个可调电压时，可以用来调节高低触发电压的范围。

这种施密特触发器在脉冲电路中常用作波形的变换、波形的整形和脉冲幅度的鉴别。

三、555 定时器构成的单稳态触发器

单稳态触发器是一种只有一个稳定状态的电路，如果没有外加输入信号的变化，电路将保持这一稳定状态。当受到外加触发脉冲的作用，电路能够从稳定状态翻转到一种与其相反的状态，电路将在这一状态维持一定时间，依靠电路自身的作用，电路将自动返回到稳定状态。因为与稳定状态相反的状态不能长久保持，所以把它称为暂稳状态。

由 555 定时器构成的单稳态触发器如图 14-3（a）所示，触发脉冲 u_i 接在 2 端，6 端与 7 端相连并与 R、C 相接。

电源接通瞬间，电路有一个进入稳定的过程，电源 $+U_{CC}$ 通过电阻 R 向电容 C 充电，当 u_C 上升到 $\frac{2}{3}U_{CC}$ 时，$u_o=0$，放电管 VT 导通，电容 C 放电，电路进入稳定状态。

设在 t_1 时，外加触发信号 u_i ⌐‾⌐ $\left(u_i<\frac{1}{3}U_{CC}\right)$，低触发端电压 $u_{i2}<\frac{1}{3}U_{CC}$，$u_o=1$，VT 截止。此后，电容 C 充电，当充电至 $u_C=\frac{2}{3}U_{CC}$ 时，即 $u_{i1}>\frac{2}{3}U_{CC}$ 时，电路翻转，$u_o=0$，VT 导通，电容 C 放电，电路自动地返回到稳态。由于 VT 导通电阻很小，故放电较快。u_i、u_C 和 u_o 的波形变化情形如图 14-3（b）所示。

由图 14-3（b）可以看出，暂稳态的时间就是输出 u_o 为高电平的时间，它是 u_C 由 0 充电至 $\frac{2}{3}U_{CC}$ 的时间，把这一时间称为 u_o 的输出脉冲宽度 T_w，由电工理论进行计算，可得

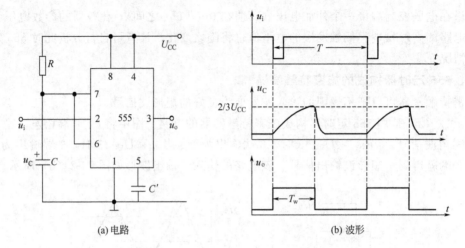

(a) 电路　　　　　　　　　(b) 波形

图 14-3　555 定时器构成的单稳态触发器

$$T_w \approx 1.1RC \tag{14-1}$$

单稳态触发器被广泛地应用于脉冲波形的变换以及自动控制电路的定时与延时。

四、555 定时器构成的多谐振荡器

由 555 定时器构成的多谐振荡器电路，如图 14-4（a）所示。电路没有输入端。当 VT 截止时，$+U_{CC}$ 通过 R_1、R_2 对 C 进行充电；当 VT 导通时，C 通过 R_2 和 555 定时器内部的导通管进行放电。

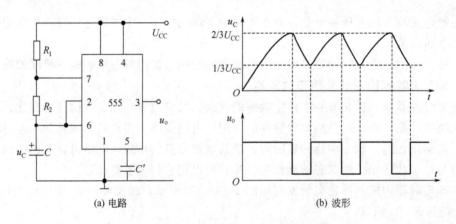

(a) 电路　　　　　　　　　(b) 波形

图 14-4　555 定时器构成的多谐振荡器

设电路在接通电源前，电容 C 上的电压为 0。接通电源 U_{CC} 后，由于 $u_C = 0$，$u_{i1} = u_{i2} = 0 < \frac{1}{3}U_{CC}$，$u_o = 1$，VT 截止，这时电源经电阻 R_1 和 R_2 对电容 C 充电，当电容电压 u_C 上升到 $\frac{2}{3}U_{CC}$ 时，u_o 由高电平 1 翻转为低电平 0。放电管 VT 导通，已充电至 $\frac{2}{3}U_{CC}$ 的电容 C 通过电阻 R_2 和放电管 VT 放电，电容电压 u_C 下降。当 u_C 下降到 $\frac{1}{3}U_{CC}$ 时，u_o 由低电平 0 翻转为高电平 1，此时放电管 VT 截止，电源又经电阻 R_1 和 R_2 对电容 C 充电。如此循环重复上述过程，就在 555 定时器的输出端产生一连续的矩形波，波形如图 14-4（b）所示。

输出端高电平维持的时间是电容充电使其电压从 $\frac{1}{3}U_{CC}$ 上升到 $\frac{2}{3}U_{CC}$ 的时间；低电平维

持的时间是电容放电使其电压从 $\frac{2}{3}U_{CC}$ 下降到 $\frac{1}{3}U_{CC}$ 的时间。前者的时间常数是 $(R_1+R_2)C$，后者的时间常数是 R_2C。

由电工理论分析可得，输出端为高电平的时间约为 $0.7(R_1+R_2)C$；输出为低电平的时间约为 $0.7R_2C$。则振荡波形的周期为

$$T=0.7(R_1+R_2)C+0.7R_2C$$

$$=0.7(R_1+2R_2)C \tag{14-2}$$

五、555 定时器的其他应用举例

(一) 模拟声响发生器

图 14-5 是用两块集成 555 定时器和外围元件组成的模拟声响发生器。可以看出，它是由两个多谐振荡器构成的电路。

调节 R_1、R_2 和 C_1 使第一个振荡器的振荡频率为 1Hz，调节 R_3、R_4 和 C_2 使第二个振荡器的振荡频率为 1kHz。将第一个低频振荡器的输出端接到第二个振荡器的复位端，则当第一个振荡器输出高电平时，第二个振荡器可以振荡，输出 1kHz 的音频信号；当第一个振荡器输出低电平时，第二个振荡器被复位而停振。这样，通过第一个振荡器调制第二个振荡器的频率，使扬声器发出 "呜……呜……" 的间歇声响。

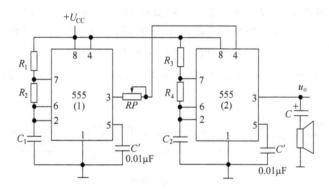

图 14-5 模拟声响发生器

(二) 定时开关电路

利用 555 定时器构成的单稳态电路，可以制作一个定时器，以控制各种电器的启动和停止。一个实用的电子定时器电路如图 14-6 所示。该电路可直接驱动小功率继电器工作。

该电路由 R_1、R_2、C_1 和按钮开关 SB 组成负脉冲电路，当电路处于稳态时，触发输入 2 端为高电平，电容 C_1 两端电位相等。当按下按钮 SB，C_1 的一端接地，由于电容两端电压不能突变，使 2 端电位在按下 SB 的瞬间突变为低电平，随着 C_1 的充电，2 端电位升高，产生一个负脉冲，555 定时器输出为高电平，继电器 KA 的线圈通电，动合触点动作，白炽灯亮。此后，C_2 开始充电，当 C_2 两端的电压充到 $\frac{2}{3}U_{CC}$ 时，555 定时器输出为低电平，继电器 KA 的线圈断电，动合触点恢复断开状态，白炽灯熄灭。放开 SB 后，C_1 通过 R_1、R_2 放电，直到 C_1 上的电压为零。电路中 R_3、RP、C_2 为定时元件，它决定了 555 定时器输出为高电平的时间，即灯泡通电的时间。

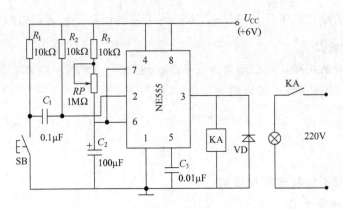

图 14-6　555 定时器构成的定时开关电路

第二节　D/A 转换器和 A/D 转换器

随着数字计算机的广泛应用，模拟量和数字量的相互转换变得十分重要，例如，用数字系统对生产过程进行控制。由于生产过程所处理的常常是反映温度、压力、流量、位移等变化的模拟量，不能被数字系统直接处理，需要先将模拟量转换为与之相应的数字量，再由数字系统进行处理；处理后的输出为数字量，需要再将它转换为与之相应的模拟量，去控制执行机构工作。将数字信号转换为相应的模拟信号称为数/模（D/A）转换，实现 D/A 转换的电路称为数/模转换器（简称 DAC）。将模拟信号转换为相应的数字信号称为模/数（A/D）转换，能实现 A/D 转换的电路称为模/数转换器（简称 ADC）。这个控制过程可由图 14-7 表示。

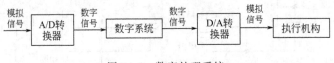

图 14-7　数字处理系统

一、D/A 转换器

（一）D/A 转换器的实现方法

常用的 D/A 转换器有权电阻 DAC、$R-2R$ T 形电阻 DAC、倒 T 形电阻 DAC 等几种类型。

图 14-8 是一个 4 位的倒 T 形电阻网络 D/A 转换器。它由 R、$2R$ 两种阻值的电阻网络、模拟开关（$S_0\sim S_3$）、求和运算放大器及基准电源 U_{REF} 等几个主要部分组成。

某位数字量 $D_i=1$ 时，相应模拟开关 S_i 倒向集成运算放大器的反相输入端；$D_i=0$ 时，相应模拟开关 S_i 倒向集成运算放大器的同相输入端。因为同相输入端接地，故反相输入端为"虚地"。因此，由 U_{REF} 端往里看的等效电阻为 R，故

$$I=\frac{U_{REF}}{R}$$

$2R$ 电阻支路上的电流自右向左（$D_3\rightarrow D_0$）依次为 $\frac{1}{2^1}I$，$\frac{1}{2^2}I$，$\frac{1}{2^3}I$，$\frac{1}{2^4}I$。这些电流是否

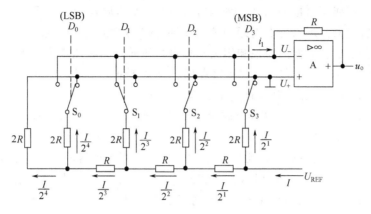

图 14-8　倒 T 形电阻网络 D/A 转换器

流向集成运算放大器的反相输入端，由相应位的数字量来决定，即

$$i_1 = \frac{I}{2^1}D_3 + \frac{I}{2^2}D_2 + \frac{I}{2^3}D_1 + \frac{I}{2^4}D_0$$

$$= \frac{I}{2^4}(D_3 \times 2^3 + D_2 \times 2^2 + D_1 \times 2^1 + D_0 \times 2^0)$$

$$= \frac{U_{REF}}{2^4 R}(D_3 \times 2^3 + D_2 \times 2^2 + D_1 \times 2^1 + D_0 \times 2^0)$$

运算放大器的输出电压为

$$u_o = -i_1 R$$

即

$$u_o = -\frac{U_{REF}}{2^4}(D_3 \times 2^3 + D_2 \times 2^2 + D_1 \times 2^1 + D_0 \times 2^0) \tag{14-3}$$

式（14-3）表明，输出模拟电压与输入的数字量成正比，从而实现了从数字量到模拟量的转换。

5G7520 是 10 位数字量输入的倒 T 形电阻网络集成 D/A 转换器。图 14-8 中的倒 T 形电阻网络、模拟开关和求和放大器的反馈电阻已被集成在芯片中，使用时外接求和用集成运算放大器和基准电源，并适当外接一些调零电位器即可。设 $D_0 \sim D_9$ 是 5G7520 输入的 10 位数字量，U_{REF} 是基准电压，转换后的输出电压 u_o 为

$$u_o = -\frac{U_{REF}}{2^{10}}(D_9 \times 2^9 + D_8 \times 2^8 + \cdots + D_1 \times 2^1 + D_0 \times 2^0)$$

（二）D/A 转换器的主要技术指标

（1）分辨率　是指最小输出电压和最大输出电压之比。它取决于 D/A 转换器的位数。位数越多分辨率越高，如 8 位 D/A 转换器，最小输出电压与数字 00000001 对应，而最大输出电压与数字 11111111 对应。所以，分辨率为 $\frac{1}{2^8 - 1} = \frac{1}{255} = 0.0039$。

（2）精度　指输出模拟电压的实际值和理论值之差，即最大静态误差。误差主要是由参考电压偏离标准值、运算放大器零点漂移、模拟开关的压降、电阻值误差等引起的。

（3）转换速度　D/A 转换器完成一次转换所需的最大时间。

二、A/D 转换器

（一）A/D 转换器工作原理

A/D 转换器分直接型和间接型两大类。并行 A/D 转换器、计数型 A/D 转换器、逐次

逼近型 A/D 转换器属于直接型 A/D 转换器；单积分 A/D 转换器、双积分 A/D 转换器等属于间接型 A/D 转换器。现以逐次逼近型 A/D 转换器为例说明工作原理。

逐次逼近型 A/D 转换器的原理和用天平称量物体质量的原理相仿。逐次逼近型 A/D 转换器的原理如图 14-9 所示。它是由数码寄存器、D/A 转换器、电压比较器和控制电路四个基本部分组成。时钟脉冲经控制电路先将数码寄存器最高位置 1，若寄存器是 8 位，则使其输出数字为 10000000。经 D/A 转换器转换成相应的模拟电压 U_f，再送比较器与输入模拟电压 U_I 相比较。如果 $U_I < U_f$，表明数字过大，于是控制电路将寄存器的最高位的 1 清除，变为 0；若 $U_I > U_f$，说明寄存器内的数字比模拟信号小，则寄存器最高位的 1 保留。然后再将寄存器的次高位置 1，同理，寄存器的输出经 D/A 转换器转换并与模拟信号比较，根据比较结果，决定次高位是清除还是保留。这样逐位比较下去，一直比较到最低有效位为止。显然，寄存器的最后数字量就是模拟电压经 A/D 转换后的数字量结果。

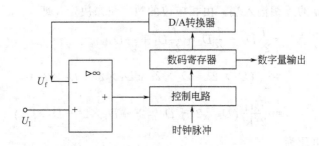

图 14-9　逐次逼近型 A/D 转换器原理框图

ADC0809 是常用的单片 8 位 8 路 CMOS A/D 转换器，接受 8 路外加采样保持模拟信号，输出 8 位数字信号。

（二）A/D 转换器的主要技术指标

（1）分辨率　以二进制代码位数表示，位数越多，量化误差越小，分辨率越高。

（2）相对误差　指 A/D 转换器实际输出数字量和理想输出数字量之间的差别，通常以最低位有效位的倍数表示。例如，给出相对误差 ≤ LSB/2，这表明实际输出数字量和理论计算出数字量之间的误差不大于最低位 1 的一半。

（3）转换速度　完成一次 A/D 转换所需时间，一般低速为 1～30ms，中速为 50μs 左右，高速为 50ns 左右。

（三）A/D 转换器的应用

数字式万用表是电工、电子技术中使用非常广泛的测量仪表，它的核心即是 A/D 转换器，它具有自动化和智能化程度高、测量范围广、读数直观准确、过载能力强、直接显示极性、测量速度快等特点。

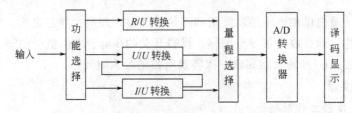

图 14-10　数字式万用表电路结构框图

数字式万用表电路结构框图如图 14-10 所示。测量时,被测量(电阻、电压、电流)先转换为适当大小的直流电压,直流电压 U 经过量程选择电路加到 ADC 上,将 U 转换成数字量,再经过译码显示电路显示出测量的结果。

第三节 电工测量简介

电工测量是采用电工仪表对电学物理量(电压、电流、电能、电功率等)和常见电路元件参数(电阻、电感、电容等)所进行的测量。随着工业自动化程度的日益提高,电工测量的意义也显得越来越重要。

电工测量技术的应用得益于现代科学技术的发展,现代的电工测量仪表具有结构简单、使用方便、精确度高等特点,它可以灵活地安装在需要进行测量的地方,并可实现自动记录,它可以实现远距离的测量,它还可以在一定的条件下对非电物理量进行测量。

一、电工测量的分类

测量既然是一个比较过程,就可以采用不同的方式和方法进行。选择什么样的测量方法进行测量,首先取决于被测量的性质,其次也要考虑测量条件和所提出的测量要求,这些因素构成了测量的分类依据。

(一) 按测量方式分类

1. 直接测量

将被测量与作为标准的量直接比较,或者用已经有刻度的仪表进行测量,仪表读出值就是被测量的电磁量。

2. 间接测量

利用某种中间量与被测量量之间的函数关系,先测出中间量,再算出被测量。

3. 组合测量

被测量与中间量的函数式中还有其他未知数,须通过改变测量条件,得出不同条件下的关系方程组,然后解联立方程组求出被测量的数值。

(二) 按测量方法分类

1. 直读法

直读法是根据测量仪表显示的数值直接读取被测量的数值的方法。

2. 比较法

比较法是指在测量过程中需要度量器直接参与并通过比较仪器来确定被测量数值的。根据比较方式的不同,比较法可分为以下三种。

(1) 零值法。在测量过程中,连续改变标准量,使它产生的效应与被测量产生的效应相抵消或者相平衡,即使被测量与相比较的同类标准量之间的微差为零,这种方法称为零值法。

(2) 差值法。如果在测量过程中,被测量与标准量互相不能完全平衡或标准量不便于精细调节,则用测量仪器测量二者的差值量或测量正比于差值的量,进而根据标准量的数值确定被测量的大小,这种方法称为差值法。该方法实际上是一种不彻底的零值法。

(3) 替代法。将被测量与标准量分别接入同一个测量装置,在标准量替代被测量的情况下,调节标准量器的大小,使得测量装置的工作状态保持不变,则可以用标准量器的数值大小来确定被测量的量值，这种方法称为替代法。此方法是一种极其准确的测量方法，准确度完全取决于标准量器的准确度。

二、测量误差的表示方法

被测量的真实值称为真值，在一定的时间和空间内，真值是一个客观存在的确定的数值。在实际测量中，即使选用准确度最高的测量器具、测量仪器和仪表，而且没有人为失误，想要得到真值也是不可能的。根据测量误差的具体表示方式，通常可以分为绝对误差和相对误差两种。

（一）绝对误差

绝对误差定义为测量结果 x 与被测量的真值 A_0 的差值。绝对误差用 Δx 表示，即：

$$\Delta x = x - A_0 \tag{14-4}$$

实际应用时，常用精度高一级的标准器具的示值 A 作为实际值来代替真值。

$$\Delta x = x - A \tag{14-5}$$

（二）相对误差

绝对误差虽然可以反映测量误差的大小和方向，但不能说明测量的准确程度，因此又引入相对误差的概念。在实际使用时，相对误差有以下几种不同的表示方式。

（1）实际相对误差

定义为绝对误差与被测量的实际值的百分比值。实际相对误差用 γ_A 表示，即：

$$\gamma_A = \frac{\Delta x}{A} \times 100\% \tag{14-6}$$

（2）示值相对误差

示值相对误差又称标称相对误差，定义为绝对误差与读数值的百分比。示值相对误差用 γ_x 表示，即：

$$\gamma_x = \frac{\Delta x}{x} \times 100\% \tag{14-7}$$

（3）引用相对误差

定义为绝对误差与测量仪器满度值的百分比。引用相对误差用 γ_m 表示，即：

$$\gamma_m = \frac{\Delta x}{x_m} \times 100\% \tag{14-8}$$

指示仪表的准确度是用引用相对误差来表示的。指示仪表在测量值不同时，其绝对误差多少有些变化，为了使引用误差能包括整个仪表的基本误差，工程上规定以最大引用误差来表示仪表的准确度。

三、电工测量仪表的分类

测量各种电学量和各种磁学量的仪表统称为电工测量仪表。电工测量仪表的种类繁多，实际使用中最常见的是测量基本电学量的仪表。在电气线路及设备的安装、使用与维修过程中，电工仪表对整个电气系统的检测、监视和控制都起着极为重要的作用。

电工仪表的分类方法很多，可以按工作原理分类，也可按测量对象分类，还可以按使用方法、准确度等级、防护性能、使用条件等分类。一般按其测量方法、结构、用途等方面的特性总体可分为指示仪表、比较仪表、数字仪表和巡回检测装置、记录仪表和示波器、扩大量程装置和变换器五大类。按测量对象不同，可分为电流表、电压表、功率表、电度表、欧姆表等。按其工作原理不同可分为磁电式、电磁式、电动式、铁磁电动式、感应式及流比计

（比率计）等。按使用性质和装置方法的不同分为固定式和便携式等。

电工仪表按精确度的等级不同可分为0.1级、0.2级、0.5级、1.0级、1.5级、2.5级和5.0级共七个等级。等级是表示仪表精确度的级别。通常0.1级和0.2级仪表用作标准表，0.5～1.5级仪表用于实验，1.5～4.0级仪表用于工程。所谓仪表的等级是指在规定条件下使用时，可能产生的误差占满刻度的百分数。表示级别的数字越小，精确度就越高。

四、常用电工测量仪表

（一）电流表和电压表

1. 电流表和电压表的工作原理

常见的电流表和电压表按工作原理的不同分为磁电式、电磁式和电动式三种，以磁电式仪表为例其工作原理如下。

磁电式仪表原理结构如图14-11所示。它的固定磁路系统由永久磁铁、极靴和圆柱形铁芯组成。它的可动部分由绕在铝框上的线圈、线圈两端的、半轴、指针、平衡重物、游丝等组成。圆柱形铁芯固定在仪表支架上，用来减小磁阻，并使极靴和铁芯间的卒气隙中产生均匀的辐射磁场。整个可动部分被支承在轴承上，可动线圈处于永久磁铁的气隙磁场中。

当线圈中有被测电流流过时，通过电流的线圈在磁场中受力并带动指针而偏转，当与弹簧反作用力矩平衡时，指针便停留在相应位置，并存面板刻度标尺上指出被测数据。

2. 电流的测量

测量电流用的仪表称为电流表。为了测量一个电路中的电流，电流表必须和这个电路串联。为了使电流表的接入不影响电路的原始状态，电流表本身的内阻抗要尽量小，或者说与负载阻抗相比要足够小。否则，被测电流将因电流表的接入而发生变化。

3. 电压的测量

用来测量电压的仪表，称为电压表。为了测量电压，电压表应跨接在被测电压的两端之间，即和被测电压的电路或负载并联。为了不影响电路的工作状态，电压表本身的内阻抗要尽量大，或者说与负载的阻抗相比要足够大，以免由于电压表的接入而使被测电路的电压发生变化，形成较大误差。

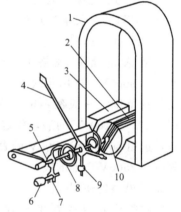

图14-11　磁电式仪表结构示意图

1—永久磁铁；2—可动线圈；3—极靴；

4—指针；5—轴；6—调零螺钉；

7—调零导杆；8—游丝；

9—平衡重物；10—圆柱铁芯

（二）指针式万用表

万用电表又称三用表、万能表等，是一种多功能的携带式电工仪表，用以测量交、直流电压、电流、直流电阻等。有的万用表还可以测量电容量、晶体管共射极直流放大系数 h_{FE} 和音频电平等参数。图14-12为指针式万用表的外形图。

万用表的结构主要由表头（测量机构）、测量线路、转换开关、面板及表壳等部分组成。万用表的工作原理比较简单，采用磁电系仪表为测量机构。测量电阻时，使用内部电池做电源，应用电压、电流法；测量电流时，用并联电阻分流以扩大量限；测量电压时，采用串联电阻分压的方法以扩大电压量限。

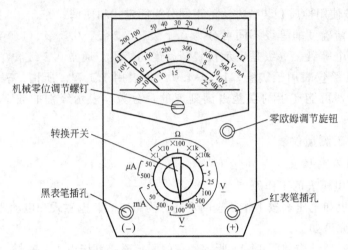

图 14-12　MF-30 型万用表外形图

（三）兆欧表

兆欧表又叫摇表，是一种简便的常用来测量高电阻值的直读式仪表。一般用来测量电路、电机绕组、电缆、电气设备等的绝缘电阻。最常见的兆欧表是由作为电源的高压手摇发电机（交流或直流发电机）及指示读数的磁电式双动圈流比计所组成。

1. 兆欧表的选用

兆欧表的常用规格有 250V、500V、1000V、2500V 和 5000V，选用兆欧表主要应考虑它的输出电压及测量范围。一般额定电压在 500V 以下的设备，选用 500V 或 1000V 的表，额定电压在 500V 以上的设备，选用 1000V 或 2500V 的表，而瓷瓶、母线、刀闸等应选 2500V 以上的表。

2. 兆欧表的使用

（1）兆欧表应放在平整而无摇晃或震动的地方，使表身置于平稳状态。测量前先将兆欧表进行一次开路和短路试验，检查兆欧表是否良好。若将两连线开路，摇动手柄，指针应指在 "∞"处，这时如再把两连接线短接一下，指针应指在 "0"处，说明兆欧表是良好的，否则，该表不能正常使用。

（2）兆欧表上有三个分别标有 E（接地）、L（电路）和 G（保护环或屏蔽端子）的接线柱。测量电路绝缘电阻时，可将被测端接于 L 接线柱上，而以良好的地线接于 E 接线柱上，如图 14-13（a）所示；在作

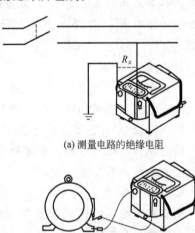

(a) 测量电路的绝缘电阻

(b) 测量电动机的绝缘电阻

(c) 测量电缆的绝缘电阻

图 14-13　兆欧表的接线方法

电机绝缘电阻测量时，将电机绕组接于 L 接线柱上，机壳接于 E 接线柱上，如图 14-13（b）所示；测量电缆的缆芯对缆壳的绝缘电阻时，除将缆芯和缆壳分别接于 L 和 E 接线柱外，再将电缆壳芯之间的内层绝缘物接 G 接线柱，以消除因表面漏电而引起的误差，如图 14-13（c）所示。

（四）功率表

功率表用于测量直流电路和交流电路的功率，又称为电力表或瓦特表。功率表大多采用电动式仪表的测量机构。它有两组线圈，一组是电流线圈，一组是电压线圈。它的指针偏转（读数）与电压、电流以及电压与电流之间的相角差的余弦的乘积成正比。因此，可用它测量电路的功率。由于它的读数与电压、电流之间的相角差有关，因此电流线圈与电压线圈的接线必须按照规定的方式连接才正确。

直流功率的测量可以用分别测量电压、电流的间接方法测量，也可以用功率表直接测量。单相交流有功功率的测量，在频率不很高时采用电动系或铁磁电动系功率表直接测量。在频率较高时，采用热电系或整流系功率表直接测量。三相有功功率的测量，可采用三相有功功率表进行测量，也可采用几个单相有功功率表进行测量。

功率表的接线必须遵守"发电机端"规则，即：功率表标有"＊"号的电流端钮必须接到电源的一端，而另一电流端钮接到负载端，电流线圈串联接入电路中。功率表标有"＊"号的电压端钮，可以接到电流端钮的任一端，而另一电压端钮则跨接到负载的另一端。图14-14（a）、（b）所示为功率表的两种正确接线方式。

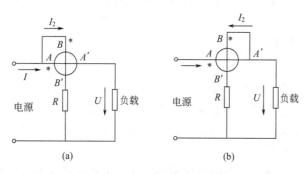

图 14-14　功率表两种正确接线方法

＊第四节　非电量的测量（传感器）简介

一、传感器概述

（一）传感器

在现代工业生产中，为了检查、监督和控制某个生产过程或运动对象，使它们处于过程的最佳状态，就必须掌握描述它们特性的各种参数，因此就需要测量这些参数的大小、方向、变化、速度等。这些参数就其电学特征来分，可分为电量和非电量。电量一般指电流、电压、脉冲等；非电量一般包含物理量、化学量、工业量、感觉量四种。位移、速度、力、压力、加速度、温度等参数的测量最为常见。

传感器是一种以测量为目的，以一定的精度将被测量转换为与之有确定关系，易于处理和测量的某种物理量（主要是电学量）的测量装置或部件。各种高技术的智能武器、机器及家用电器设计水平的高低，主要取决于使用传感器的数量与质量的不同。传感器是智能化高技术的前驱和象征。

（二）传感器的组成

传感器一般由敏感元件、传感元件和基本转换电路组成，如图14-15所示。

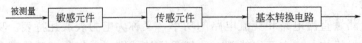

图 14-15　传感器组成框图

敏感元件是直接感受被测量（一般是非电量），并输出与被测量有确定关系的其他量，如弹性敏感元件将力转换为位移输出。

传感元件将敏感元件输出的非电量（如位移）转换成电参量（如电阻、电感、电容）。

基本转换电路是将电参量转换成便于测量的电量，如电压、电流、脉冲等。

传感器的组成并不完全一样，有的传感器只有敏感元件；有的传感器由敏感元件和传感元件组成；还有的传感器由敏感元件和基本转换电路组成。

（三）传感器的分类

传感器的分类方法很多，一般按被测物理量和传感器工作原理分类。

按被测物理量分类时，能明确地表示传感器的用途。如位移传感器、力传感器、温度传感器等。

按传感器工作原理分类时，即根据检测变换原理的不同进行分类。可分为电阻传感器、电感传感器、电容传感器、热电传感器、光电传感器等。

二、几种常用传感器简介

（一）测力传感器

在机械制造中，无论是生产过程或检验过程，常需对各种力进行分析研究及检测。测力传感器主要有电阻式、电容式、压电式等形式。其中，电阻应变式传感器测量范围宽、精度高、动态性能好、寿命长、体积小、质量轻、价格便宜，可在恶劣条件（高速、振动、腐蚀等）下工作，因而应用范围最广。

在电阻应变式传感器中，首先由弹性敏感元件把力转换成应变式位移，然后再经转换电路转换成电量输出。

1. 弹性敏感元件

弹性敏感元件是许多传感器的基本元件。弹性敏感元件根据感受的物理量不同，可分为力敏感型、压力型和温度敏感型。其中力敏感型弹性元件是能够感受力的变化，并将其转换成位移（或应变）的弹性敏感元件。常见的结构形式有柱式和梁式。

柱式弹性元件可以是实心柱体或空心柱体，如图 14-16 所示。其主要特点是加工方便、结构简单，适用于拉力测量和称重系统，能承受较大载荷。

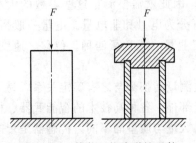

图 14-16　等截面柱式弹性元件

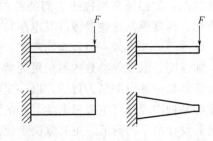

图 14-17　悬臂梁式弹性敏感元件

梁式弹性元件是一端固定，另一端自由的弹性元件，又称悬梁。按其截面形状又可分为等截面悬臂梁和变截面悬臂梁，如图 14-17 所示。其主要特点是结构简单、灵敏度高，适用于小载荷测量。

2. 电阻应变式传感器

电阻应变式传感器可分为张丝式和应变片式。其中应变片式传感器的工作原理，是利用粘接剂将电阻应变片粘贴在试件表面上，并随同试件一起受力变形，从而使应变片的电阻值产生相应的变化。通过适当的测量电路，将电阻的变化量转换成相应的电流或电压信号，即可实现对于被测试件产生变形的电测量。

电阻应变片可分为金属电阻应变片和半导体应变片。这里主要介绍金属电阻应变片。

金属电阻应变片常见的形式有金属丝式、箔式和薄膜式应变片。其工作原理是基于金属的电阻应变效应。

(1) 电阻应变效应　金属导体的电阻随着它受外力作用发生机械变形的大小而变化的现象称为金属的电阻应变效应。如金属电阻丝受张力作用而变细，其电阻值增大。

设有一根长 L、截面积为 S、电阻率为 ρ 的金属电阻丝，其电阻值为

$$R = \rho \frac{L}{S} \tag{14-9}$$

如果该电阻丝在轴向应力作用下，长度变化 ΔL、截面积变化 ΔS、电阻率为 ρ，则电阻 R 也将随之产生一个 ΔR。

(2) 金属电阻应变片结构　金属电阻应变片式传感器基本结构有弹性元件、应变片、测量桥路三部分。

使用应变片式传感器进行力的测量时，首先要选择合适的应变片粘贴在被测试件上。当试件受力产生应变和应力时，粘贴在其上的应变片也会受力产生应变，其结果是应变片的电阻值也发生变化。这样就把力这个非电量转换为电阻量，而电阻的测量通常借助于电桥电路。

图 14-18 所示为电桥的基本线路。图中，R_1、R_2、R_3、R_4 为电桥的四个桥臂电阻，电桥的供电电源可以是直流电源，也可以是交流电源。

为了调整方便，通常采用四个桥臂电阻值相等的等臂电桥或用两相邻桥臂电阻值相等的对称电桥。当桥臂电阻无变化时，电桥处于平衡状态，输出电压为零；当桥臂电阻有变化时输出一个与电阻变化成正比的电压值。

如果把应变片式传感器中的电阻应变片作为电桥的桥臂电阻接在线路上，那么应变片受力产生的电阻的改变，可以转换为电桥电压值的变化。被测试件受力值的测量过程可以简单示意如下：

力的变化（ΔF）→应变（ε）→应变片电阻变化（ΔR）→桥路电压的变化

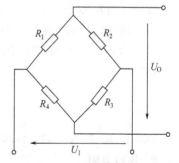

图 14-18　桥式转换电路

若电桥四个桥臂电阻都用应变片则称为全桥式；若只有两相邻桥臂用应变片则称半桥式；若只有一个桥臂为应变片电阻的称为单臂式。

(二) 温度传感器

温度是与人类的生活、工作关系最为密切的物理量，也是各门学科与工程研究设计中经

常遇到和必须精确测定的物理量。从工业炉温、环境气温到人体温度，各个技术领域都离不开测温和温控。在工业生产中，温度的测量和控制对改善产品性能与提高产品质量，对生产过程的自动检测与自动控制等具有重要意义。下面介绍几种常用的温度传感器。

1. 热电阻

热电阻主要是利用导体的电阻随温度变化这一特性来测量温度的。目前广泛应用的热电阻材料是铂和铜。

（1）铂电阻　铂电阻的物理化学性能在高温下和氧化介质中很稳定。它能用作工业测温元件和作为温度标准。铂的性能最稳定，采用特殊结构可制成标准铂电阻温度计。它的适用范围为−200～＋600℃。工业用铂电阻如图 14-19 所示，一般是将铂丝绕在带有螺旋沟槽的玻璃或云母板上，外加不锈钢护套，也可将绕好的铂丝套入玻璃管熔烧封装。

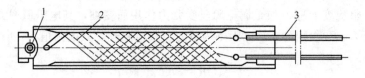

图 14-19　铂电阻结构

1—测温段；2—铂丝；3—热电极

铂电阻与温度的关系为

$$R_t = R_0(1 + At + Bt^2)$$

式中　R_t——温度为 t℃时的电阻；

　　　R_0——温度为 0℃时的电阻；

　　　t——温度；

　$A，B$——温度系数。

铂电阻阻值不仅与温度 t 有关，还与温度在 0℃时的铂电阻值有关。目前，国内统一设计的工业用铂电阻的 R_0 值有 10Ω、100Ω 等几种，将 R_t 与 t 相应关系列成表格称其为铂电阻分度表，分度号分别用 Pt10、Pt100 表示。

（2）铜电阻　铜电阻价廉且线性特性好，但温度高时易氧化。当测量精度要求不高，测量范围不大时，可以用铜电阻代替铂电阻使用。在−50～＋150℃时，铜电阻呈线性关系，即

$$R_t = R_0(1 + \alpha t)$$

铜电阻 R_0 值有 50Ω、100Ω 两种，分度号分别用 Cu50、Cu100 表示。

2. 热敏电阻

热敏电阻是近年来出现的一种新型半导体测温元件。主要是利用半导体的电阻随温度变化的特性测温。热敏电阻是由一些金属氧化物，如钴、锰、镍等氧化物，采用不同比例配方，高温烧结成陶瓷。热敏电阻可根据使用要求封装加工成各种形状，如珠状、片状、杆状等，如图 14-20 所示。它主要由热敏电阻、引线和壳体组成。

热敏电阻按温度系数可分为正温度系数型（PTC）、负温度系数型（NTC）和临界温度系数型（CTR），它们的特性曲线如图 14-21 所示。其纵坐标 ρ 代表各种热敏电阻的电阻率，

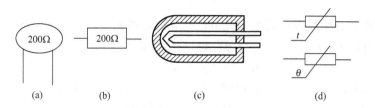

(a) 　　　(b) 　　　(c) 　　　(d)

图 14-20　热敏电阻的结构外形及符号

横坐标 t 代表温度。CTR 热敏电阻是一种具有开关特性的负温度系数热敏电阻，有一阻值急剧转变的温度，这一温度称为临界温度，当热敏电阻的温度高于临界温度时，电阻率急剧下降，呈现出很小的电阻。此特性可用于自动控温和报警电路中。

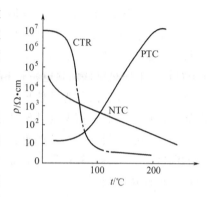

热敏电阻用于工程控制、温度补偿、家用电器控温等工程技术中。用于测温时，要求通过电流小，注意线性化处理。

热敏电阻更广泛的应用是用于工业控温或仪器的温度补偿，若温度控制范围为 $-20 \sim +60℃$，则控制精度可达 $\pm 0.1℃$。

图 14-21　各种热敏电阻特性曲线

3. 热电偶

热电偶是利用热电动势效应制成的温度传感器。它具有精度高、测温范围宽、结构简单、使用方便、可远距离测量等优点。广泛用于轻工、冶金等工业领域的温度测量、调节和自动控制等方面。

（1）热电动势效应　将两种不同材料的导体构成一闭合回路，若两个连接点处温度不同，则回路中产生电动势，从而形成电流，这个物理现象称为热电动势效应，简称热电效应。在图 14-22 所示的回路中，把 A、B 两导体的组合称为热电偶，A、B 两种导体称为热电极，两个连接点在 T 端称为工作端或热端，T_0 端称为自由端或冷端。

热电动势由接触电动势和温差电动势两部分组成，其大小只与两材料和两接点的温度有关，而与热电偶的尺寸形状及材料的中间温度无关。热电动势记作 $E_{AB}(t, t_0)$。

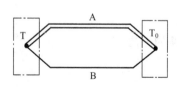

图 14-22　热电偶原理

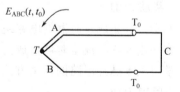

图 14-23　有中间导体的热电偶回路

有的热电偶回路中接入第三种材料的导体，只要第三种导体的两端温度相同，则这一导体的引入将不会改变原来热电偶的热电动势大小。如图 14-23 所示。其中 C 导体两端温度相同。这一点很重要，它为热电偶测量时加测量引线带来方便。

热电偶的热电动势一般情况和两端点温度 t、t_0 都有关。如果保持自由端（冷端）温度恒定，如取为 $0℃$，则热电动势仅为被测端温度的单值函数。热电偶的分度表（温度与热电动势关系的对应数据表格）和根据分度表刻度的显示仪表都是以热电偶的自由端温度等于

0℃为条件的。

实际使用中，自由端温度通常不是 0℃，当热电偶自由端温度 $t>0$℃，但 t_0 基本恒定时，得到的热电动 $E_{AB}(t,t_0)<E_{AB}(t,0$℃$)$根据热电偶的性质有

$$E_{AB}(t,0℃)=E_{AB}(t,t_0)+E_{AB}(t_0,0℃)$$

式中，$E_{AB}(t,t_0)$是毫伏表直接得到的热电动势。查热电偶的分度表得到 $E_{AB}(t_0,0℃)$，根据上式求出 $E_{AB}(t,0℃)$，最后再根据分度表查出被测温度 t。

热电偶冷端温度 t_0 变化时，会影响热电动势值，因而要求冷端恒温。可用冰保温瓶恒定在 0℃，或用恒温度器保证 t_0 值，也可以用电子补偿电路进行恒温补偿。

为了使热电偶冷端不受高温热源的影响，冷端基本保持恒定或波动较小，可把热电偶做得很长，这样势必造成使用贵重金属的热电偶耗费加大。人们往往采用在一定范围内（0～100℃）与工作热电偶的热电特性相近的材料制成导线，用它将热电偶的冷端延长至需要的地方，这样一种方法称为补偿导线法，这样的导线称为补偿导线。使用补偿导线仅起延长热电偶的作用，不起任何温度补偿作用。

使用补偿导线必须注意两点：一是两根补偿导线与热电偶两个热电极的接点必须具有相同的温度；二是各种补偿导线只能与相应型号的热电偶配用，而且必须在规定的温度范围内使用，极性切勿接反。

（2）热电偶的测温电路 图 14-24 所示是一个热电偶直接和仪表配用测量某点温度的电路。图中，A、B 为热电偶，A′、B′为补偿导线，C 为铜接线柱，D 为铜导线。

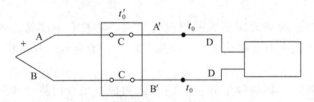

图 14-24 测量某点温度的基本电路

实验与训练项目十三 用 555 集成定时器构建脉冲电路

一、实验目的

1. 熟悉 555 集成定时器的电路组成及工作原理。

2. 掌握用 555 集成定时器构成的几种基本脉冲电路的方法。

3. 学习基本脉冲电路的调试方法。

二、原理说明

1. 555 集成定时器是模拟电路和数字电路混合的一种集成电路。其结构简单、性能可靠、使用灵活，在波形的产生与变换、测量与控制、家用电器、电子玩具等许多领域得到广泛的应用。

2. 555 集成定时器产品有双极型和 CMOS 两种类型。它们的功能和外引线排列图完全相同，其结构和工作原理也基本相同。本实验采用的是 CMOS 产品中的典型电路 CC7555。集成定时器的内部结构简图和外引线排列如图 14-25 所示，555 集成定时器的功能表见表 14-2。

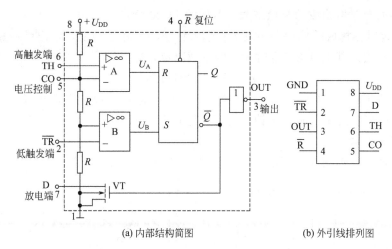

(a) 内部结构简图　　　　　　　　(b) 外引线排列图

图 14-25　555 集成定时器的内部结构简图和外引线排列图

1—接地端；2—低触发端；3—输出端；4—复位端；
5—电压控制端；6—高触发端；7—放电端；8—电源正端

表 14-2　555 集成定时器的功能表

高触发端 TH	低触发端 $\overline{TR}$	复位端 $\overline{R}$	输出 OUT	放电管 VT
×	×	0	0	导通
$>\frac{2}{3}U_{DD}$	$>\frac{1}{3}U_{DD}$	1	0	导通
$<\frac{2}{3}U_{DD}$	$>\frac{1}{3}U_{DD}$	1	保持	保持
×	$<\frac{1}{3}U_{DD}$	1	1	截止

3. 555 集成定时器的应用

利用 555 集成定时器，只要外接少量的阻容元件就可以构成单稳态触发器、多谐振荡器和施密特触发器。

（1）构成单稳态触发器

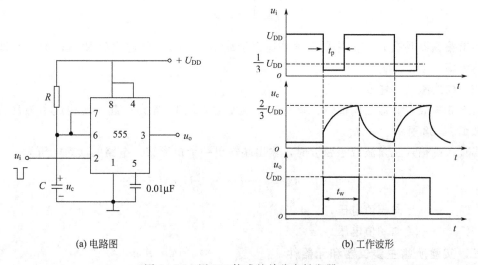

(a) 电路图　　　　　　　　　　　(b) 工作波形

图 14-26　用 555 构成的单稳态触发器

用 555 集成定时器构成的单稳态触发器如图 14-26 所示。

555 集成定时器构成的单稳态触发器由输入信号的下降沿触发，输出脉冲宽度为电路的暂稳态时间，它由外部电路 RC 定时元件的参数决定，即

$$t_w = RC\ln3 \approx 1.1RC$$

通常电阻 R 取值范围在几百欧到几兆欧之间，电容 C 取值范围在几百皮法到几百微法之间。t_w 的范围可从几微秒到几分钟，精度可达 0.1%。

（2）构成多谐振荡器

用 555 集成定时器构成的多谐振荡器如图 14-27 所示。

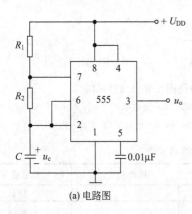
(a) 电路图

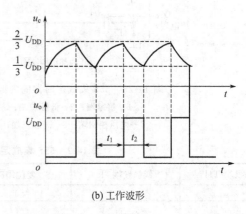
(b) 工作波形

图 14-27　用 555 构成的多谐振荡器

多谐振荡器的振荡周期与电容充放电的时间有关，充电时间为

$$t_1 = (R_1+R_2)C\ln2 \approx 0.7(R_1+R_2)C$$

放电时间为

$$t_2 = R_2C\ln2 \approx 0.7R_2C$$

振荡周期为

$$T = t_1+t_2 \approx 0.7(R_1+2R_2)C$$

振荡频率为

$$f = \frac{1}{T} = \frac{1}{t_1+t_2}$$

多谐振荡器要求 R_1 与 R_2 的取值均应大于或等于 $1k\Omega$，通过改变 R 和 C 的参数即可改变振荡频率。

（3）构成施密特触发器

将 555 集成定时器的阈值输入端 TH 和触发输入端 $\overline{TR}$ 连在一起，便构成了施密特触发器，如图 14-28 所示。

当输入端输入三角波或正弦波时，输出端输出一个矩形波。电路的回差电压为

$$U = U_{T+} - U_{T-} = \frac{2}{3}U_{CC} - \frac{1}{3}U_{CC} = \frac{1}{3}U_{CC}$$

式中　U_{T+}——正向阈值电压；

　　　U_{T-}——负向阈值电压。

三、实验所需主要仪器和元器件

主要仪器：示波器，数字电路实验箱，万用表，直流稳压电源。

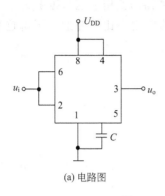

(a) 电路图

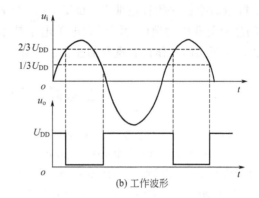

(b) 工作波形

图 14-28　用 555 构成的施密特触发器

主要元器件：555 集成定时器，电阻，电容。

四、实验内容和技术要求

1. 多谐振荡器的搭建和测试

① 按图 14-27 接线。外接电阻 R_1、R_2 和电容 C 为定时元件，对不用的电压控制端（5脚）通过一个小电容（$0.01\mu F$）接地。检查无误后，接通电源。

② 用双踪示波器观察 u_C 和输出电压 u_o 的波形，并作记录。

③ 调节 R_1 的阻值，观察输出电压频率的改变。用示波器测量几组不同的振荡频率，将测量结果记录在表 14-3 中并与理论计算的频率进行比较。

表 14-3　$R_2 = 20k\Omega$，$C = 0.1\mu F$

$R_1/k\Omega$	输出测量频率/kHz	输出计算频率/kHz	$R_1/k\Omega$	输出测量频率/kHz	输出计算频率/kHz

2. 施密特触发器的搭建和测试。

五、预习要求

1. 复习 555 集成定时器的结构和工作原理，推导估算公式的由来。

2. 在由 555 集成定时器构成的脉冲波形产生与整形电路中，决定脉冲宽度和时间参数的主要因素是什么？

六、分析报告要求

1. 画出实验所用电路图，记录各观察点波形，进行定性分析。

2. 将实测值与理论值比较，分析误差的原因。

3. 总结电路参数改变对多谐振荡器振荡频率的影响。

本章小结与学习指导

1. 电工电子技术的应用领域相当广阔，可以用无时不有、无处不在来形容。现代科学技术的新成果、新发明都与电工电子技术的应用不无关系。

2. 555 定时器是一种用途相当广泛的集成电路。除了教材介绍的脉冲波形的产生与整形电路之外，还可大量地使用在定时、控制、波形产生与整形、报警、音响等各种实用电路之中。

3. D/A 和 A/D 转换器是使用数字系统（计算机）对模拟信号进行处理或控制时必不可

少的桥梁。随着数字技术的日益推广，D/A 和 A/D 转换器的使用也越来越多。

4. 电物理量与非电物理量的测量在电工电子技术的应用中比较普遍。了解这种测量的原理和方法，对于实际工作具有重要的意义。

思考题与习题

14-1 在数字系统中，为什么要进行模/数和数/模转换？

14-2 555 定时器有哪些特点？其控制电压端有何作用？

14-3 题 14-4 图所示是 555 定时器组成的施密特触发器电路，当 $U_{CC} = 9V$，控制电压端 5 端电压为 5V，试问高触发端 6 端电压和低触发端 2 端电压各为多少？

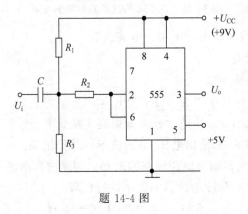

题 14-4 图

14-4 题 14-5 图是过压监视电路，试分析：

(1) 555 定时器构成的电路的工作原理；

(2) 设稳压管 VZ 的稳压值是 6V，当 u_x 大小超过多少时，电路报警？并说明报警的原理；

(3) 求发光二极管 LED 的闪烁周期。

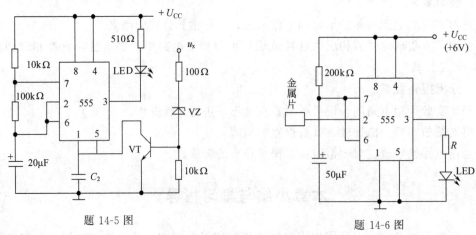

题 14-5 图   题 14-6 图

14-5 题 14-6 图是一个简易触摸开关电路，当手摸金属片时，发光二极管 LED 亮，经过一定时间，发光二极管 LED 熄灭。试说明其工作原理；并估算发光二极管亮的时间。

14-6 什么叫霍尔效应？并说明它是如何测位移的？

14-7 什么是热电效应？试述热电偶的测温原理。

14-8 电阻应变片是如何实现力/电转换的？

14-9 选择题（每题只有一个正确答案）

① 555 定时器的控制电压端的不正确的描述是

    A. 它正常情况下的电位是电源电压的 2/3；

    B. 如果在此端接入一个小于电源电压值的外加电压则可改变高触发端和低触发端的电平值；

    C. 只有在此端接控制信号，555 定时器才能正常工作；

    D. 一般情况下此端与地之间接入一个小电容以克服干扰电压。

② 如图 14-8，倒 T 形电阻网络 D/A 转换器中从高位到低位数字量对应的电阻支路的电流

    A. 相等；   B. 依次递增 2 倍；   C. 依次递减 1/2；   D. 依次递增 1 倍。

③ 多谐振荡器产生的波形是

    A. 正弦波；   B. 矩形波；   C. 三角波；   D. 锯齿波。

④ 用量程是 10mA 电流表测量实际值为 8mA 的电流，若读数为 8.02mA，则测量的引用相对误差为

    A. 0.2%；   B. 0.25%；   C. 2%；   D. 2.5%。

⑤ 功率表接入电路时，正确的接线方法是

    A. 电流端子、电压端子可以任意接入；

    B. 电流端与负载串联、电压端与负载并；

    C. 电流端串联、电压端并联，还应考虑两者的"＊"号端接在电路中电源的一端；

    D. "＊"号端接在电路中负载的一侧。

⑥ 测量绝缘电阻使用的电工测量仪表是

    A. 直流电桥；   B. 兆欧表；   C. 万用表；   D. 功率表。

部分习题答案

第一章

1-1　$I=4A$

1-2　$U_i=0V$ 时，$U_a=-1.5V$；$U_i=+3V$ 时，$U_a=0.75V$

1-3　$R_0=5\Omega$

1-4　$R\downarrow$ 时，电流表读数增大，电压表读数减小

1-5　电源的端电压 $U=204V$，电源的电动势 $E=205V$

1-6　$I_1=2A$，$I_2=1A$

1-7　$U_{AF}=36V$，$U_C=19V$，$U_D=0V$

1-8　$I=7.27A$，$W=144kW\cdot h$

1-9　22 倍

1-10　$I_3=5.16A$

1-11　$I=-1A$

1-12　$I=1A$

1-13　K 倒向 a 点时：$I_1=15A$，$I_2=10A$，$I_3=25A$；

　　　K 倒向 b 点时：$I_1=11A$，$I_2=16A$，$I_3=27A$

1-14　① B ② C ③ C ④ B ⑤ D ⑥ D ⑦ A ⑧ C

第二章

2-4　(1) 错误；(2) 正确；(3) 错误；(4) 正确

2-5　(1) 错误；(2) 错误；(3) 错误；(4) 正确；(5) 正确

2-6　$U_m=220V$；$U=127V$；$f=50Hz$；$T=0.02s$；$\varphi_0=-2\pi/3$

2-7　$u=245.97\sqrt{2}\sin(\omega t-33.44°)$ V

2-8　(1) $R=48.4\Omega$；(2) $I=4.55A$；$i=4.55\sqrt{2}\sin(314t)$A；(3) $60kW\cdot h$

2-9　(1) $X_C=318.47\Omega$；(2) $I=0.69A$；(3) $i=0.69\sqrt{2}\sin(314t-135°)$A

　　　(4) $Q=151.62var$

2-10　$R=71\Omega$；$L=0.166H$

2-11　$e_2=220\sqrt{2}\sin(\omega t+150°)$V；$e_3=220\sqrt{2}\sin(\omega t-90°)$V

2-12　(1) 三角形连接；(2) 线电流为 16.45A；有功功率 $P=8.12kW$

2-13　(1) 无影响；(2) 两个电灯变暗；(3) L_3 相变暗，L_2 相很亮，容易烧

2-14　① B ② C ③ A ④ B ⑤ C ⑥ C ⑦ C ⑧ C ⑨ C

第三章

3-2　$\Phi=1.3\times10^{-4}Wb$，$H=4.3\times10^{-5}$ A/m

3-3　$F=0.25N$

3-5　$I=400A$

3-6　$I = 1.1A$

3-10　$N_2 = 180$ 匝；$I_2 = 1.1A$；$I_1 = 0.18A$

3-11　$N = 166$ 盏；$I_2 = 45.45A$；$I_1 = 3A$

3-12　$I_1 = 144A$

3-13　① B ② B ③ C ④ B ⑤ C ⑥ B

第四章

4-1　$s_N = 2.3\%$；$T_N = 35.8N \cdot m$

4-2　$\lambda = 2$

4-3　$I_L = 140A$；$I_P = 80.6A$；$P_1 = 81kW$

4-8　① A ② C ③ B ④ C ⑤ A ⑥ C

第五章

5-15　① B ② B ③ B ④ C

第六章

6-8　① A ② A ③ C ④ C

第七章

7-3　(a) VD 截止，$U_o = -3V$

　　(b) VD 导通，$U_o = -3.7V$

　　(c) VD_1 截止，VD_2 导通，$U_o = -0.7V$

　　(d) VD_1 导通，VD_2 截止，$U_o = -2.3V$

7-9　① C ② B ③ C ④ C ⑤ B ⑥ A

第八章

8-10　$I_B \approx 50\mu A$，$I_C = 2mA$，$U_{CE} = 6V$

8-11　$R_B = 300k\Omega$，$R_C = 3k\Omega$

8-12　(1) 带负载时 $A_u = -96$，空载时 $A_u = -144$

　　(2) $r_i = 0.833k\Omega$，$r_o = 3k\Omega$

8-13　(1) $I_C = 1mA$，$I_B \approx 20\mu A$，$U_{CE} = 4.7V$

　　(2) $A_u = -76.9$

　　(3) $r_i = 1.348k\Omega$，$r_o = 5k\Omega$

8-14　(1) 静态工作点：第一级：$I_{C1} = 1.5mA$，$I_{B1} \approx 30\mu A$，$U_{CE1} = 4.5V$

　　第二级：$I_{C2} = 2.3mA$，$I_{B2} \approx 46\mu A$，$U_{CE2} = 5.1V$

　　(2) 总电压放大倍数 $A_u = -57$，(3) $r_i = 24.75k\Omega$，$r_o = 2k\Omega$

8-15　① B ② A ③ C ④ A ⑤ B ⑥ C ⑦ B ⑧ C

第九章

9-2　(a) 电流并联负反馈；(b) 电压串联负反馈；(c) 电压串联负反馈；(d) 电流串联负反馈

9-3　(a) 电流并联负反馈

　　(b) R_1：电流并联负反馈；R_2：电压串联负反馈

9-4　$1 + \dfrac{R_f}{R_L}$

9-5 $R_F = 1000\text{k}\Omega$

9-6 $R_1 = 5\text{k}\Omega$；$R_2 = 2\text{k}\Omega$

9-9 ① B ② C ③ C ④ B ⑤ A ⑥ D ⑦ B ⑧ B

第十章

10-3 (1) 略；(2) 变压器接近短路，输出为 0；(3) (4) 略

10-4 (1) 处于空载状态；(2) 正常；(3) 电容虚焊或开路；(4) 二极管和电容开路

10-6 (1) $U_2 = 27.78\text{V}$；(2) 100mA；(3) $U_{RM} = 39.29\text{V}$；(4) 选用耐压大于 40V、正向电流 100mA 以上的整流二极管

10-8 ① C ② A ③ B ④ C

第十一章

11-1 (1) $(213)_{10}$，$(D5)_{16}$；　　　(2) $(156)_{10}$，$(9C)_{16}$；

　　　(3) $(255)_{10}$，$(FF)_{16}$；　　　(4) $(128)_{10}$，$(80)_{16}$。

11-2 (1) $(100101)_2$，$(25)_{16}$；　　　(2) $(1111111)_2$，$(7F)_{16}$；

　　　(3) $(1000001)_2$，$(41)_{16}$；　　　(4) $(11111111)_2$，$(FF)_{16}$。

11-3 (1) $(0001\ 0010\ 1001)_{BCD}$；　　　(2) $(0101\ 1000\ 0111)_{BCD}$；

　　　(3) $(1000\ 1001\ 0000)_{BCD}$；　　　(4) $(0111\ 0101\ 0011)_{BCD}$。

11-4 (1) $(928)_{10}$；(2) $(498)_{10}$；(3) $(76)_{10}$；(4) $(8976)_{10}$。

11-7 (1) 1；　(2) $AC + BC + \overline{A}\,\overline{B}\,\overline{C}$；　　　(3) $A + B$；

　　　(4) $A\overline{B} + A\overline{C} + B\overline{C} + D$；　　　(5) 1；　　(6) $A + CD$

11-8 (1) $\overline{A}\,\overline{C} + \overline{B}C + AB$ 或 $\overline{A}\,\overline{B} + B\overline{C} + AC$；　(2) $\overline{A} + \overline{B} + \overline{D}$；

　　　(3) $AB + AC + BC$；　　　(4) $A + \overline{C}\,\overline{D} + \overline{B}\,\overline{C} + \overline{B}\,\overline{D}$；

　　　(5) $B\overline{C}\,\overline{D} + BCD + \overline{B}\,CD$；　　　(6) $BD + \overline{B}\,\overline{D}$

11-13 ① B ② B ③ C ④ C ⑤ B ⑥ C ⑦ C ⑧ D

第十二章

12-5 $Y_1 = 0$，$Y_2 = 0$，$Y_3 = 1$，$Y_4 = 0$

12-6 $Y_1 = \overline{ABC}$；$Y_2 = \overline{A + B + C}$

12-12 $Y = \overline{\overline{A\,\overline{BC}} \cdot \overline{\overline{A}BC} \cdot \overline{A\,\overline{B}C} \cdot \overline{ABC}} = A\,\overline{BC} + \overline{A}BC + A\,\overline{B}C + ABC$

12-15 ① B ② B ③ C ④ C ⑤ A ⑥ A ⑦ C ⑧ D

第十三章

13-7 $0 \rightarrow 1$：要求 $J = 1$，$K = \times$

　　　$1 \rightarrow 0$：要求 $J = \times$，$K = 1$

　　　$0 \rightarrow 0$：要求 $J = 0$，$K = \times$

　　　$1 \rightarrow 1$：要求 $J = \times$，$K = 0$

13-8 组合逻辑电路：译码器，编码器，加法器，数据选择器，数值比较器

　　　时序逻辑电路：计数器，寄存器

13-10 11 进制计数器

13-11 11 进制计数器

13-13 ① D ② B ③ D ④ B ⑤ C ⑥ D ⑦ A ⑧ D

第十四章

14-3　高触发端电压为 5V，低触发端电压为 2.5V

14-4　(1) 多谐振荡电路；(2) 6.7V；(3) 1.54s

14-5　110s

14-9　① C ② C ③ B ④ A ⑤ C ⑥ B

附录一　常用电工图形符号和文字符号

名　称	图形符号 (GB 4728—84)	文字符号 (GB 7159—87)	名　称	图形符号 (GB 4728—84)	文字符号 (GB 7159—87)
交流电动机		MA	电流表		PA
三相笼型异步电动机		MC	电压表		PV
直流电动机		MD	电压互感器		TV
单极控制开关		SA	电流互感器		TA
三极控制开关		SA	电磁铁		YA
电阻器		R	启动按钮		SB
电位器		RP	停车按钮		SB
电容器		C	熔断器		FU
照明灯(信号灯)		EL	复合按钮		SB
双绕组变压器		T	交流接触器线圈		KM

名　称	图形符号 (GB 4728—84)	文字符号 (GB 7159—87)	名　称	图形符号 (GB 4728—84)	文字符号 (GB 7159—87)
接触器动合触点		KM	延时闭合的动断触点	或	KT
接触器动断触点		KM	延时断开的动断触点	或	KT
延时闭合的动合触点	或	KT	热继电器的热元件		FR
延时断开的动合触点	或	KT	热继电器的常闭触点		FR

附录二　半导体器件型号的命名方法

根据国家标准（GB 249—74），半导体分立器件的型号由五部分组成，其中场效应器件、半导体特殊器件、复合管、PIN 型管和激光器件的型号命名只有第三、四、五部分。

第 一 部 分		第 二 部 分		第 三 部 分		第四部分	第五部分
用数字表示器件的电极数目		用汉语拼音字母表示器件的材料和极性		用汉语拼音字母表示器件的类型		用数字表示器件序号	用汉语拼音字母表示规格号，同序号器件按性能分
符号	意义	符号	意义	符号	意　义		
2	二极管	A	N 型,锗材料	P	普通管		
		B	P 型,锗材料	V	微波管		
		C	N 型,硅材料	W	稳压管		
		D	P 型,硅材料	C	参量管		
3	三极管	A	PNP 型,锗材料	Z	整流器		
		B	NPN 型,锗材料	L	整流堆		
		C	PNP 型,硅材料	S	隧道管		
		D	NPN 型,硅材料	N	阻尼管		
		E	化合物材料	U	光电器件		
				K	开关管		
				X	低频小功率管 $f_c<3\mathrm{MHz},P_c<1\mathrm{W}$		
				G	高频小功率管 $f_c\geqslant3\mathrm{MHz},P_c<1\mathrm{W}$		
				D	低频大功率管 $f_c<3\mathrm{MHz},P_c\geqslant1\mathrm{W}$		
				A	高频大功率管 $f_c\geqslant3\mathrm{MHz},P_c\geqslant1\mathrm{W}$		
				T	半导体闸流管		
				Y	体效应器件		
				B	雪崩管		
				J	阶跃恢复管		
				CS	场效应器件		
				BT	半导体特殊器件		
				FH	复合管		
				PIN	PIN 型管		
				JG	激光器件		

附录三　半导体集成电路型号的命名方法

根据国家标准（GB 3430—82），国产半导体集成电路的型号由五部分组成，此标准适用于按国家标准规定的半导体集成电路系列和品种所生产的半导体集成电路。

第零部分		第一部分		第二部分	第三部分		第四部分	
用字母表示器件符合国家标准		用字母表示器件的类型			用字母表示器件的工作温度范围		用字母表示器件的封装形式	
符号	意义	符号	意　义		符号	意　义	符号	意　义
C	中国制造	T	TTL	用阿拉伯数字和字母表示器件的系列和品种代号	C	0～70℃	W	陶瓷扁平
		H	HTL		E	−40～85℃	B	塑料扁平
		E	ECL		R	−55～85℃	F	全密封扁平
		C	CMOS		M	−55～125℃	D	陶瓷直插
		F	线性放大器				P	塑料直插
		D	音响、电视电路				J	黑陶瓷扁平
		W	稳压器				K	金属菱形
		J	接口电路				T	金属圆形
		B	非线性电路					
		M	存储器					
		μ	微型机电路					

例如，CT4290CP 的意义如下。

C　表示符合中国国家标准

T　表示为 TTL 电路

4　表示系列品种代号，共分四类：1 为标准系列，同国际 54/74 序列；2 为高速系列，同国际 54/74 H 序列；3 为肖特基系列，同国际 54/74 S 序列；4 为低功耗肖特基系列，同国际 54/74 LS 序列

290　表示品种代号，同国际标准一致，该产品为十进制计数器

C　表示工作温度范围

P　表示封装形式

附录四 常用逻辑门电路新旧逻辑符号对照表

名 称	本书所用符号	曾 用 符 号	国外通用符号	逻辑功能
与门	&			有 0 出 0 全 1 出 1
或门	≥1	+		有 1 出 1 全 0 出 0
非门	1			入 0 出 1 入 1 出 0
与非门	&			有 0 出 1 全 1 出 0
或非门	≥1	+		有 1 出 0 全 0 出 1
与或非门	& ≥1	+		
异或门	=1	⊕		相异出 1 相同出 0
同或门	=	⊙		相异出 0 相同出 1

附录五　常用中、小规模数字集成电路端子排列示意图

本附录所选产品均为国际 54/74 TTL 电路系列产品。其中 54 表示工作温度范围为 $-55\sim+125℃$；74 表示工作温度范围为 $0\sim+70℃$。LS 表示 TTL 电路中低功耗肖特基抗饱和系列，与国产 CT4000 系列对应，如 74LS20 对应于国产系列中的 CT4020C。

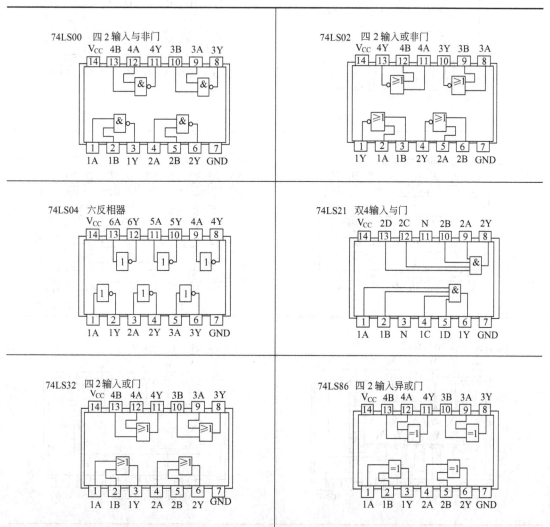

74LS85 4 位数值比较器

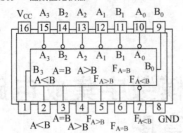

74LS151 8 选 1 数据选择器

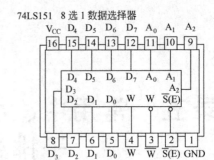

74LS153 双4选1数据选择器

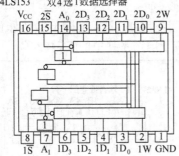

74LS160 十进制同步计数器

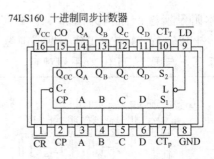

74LS194 4 位双向移位寄存器

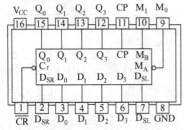

74LS373 八 D 锁存器

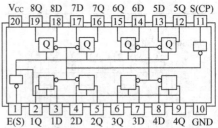

74LS424 4 线-10线译码器

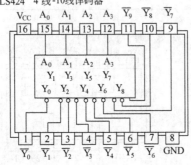

74LS484 4 线-7段译码驱动器

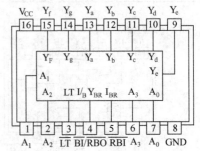

74LS183　2位二进制全加器

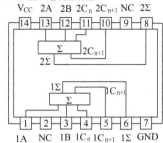

74LS74　上升沿触发双D触发器

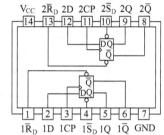

74LS78　下降沿触发公共时钟双JK触发器

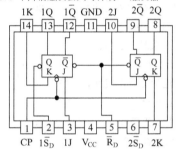

74LS112　下降沿触发双JK触发器

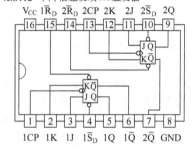

参 考 文 献

[1] 秦曾煌主编. 电工学. 北京：高等教育出版社，1986.

[2] 程周主编. 电工与电子技术. 北京：高等教育出版社，2001.

[3] 周元兴主编. 电工与电子技术基础. 北京：机械工业出版社，2002.

[4] 邓开豪主编. 焊接电工. 北京：化学工业出版社，2002.

[5] 冯满顺主编. 电工与电子技术. 北京：电子工业出版社，2001.

[6] 杨凌. 电工电子技术. 北京：化学工业出版社，2002.

[7] 畅玉亮，樊立萍合编. 电工电子学教程. 北京：化学工业出版社，2000.

[8] 康华光主编. 电子技术基础·数字部分. 第4版. 北京：高等教育出版社，2000.

[9] 赵承荻主编. 电机与电气控制技术. 北京：高等教育出版社，2001.

[10] 林平勇，高嵩主编. 电工与电子技术. 北京：高等教育出版社，2000.

[11] 李士雄，皇甫正贤，郑虎申编. 数字集成电路基础. 北京：高等教育出版社，1986.

[12] 陶希平主编. 模拟电子技术基础. 北京：化学工业出版社，2001.

[13] 卢菊洪，宇海英. 电工电子技术基础. 北京：北京大学出版社，2007.

[14] 汤光华，宋涛主编. 电子技术. 北京：化学工业出版社，2005.

[15] 于占河，李世伟主编. 电工电子技术实训教程. 北京：化学工业出版社，2005.

[16] 黄忠琴主编. 电工电子实验实训教程. 江苏：苏州大学出版社，2005.

[17] 卢菊洪，宇海英主编. 电工电子技术基础. 北京：北京大学出版社，2007.

[18] 王剑平，李殊骁主编. 电工测量. 北京：中国水利水电出版社，2004.

[19] 贺洪斌，程桂芬等主编. 电工测量基础与电路实验指导. 北京：化学工业出版社，2004.